地下空间数字孪生技术与工程实践

苏栋　陈湘生　著

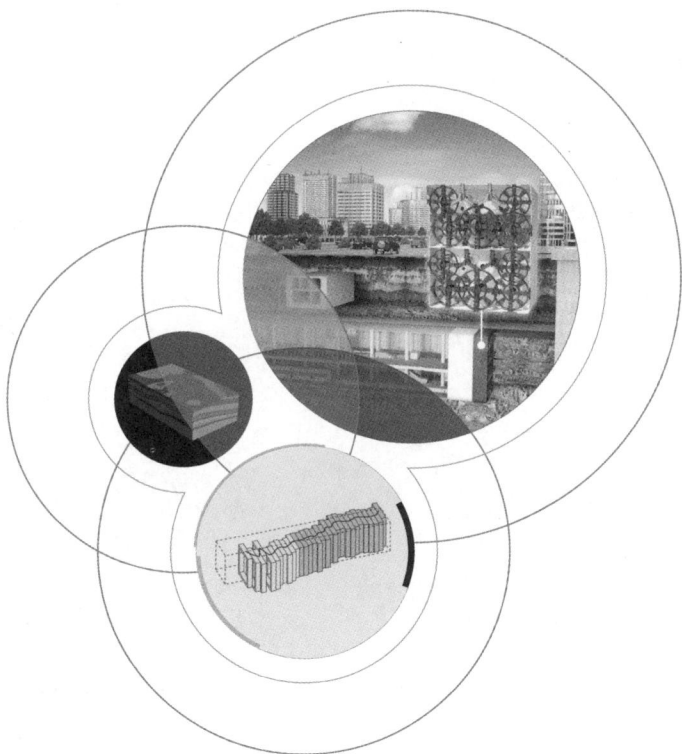

清华大学出版社
北京

内 容 简 介

进入 21 世纪,数字孪生技术由概念走向现实,并在不同领域得到快速推广和应用。本书从理论、技术、应用等维度,介绍城市地下空间数字孪生的内涵和要素,构建数字孪生平台的关键技术和架构,以及深圳大学未来地下城市研究院科研团队的相关应用案例。全书分上、下两篇共 7 章。上篇聚焦城市地下空间数字孪生的核心要素和实现技术,包括虚拟模型建立与可视化技术、智能感知与互联技术、平行推演技术和平台开发技术;下篇着重介绍数字孪生技术在城市地下工程中的应用案例,包括双洞密贴顶管车站顶进施工智能控制、复杂地层盾构隧道掘进平行推演技术及应用和地铁地下空间水灾推演与应急疏散。

本书可作为城市地下空间领域的管理人员、科研人员、工程技术人员,数字孪生系统的开发人员,以及高等院校相关专业学生的参考用书。

图书在版编目(CIP)数据

地下空间数字孪生技术与工程实践 / 苏栋,陈湘生著. -- 北京:清华大学出版社,2025. 5. -- ISBN 978-7-302-68853-2

Ⅰ. TU984.11

中国国家版本馆 CIP 数据核字第 2025ZX7187 号

责任编辑:秦　娜　王　华
封面设计:陈国熙
责任校对:王淑云
责任印制:杨　艳

出版发行:清华大学出版社
　　　　　网　　　址:https://www.tup.com.cn,https://www.wqxuetang.com
　　　　　地　　　址:北京清华大学学研大厦 A 座　　　　邮　　编:100084
　　　　　社 总 机:010-83470000　　　　　　　　　　　邮　　购:010-62786544
　　　　　投稿与读者服务:010-62776969,c-service@tup.tsinghua.edu.cn
　　　　　质量反馈:010-62772015,zhiliang@tup.tsinghua.edu.cn
印 装 者:小森印刷(北京)有限公司
经　　销:全国新华书店
开　　本:170mm×240mm　　　印　张:16.5　　　字　　数:302 千字
版　　次:2025 年 6 月第 1 版　　　　　　　　　印　　次:2025 年 6 月第 1 次印刷
定　　价:168.00 元

产品编号:108642-01

编委会名单

数字孪生(digital twin)技术是将工业产品、制造系统、城市等复杂物理系统的结构、状态、行为、功能和性能映射到数字化的虚拟空间,并在虚拟空间进行各种操作、模拟与分析,从而对物理系统未来的性能和行为进行预测,提出决策优化,并反馈到物理世界进行协作调控。

"孪生"概念最早由美国国家航空航天局(NASA)提出。在阿波罗项目中,NASA制造两个完全相同的实物空间飞行器,通过对地面上的"孪生"飞行器进行仿真实验和数据分析,来反映和预测空间飞行器的飞行状态。大卫·葛兰特(David Gelernter)在1991年的著作《镜像世界》(Mirror Worlds)中首次提出了数字孪生的概念:"镜像世界是一个信息的海洋,由许多数据流提供。一些数据通过计算机终端手动输入,它们慢慢地流动。其他的则由自动数据收集和监控设备提供数据,例如医院重症监护室的机器、天气监控设备或安装在道路上的交通量传感器。"迈克尔·格里夫斯(Michael Grieves)于2003年将数字孪生概念首次应用于制造业,并正式发布了数字孪生软件的概念。2010年,NASA为了改进航天飞行器的物理仿真模型,由约翰·维克斯(John Vickers)命名引入了"数字孪生"这个名词。随后,不同领域的学者开始探索数字孪生技术。近年来,随着5G、物联网、云计算、大数据、人工智能和混合现实等新一代信息技术的发展,数字孪生在理论层面和应用层面均取得了快速发展。数字孪生与产业技术的深度融合,有力推动了相关产业数字化、智能化和自动化的发展进程,正成为产业转型升级的强大推动力。

在城市地下空间领域,国内外学者和企业开始探索将数字孪生技术应用于城市地下空间规划、设计、施工、运营、维护甚至拆除各阶段。在设计初期,通过数字孪生技术建立城市地下空间的数字化模型,模拟各种设计方案并进行性能评估,从而选择最优的设计方案。在施工过程中,数字孪生技术可以用于施工进度、质量和安全的实时监控、反馈和优化,并提升施工的智能化水平。在运营阶段,数字孪生可以协助运营团队进行资产管理和能源管理,预测潜在问题并优化运营策略。在面对自然灾害和其他突发事件时,基于数字孪生技术的态势感知、仿真推演、动态决策、应急联动,可显著提高城市地下空间的应急响应能力。在维护阶段,数字孪生模型可以协助维护团队进行故障定位和诊断,提供精确的维修方案。在拆除阶段,基于数字孪生模型的模拟、数据分析以及决策支持等手段,可确保拆除过程的安全、高效和环保。因此,数字孪生技术的应用在城市地下空间全生命周期的管理中具有显著的优势和广阔的前景,其不仅有助于提高城市地下空间开发利用的安全性、经济性和高效性,还能推动城市建设的数字化和智能化转型。

目前,城市地下空间领域尚未有通用的数字孪生模型,数字孪生相关技术也在持续发展中。本书从理论、技术、应用等维度,介绍城市地下空间数字孪生的内涵和要素,构建数字孪生平台的关键技术和架构,以及深圳大学未来地下城市研究院科研团队的相关应用案例。全书分为上下两篇。上篇聚焦城市地下空间数字孪生的核心要素和实现技术,包括虚拟模型建立与可视化技术、智能感知与互联技术、平行推演技术和平台开发技术。下篇着重介绍数字孪生技术在城市地下工程中的应用案例,包括双洞密贴顶管车站顶进施工智能控制、复杂地层盾构隧道掘进平行推演技术及应用和地铁地下空间水灾推演与应急疏散。本书旨在为读者提供一套较全面和系统的城市地下空间数字孪生技术的相关理论与实践指南,以期为相关领域的管理人员、科研人员及工程技术人员提供有价值的参考和借鉴。

本书相关研究受国家重点研发计划项目"城市站城融合立体网络空间智慧运维关键技术与应用"(编号:2023YFC3807500)、国家自然科学基金重大项目"超大城市深层地下空间韧性基础理论"的课题—"超大城市深层地下空间地质环境效应多场互馈机制及评估理论"(编号:52090081)、广东省重点领域研发计划(编号:2019B111105001)以及深圳大学2035追求卓越研究计划(编号:2022B007)的资助。本书由苏栋、陈湘生担任编委会主任,由陈鹏禄、王雪涛、沈翔担任编委会副主任,龚浩锋、陈建航、莫泽新、宋棋龙、谭毅俊、曾仕琪、李荣康、周进威、黄聪等参与了编写工作,在此表示衷心的感谢。

由于作者水平有限,书中难免会存在不足和不妥之处,热忱希望读者和同行专家批评指正。

苏　栋　陈湘生

2025 年 1 月

目　录

上篇：技　术　篇

下篇：实　践　篇

上 篇

技 术 篇

第 1 章

虚拟建模与更新

数字孪生技术,作为数字化转型和智能升级的关键技术之一,其通过数据与模型的深度融合,实现了对实体对象的实时监测、仿真预测与优化决策。在地下空间领域,数字孪生技术的应用为地下空间的规划、设计、施工和运维带来了变革。高效、准确地构建地下空间虚拟模型是应用数字孪生技术的基础。本章聚焦于数字孪生高精度建模技术。首先,基于国内外研究成果的总结与分析,将地下空间数字孪生建模对象划分为地质体、结构体与机电设备三大类,详细介绍各类对象的建模方法、建模工具以及模型标准化方法。然后,探讨模型的动态更新与管理,包括几何模型的动态更新方法、不同场景的更新周期以及模型的全生命周期管理。最后,介绍模型的动态可视化以及渲染优化技术,重点关注可视化的直观性和渲染优化的效率,阐述现有技术的主要优势以及其局限性。

1.1 几何建模方法

城市地下空间指城市地表下,通过人工开发建设或自然因素形成的空间,如地下民防工程、地下铁路、地下商场、地下车库、地下道路与隧道、地下变配电站、地下泵站和地下仓储等[1]。在构建地下空间虚拟模型时,基于对象的特点和建模手段的不同,可将其分为地质体、地下结构体和地下机电设备三大类(图1.1)。地质体是地下结构和机电设备赋存的环境,包括岩石、土壤、地下水等自然形成的物质。地下结构体是指地下空间中的建筑物、隧道、管廊等人工建、构筑物。地下机电设备是指地下空间中的机械设备、通风设备、照明设备等。

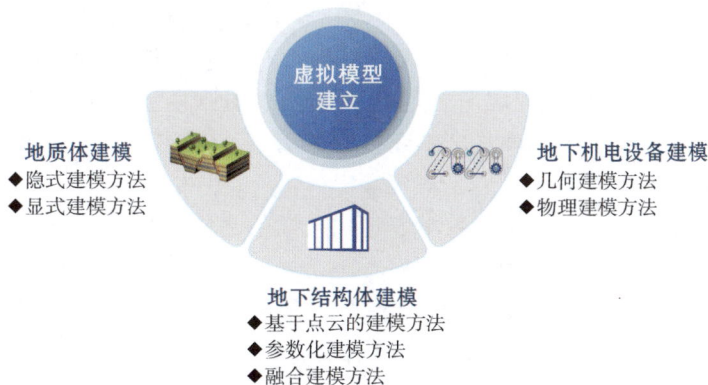

图 1.1 地下空间虚拟模型构建方法

1.1.1 地质体建模

地质体指地壳内占有一定的空间和有其固有成分并可以与周围物质相区别的地质作用的产物。地质体建模是指使用计算机辅助技术,根据地质数据和地质知识,创建地下地质结构的三维数字模型(图1.2)的过程。三维地质模型的概念最早由加拿大学者西蒙·W.霍德林(Simon W. Houdling)在1994年提出,之后众多学者对三维模型的建立和可视化技术进行了深入的研究,形成了较为成熟的理论和方法。地质体建模方法可分为显式建模和隐式建模两大类,为了更加精确地表达地质结构和属性的空间分布,还需对地质模型进行体素化。

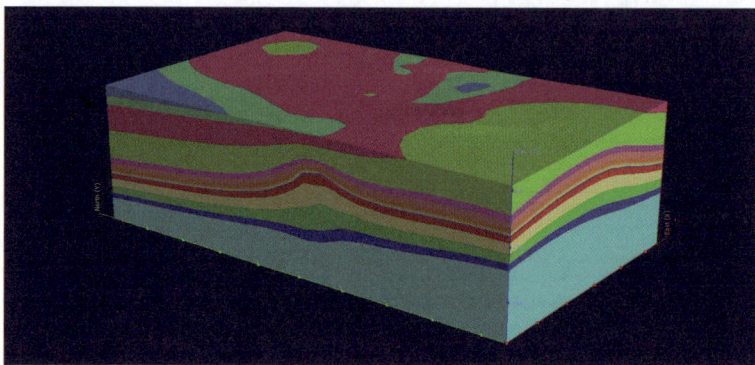

图 1.2　地质体三维数字模型

1. 地质体建模方法

显式建模方法是地质勘探中常用的建模技术,它主要采用网格或参数化曲线、曲面来描述区域的边界和内部形态[2]。显式建模的主要步骤:①根据地质数据定义地层层面、断层面、侵入体边界等地质界面;②在三维空间中追踪和连接相邻的界面点,将界面连接形成完整的地质体模型;③按照一定的网格密度划分地质界面,将地质界面转化为三角面片等线框模型;④通过比较模型预测的钻孔数据与实际数据,或者检查模型的地质合理性并进行地质体模型验证。显式建模方法可以适应复杂的地质结构并满足精细建模的需求,但随着模型复杂度增加,管理和维护模型会变得更加困难。

隐式建模方法是一种基于数学表达式或插值法来描述地质体形状和属性的建模技术。隐式建模的主要步骤:①根据地质数据,确定建模的地质规则和约束条件;②根据地质特征和建模精度,选择合适的数学模型或插值法来表达地质体;③利用选择的数学模型和算法,将地质规则和约束条件转化为参数化的形式,通过调整参数来优化地质体的形状和属性,直至满足所有约束条件;④使用地质数据和其他独立的地质信息来验证模型的准确性,使其达到预期建模精度。采用隐式建模方法可以实现自动建模,提高建模效率,但其结果的准确性强烈依赖空间插值法的选择和参数设置,不同的插值法和参数可能导致结果差异较大。

地质体建模主要插值法包括克里金插值法、反距离加权插值法、离散平滑插值法、径向基函数插值法等,具体如下。

(1) 克里金插值法

克里金插值法(Kriging interpolation method)的命名来自南非金矿工程师丹尼·G. 克里金(Danie G. Krige),以纪念其使用回归方法对空间场进行预测的开创性研究。该方法又称空间局部插值法,是以变异函数理论和结构分析为基础,在有限区域内对区域化变量进行无偏最优估计,即对已知样本加权平均以估计平面上的未知点,并使得估计值与真实值的数学期望相同且方差最小。使用克里金插值法需要满足:①随机场数学期望存在,且与位置无关;②对随机场内任意两点,其协方差函数仅是点间向量的函数。

(2) 反距离加权插值法

反距离加权插值法(inverse distance weight method)通过比较预测位置与周围测量点的距离来确定每个测量点对预测值的影响程度,距离较近的测量点对预测值的影响较大,而距离越远的点影响越小。反距离加权插值法可适用于地层缺失严重的地层,能够更好地保留地层缺失的特征,对于地层的错断起伏情况处理效果也较好,但如果预测位置周围的测量点过多或者过少,可能会导致插值结果偏差较大。

(3) 离散平滑插值法

离散平滑插值法(discrete smoothing interpolation method)通过给定的离散数据点推导出一个连续的函数,主要用来解决传统插值法在高阶插值时出现的振荡问题。常见的离散平滑插值法有分段线性插值、分段二次插值和分段三次插值等。分段三次插值是最常用的方法,它在每一个小区间上使用三次多项式函数进行插值,能够满足函数的连续性、一阶导数连续性和二阶导数连续性要求,确保得到的插值函数平滑且有较高的精度。离散平滑插值法可以通过增加节点密度使插值曲线变得更平滑,但过高的节点密度可能会使曲线过度拟合,影响其泛化能力。

(4) 径向基函数插值法

径向基函数插值法(radial basis functions interpolation method)是一种基于径向基函数的插值法。径向基函数是一个以数据点为中心,具有径向对称性质的函数。首先根据实际问题和数据特点,选择合适的径向基函数(如高斯函数、多项式函数等),然后根据数据点和径向基函数的内积,计算权重系数,最后利用权重系数和径向基函数,构建一个插值模型,用于预测未知数据。径向基函数插值法具有良好的局部特性,能在数据点附近产生较高的拟合精度,但选择的径向基函数对插值效果影响较大,需要根据实际问题进行选择。

综上,各种插值法都有其自身的优点和缺点。例如,反距离加权插值法简单易懂,但可能会受到异常值的影响;克里金插值法虽然考虑了地质环境的空间结构和各向异性特征,但如果参数选择不恰当,可能会出现"过度拟合"或"欠拟合"的情况。因此,在进行地质体建模空间插值时,需要根据实际数据的特性和需求来选择合适的插值法,以获取最佳的建模效果。

2. 地质模型体素化

地质模型体素化是指将三维地质模型进行三维网格剖分,将属性插值在网格上,形成属性模型。体素模型是由一个个紧密相连的体素组成的,这些体素不存在重合的情况,每个体素可赋予相同或不同的地质属性值[2]。地质模型体素化使得地质结构和属性的空间位置表达更加精确,便于地质数据储存和后续分析处理,为进行机器学习和人工智能分析提供准确的数据,有助于决策者在资源开发、环境保护和灾害预防等方面做出更精准的决策。

进行地质模型体素化常采用的模型包括三维格网模型、八叉树模型、四面体模型、广义三棱柱模型等,具体介绍如下。

(1)三维格网模型

三维格网模型(three-dimensional grid model)主要是将三维空间中的实体抽象为点、线、面、体四种基本元素,以此来构造更复杂的对象。三维格网模型通常采用规则的正方形、矩形、三角形等格网,体素大小保持一致,能够快速生成,也能进行高效渲染和分析计算。但由于不允许改变格网大小,该模型无法适用于地质体复杂程度不同的情况。

(2)八叉树模型

八叉树模型(octree model)是一种用于描述三维空间的树状数据结构,是平面四叉树模型在三维空间的拓展。八叉树模型的构建过程是一个拆分的过程,整体的三维空间用一个立方体表示,然后对其拆分,分成大小相等的八个子节点,每个子节点对应不同的属性,然后利用递归的方法,对每个子节点进一步拆分,直到子节点仅包含一种属性为止,如图1.3所示。八叉树模型具有天然的空间解释性,通过对三维空间的几何实体进行体元剖分,每个体元具有相同的时间和空间复杂度,因此在地质数据处理、三维地质建模等方面具有优秀的性能。八叉树模型生成过程较为复杂,需要经过多次迭代和分割才能得到最终的模型,对于地质体的微小变化,八叉树模型可能需要进行频繁的更新和调整,因此当模型较为复杂时,需要更多的内存支撑。

(3)四面体模型

四面体模型(tetrahedral model)指用不规则四面体(图1.4)作为基本构建单

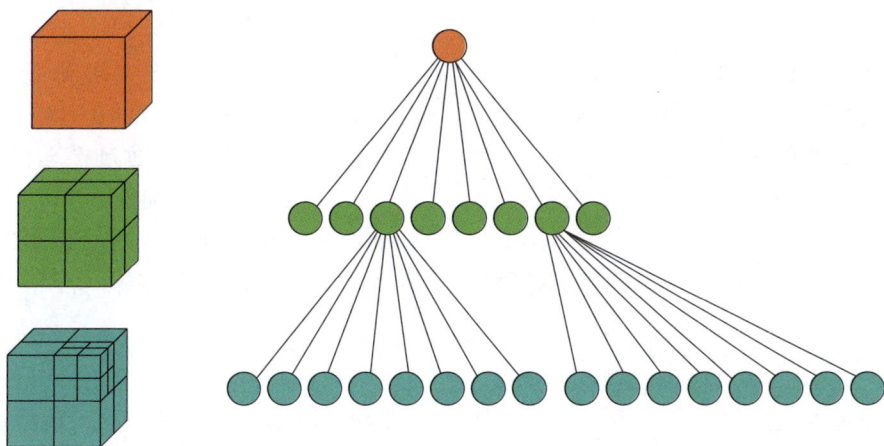

图 1.3　八叉树模型

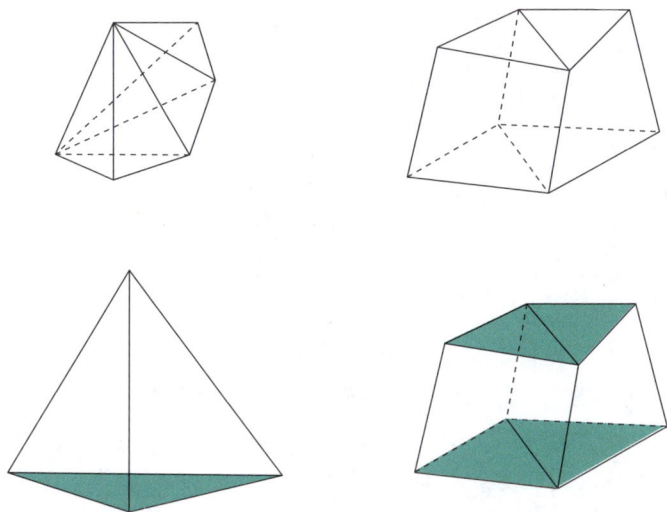

图 1.4　四面体模型与广义三棱柱模型

元,对地质模型进行空间离散化的方法。在构建模型的过程中,首先需要将地质体的边界转换为三角曲面,然后应用约束 Delaunay 四面体剖分算法来生成模型。该算法必须确保模型中的每个四面体都严格穿过地层的采样点,从而能够清晰且精确地描绘地质体的形态和特性。四面体模型能有效地表达复杂的地质构造,同时通过四面体之间的邻接关系,物体的拓扑结构也能够得到良好的展现。然而,在构建四面体模型的过程中,需要借助复杂的算法来实现三角剖分,在地层分割时可能会产生大量数据冗余。

（4）广义三棱柱模型

广义三棱柱模型（generalized tri-prism model）由三个侧面四边形和上、下两个不一定平行的三角形组成，如图 1.4 所示。该模型通过紧密排列但不重叠的三棱柱形成的格网来表示目标空间，可以适应复杂的地层分布规律，通过推理规则解决包括尖灭、分叉和断层等在内的地层构造问题，实现地层自动建模。同时，可利用上下底面的三角形集合表达不同的地层面，侧面四边形描述层面间的相邻关系，体元本身表达层面间的内部实体，能够有效地表示地质体的复杂性。

1.1.2 地下结构体建模

地下空间的结构体多种多样，包括地下商场、地铁车站、地铁隧道、地下停车场、地下综合管廊、地下厂房、地下储库等。结构体的建模方法根据数据类型、精度要求和应用场景的不同，可分为基于点云的建模、参数化建模和融合建模三类。

1. 基于点云的建模方法

基于点云的建模方法，其核心原理是通过大量离散的三维点数据来逼近和表示目标对象的几何形态。点云数据包含目标对象表面的空间坐标信息，通常由三维扫描设备获取。通过对点云数据进行处理和分析，可提取出目标对象的几何特征，进而构建出三维模型。由于地下空间的结构体通常具有不规则的表面和复杂的几何形态，传统的建模方法往往难以准确捕捉其细节特征[3]，而基于点云的建模方法能通过高密度、高精度的点云数据来真实反映地下结构体的复杂几何特征。

基于点云的结构体建模主要有点云采集、数据去噪、特征面建立、面简化、面相交和面优化 6 个步骤（图 1.5）。首先利用三维激光扫描仪或其他高精度扫描设备对地下空间的结构体进行扫描。三维激光扫描仪能够捕捉到结构体表面的细节特征，生成包含大量空间坐标点的点云数据。在扫描过程中，需要选择合适的扫描角度和分辨率，以确保数据的完整性和准确性。采集到的原始点云数据通常包含噪声、冗余数据以及扫描误差等，因此需要进行数据预处理，包括去噪、滤波、配准等操作。去噪和滤波可以消除数据中的异常值和杂散点，提高数据质量；配准则是将不同角度或不同设备采集的点云数据进行空间对齐，以生成完整的结构体点云模型。基于预处理后的点云数据，可提取结构体的特征信息，如边缘、角点和曲面等，同时还可根据需要对点云数据进行分类，将不同材质、不同功能或不同属性的部分区分开来，以便后续进行更精细的建模和分析。在提取出特征面后，可能需要对这些面进行简化，以减少冗余的数据并提高处理的效率。简化方法包括减少面的数量、合并相似的面或去除不必要的细节等，简化目标是保留点云的主要特征，同时降低数据的复杂度。基于提取的特征和分类结果，使用表面重建算法将点云数据转化为三维模型。在处理多个相交面时,需要确定这些面的相交关系和相交点,可通过计算面之间的夹角、距离和相交线等来确定它们的相交关系。最后,需要对提取出的面进行优化,以进一步提高模型的准确性和质量,优化方法可包括调整面的位置、大小和形状,以更好地拟合点云数据。

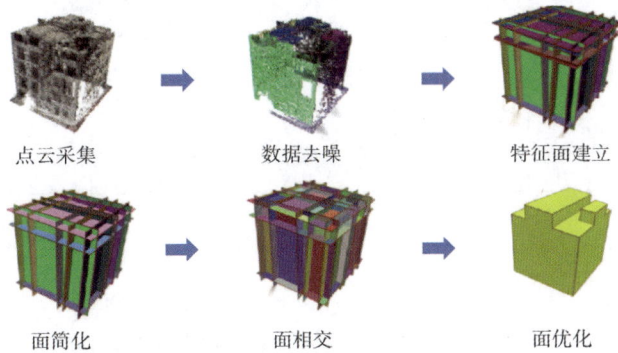

点云采集　　　　数据去噪　　　　特征面建立

面简化　　　　面相交　　　　面优化

图 1.5　基于点云的结构体建模步骤[4]

表 1.1 列出了获取点云数据的常用技术,以及各技术的优缺点及最佳性能特征。这些技术可分为破坏性技术和无损技术两大类。破坏性技术通常涉及对目标物体进行物理破坏或取样,以获取其内部结构和材料信息,这些方法在数据采集过程中会对目标物体造成不可逆转的损害。无损技术通过非接触式的方法进行数据采集,如激光扫描、探地雷达、摄影测量等,这些方法不会对目标物体或其周围环境造成任何物理损害。

表 1.1　点云数据获取技术

类别	技术	优势	局限性	最佳性能
破坏性技术	射频识别	应用深度范围广,信号强度稳定	重建精度低,标签易受腐蚀	±100mm 的 3D 重建精度
	电磁感应	信号强度稳定	重建精度低,多个目标相互干扰	3m 以下深度为 3%,3～5m 深度为 5%
	声发射	穿透性强,操作方便	重建精度低,易受噪声干扰,适用深度范围窄	工作范围为地下 0～0.5m
	热成像	操作方便	重建精度低,适用深度范围窄	工作范围为地下 0～0.2m
	惯性测量单元	成本低,重建精度高	适用范围窄,操作复杂	水平精度:目标管线总长度的 0.25%;深度方向精度:总深度的 0.1%

续表

类别	技术	优势	局限性	最佳性能
无损技术	激光扫描	重建精度高,操作简单	操作复杂,设备成本高	可实现毫米级精度
	倾斜摄影	重建精度高,设备成本低,语义信息丰富,操作简单	易受光照条件影响	可实现厘米级精度
	探地雷达	重建精度高,适应各种材料目标,操作方便	数据分析困难	可实现厘米级精度

2. 参数化建模方法

参数化建模是一种基于参数的建模方法,通过将模型中的尺寸、形状、位置等参数化,使得建模过程可以根据这些参数的变化而自动调整,从而快速生成优化后的模型。主要步骤如图 1.6 所示,在进行参数化建模之前,需要明确建模的目的和需求,确定关键参数以及参数与模型特征之间的关联关系;利用建模软件创建结构体的初始模型,并根据需求分析的结果为模型设置初始参数值;通过修改参数值,观察模型的变化,并根据需要进行调整和优化;验证调整后的模型是否满足设计要求。参数化建模方法可通过改变参数值来快速调整模型的属性,适应不同的设计需求,提高设计效率和精度,同时实现模型的自动化设计和分析。但参数化建模方法也面临建库工作量大、复杂的参数关系可能导致模型调整困难等问题。

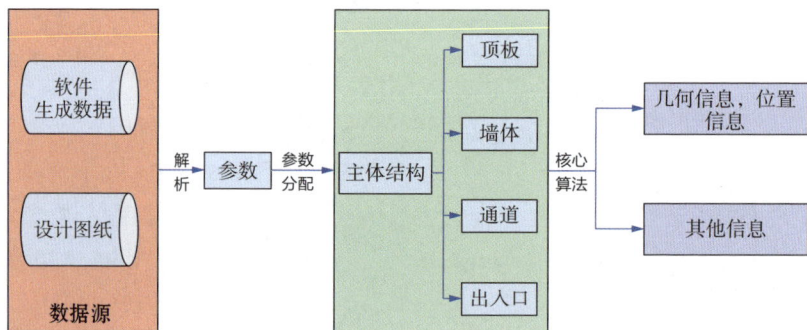

图 1.6　结构体参数化建模方法主要步骤

3. 融合建模方法

融合建模方法首先采用三维激光扫描或其他测量技术获取地下空间的精确三

维点云数据并生成初步的三维模型,然后基于参数化建模方法,在初步三维模型的约束下通过调整一系列参数来生成和调整模型,其主要步骤如图 1.7 所示。融合建模方法将参数化建模的灵活性和基于点云建模的精确性相结合,确保了模型的合理性和准确性。

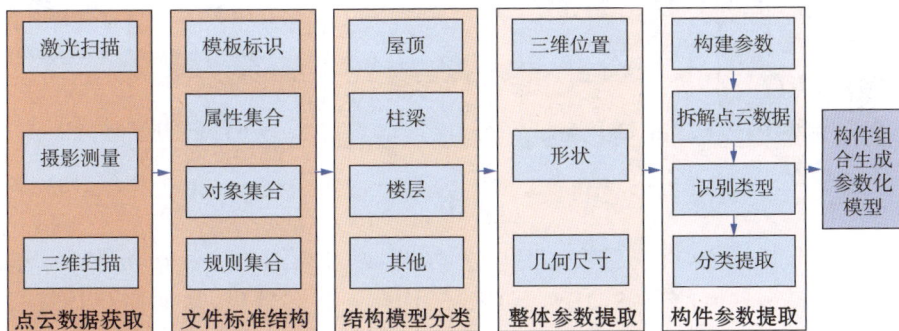

图 1.7　结构体融合建模方法主要步骤

1.1.3　地下机电设备建模

地下空间的机电设备包括通风设备、照明设备、消防设备、电气自动化设备等。机电设备的建模包括几何建模和物理建模。建模不仅需要考虑机械设备的物理特性和尺寸,还需要考虑实时运行数据来优化和验证模型,从而确保模型能够准确反映设备的实际运行状况。

1. 几何建模方法

在建筑与结构工程领域,采用现成的族库构件可显著提升建模效率,但在机电设备的几何建模中,由于机电设备部件族库的匮乏,设计人员需要自行构建族库。特别是在地下空间中,面对种类繁多、数量庞大的机电设备部件(包括标准件与非标件),若采用传统的逐一建模方式,不仅效率低下,耗时费力,且模型维护成本高昂,一旦发现错误,修改过程烦琐复杂。鉴于此,针对机电设备这类多组件的几何模型构建,广泛采用参数化建模策略。参数化建模的核心在于预先设定影响模型尺寸的关键参数,并依据设计者提供的具体参数值自动生成模型。这一过程通过精确的几何约束和数学表达式来定义各尺寸间的相互关系,确保模型的可变性和一致性。当需要调整模型时,仅需修改参数值,即可快速生成新的模型变体,极大地提高建模的灵活性和效率。如图 1.8 所示,机电设备几何模型参数化构建主要流程:①在创建三维机电设备模型初期,识别并标注所有设计时所依赖的特征参数;②深入分析模型特征,将模型对象转化为类似函数的形式存储在系统中,同时

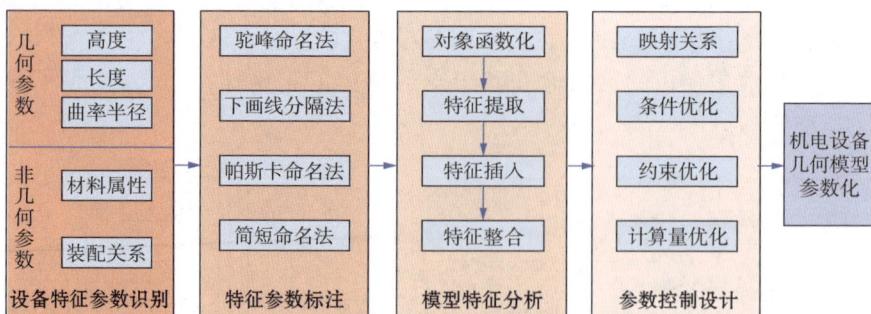

图 1.8　机电设备几何模型参数化建模主要步骤

嵌入必要的分析特征,以便后续调用与修改;③通过精细调控设计参数,优化其对目标函数或模型性能的影响,减少不必要的优化条件和约束,从而简化计算过程,进一步提升建模与计算的速度。

2.　**物理建模方法**

机电设备物理模型的建立需要运用物理学的基本定律和定理,通过数学手段来精确描述机械设备的运动规律、受力情况以及能量转换过程(图1.9)。在建模过程中,首先需要确定影响机械设备性能的关键物理参数,如质量、刚度、阻尼等;其次,根据机械设备的运动形式和受力情况,建立相应的动力学方程或静力学方程,以反映机械设备位移、速度、加速度等物理量之间的函数关系;再次,为求解这些方程,需要运用如多体系统动力学、有限元分析等方法,从而得到整个机械设备的性能表现。

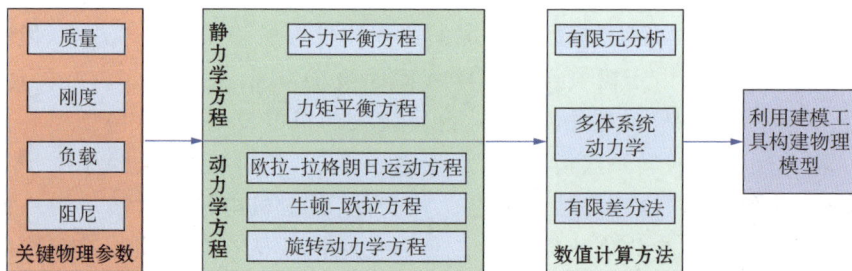

图 1.9　机电设备物理模型构建主要步骤

机电设备在运行过程中会产生大量数据,这些数据包含关于机电设备状态、性能、操作方式等丰富信息。人工智能和机器学习技术可以更高效地处理物理模型产生的各种分析数据,并对物理模型进行定期的迭代更新及优化。在收集到数据后,需要从这些数据中提取出与机械设备性能和行为相关的特征。这些特征可以是各种物理量、参数或指标,它们能够全面反映机电设备的不同方面。同时,还需要对提取出的特征进行选择和优化,以去除冗余信息、降低数据维度并提高模型的泛化能力。由于模型是基于大量历史数据训练得到的,因此它能够捕捉到机电设备性能和行为背后的规律和关系。随着机电设备的使用和时间的推移,其性能和行为可能会发生变化。可通过重新训练模型、调整模型参数或引入新的特征来保证模型的准确性和有效性。

1.1.4　几何建模轻量化技术

在地下空间数字孪生模型构建过程中,原始的几何模型往往包含大量的复杂信息,使得模型在传输、加载和处理时面临巨大的挑战,几何建模轻量化技术通过一系列优化措施,有效地解决了这些问题。对于地下空间几何模型,常用的轻量化技术包括细节层次技术、视锥体裁剪技术以及网格简化技术等(图 1.10),这些轻量化技术可以单独使用或结合使用,以达到最佳的优化效果。合理应用这些技术可以有效地降低地下空间几何模型的复杂度,提高渲染性能和交互体验,为地下空间的设计、施工和管理提供更加高效和便捷的工具和手段。

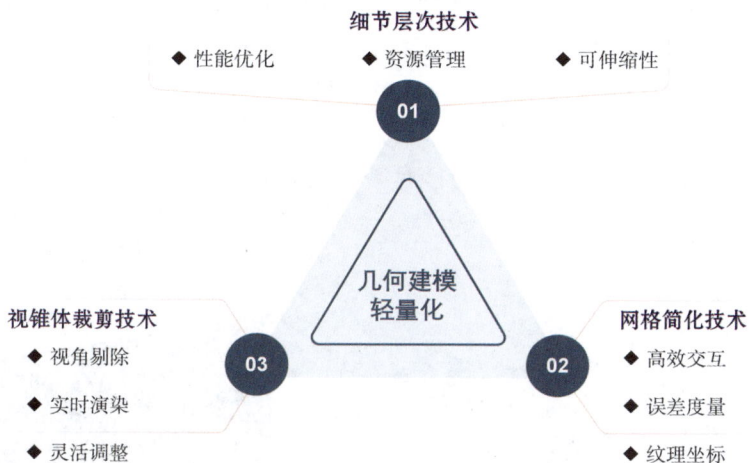

图 1.10　地下空间几何建模轻量化技术

1. 细节层次技术

细节层次(levels of detail,LOD)技术主要根据物体模型的节点在显示环境中所处的位置和重要度,决定物体渲染的资源分配,降低非重要物体的面数和细节度,以达到提高渲染效率的目的。例如,面数是影响模型复杂度和大小的主要因素,可通过软件简化模型,将某些特征以简单形体替代,或删除不可见面,或删除隐藏的面,以减少模型大小(图 1.11)。针对不同的应用场景,可删除非必要属性字段,如纹理占用大量内存,可采用降低分辨率或将高质量纹理格式转换为低质量纹理格式。轻量化策略通常也要考虑硬件和网络条件来选取,如移动设备通常对数据大小和性能要求更高,可采用更为激进的轻量化方法,确保模型能在各种设备和软件平台上快速加载和正常显示,满足不同用户需求。

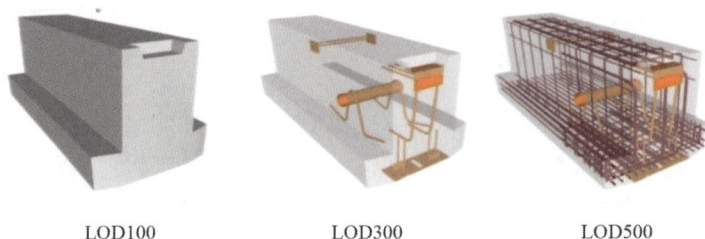

| LOD100 | LOD300 | LOD500 |

图 1.11　不同 LOD 级别的模型[5]

2. 视锥体裁剪技术

视锥体裁剪(frustum culling)技术(图 1.12)是基于摄像机的可见范围,即视锥体来判断哪些物体在摄像机的视线范围内,剔除不在视锥体内的物体,从而极大地减少需要渲染的物体数量,实现几何建模的轻量化。具体而言,视锥体裁剪技术通过计算视锥体六个面的空间平面方程,然后将场景中每个物体的顶点坐标代入这些平面方程中进行比较,从而判断物体是否在视锥体内。如果在视锥体内或与视锥体相交,则保留该物体进行渲染;如果完全在视锥体外,则剔除该物体,不进行渲染。

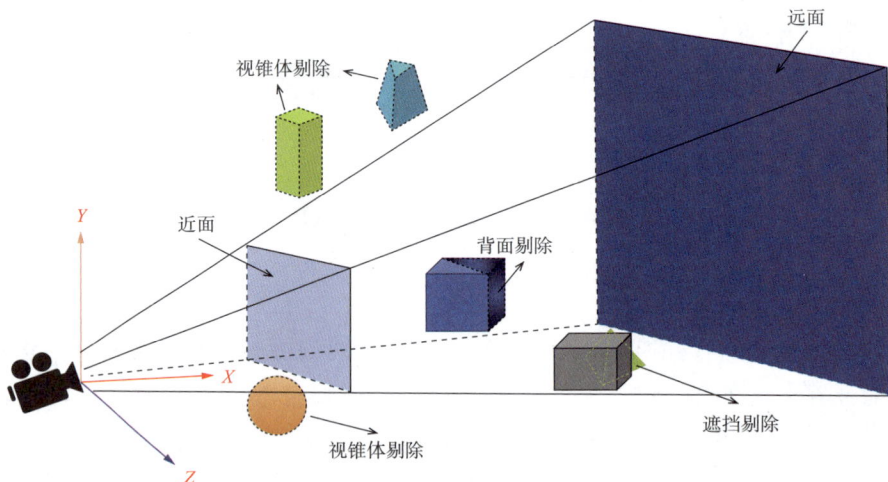

图 1.12　视锥体裁剪技术

视锥体裁剪技术可以与 LOD 技术结合使用。通过视锥体裁剪技术剔除不在视锥体内的物体,减少需要渲染的物体数量;再根据物体的距离和重要性,通过 LOD 技术调整视锥体内物体的渲染细节层次。两种技术的结合使用可以使地下空间的几何建模更加高效、精确和流畅。

3. 网格简化技术

网格简化(mesh simplification)技术通过减少复杂网格数据的顶点、边和面的数量来简化模型的表达,从而实现地下空间几何建模的轻量化。在地下空间几何建模中,精细的模型通常包含大量的三角形和其他几何元素,这不仅增加了模型的复杂性,还可能导致在实时渲染或模拟过程中需要处理大量的数据,从而降低系统的性能。网格简化技术基于指定的误差度量标准,在保持模型整体形状和特征的前提下,通过算法自动删除不必要的顶点、合并相邻的三角形、重新组织网格结构等(图 1.13),从而减少模型的三角形数量,提高网络共享和渲染速度,使得地下空间的实时展示和交互更加流畅。

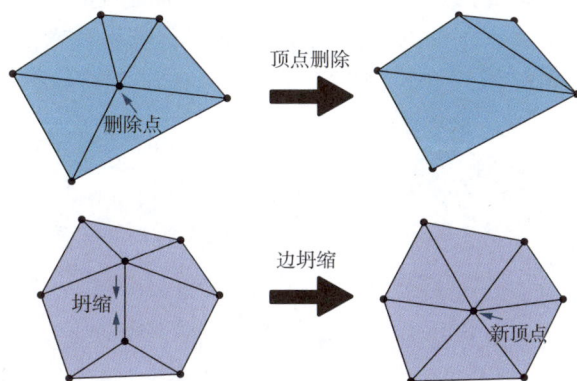

图 1.13　网格简化技术

1.2　建模工具及模型标准化

随着岩土与地下工程和相关专业研究的深入,以及计算机技术的不断发展,三维建模软件正朝着更加智能化、高效化的方向发展,从而为地下空间数字孪生体模型的建立提供了有力手段(图 1.14)。本节将分别介绍地质体、结构体和机电设备建模的常用工具软件及其优缺点,以及地下空间模型数据标准化的主要方法。

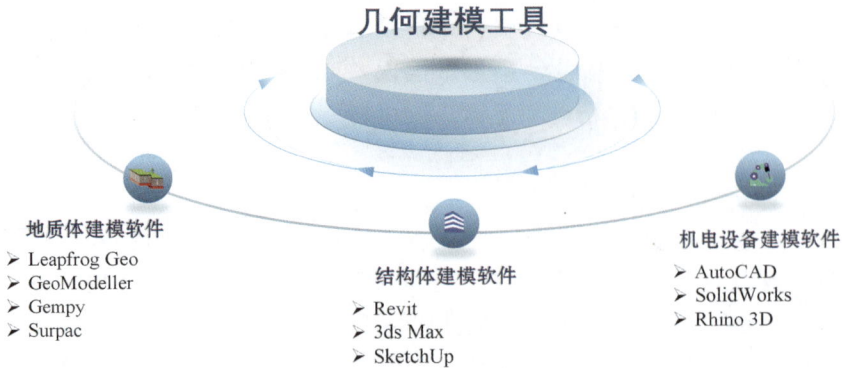

几何建模工具

地质体建模软件
➤ Leapfrog Geo
➤ GeoModeller
➤ Gempy
➤ Surpac

结构体建模软件
➤ Revit
➤ 3ds Max
➤ SketchUp

机电设备建模软件
➤ AutoCAD
➤ SolidWorks
➤ Rhino 3D

图 1.14　几何建模软件

1.2.1　地质体建模软件

地质体建模软件是专门用于地质数据分析、三维地质体建模和可视化的工具。地质体建模软件的发展始于 20 世纪 80 年代,随着计算机技术的进步,其图形处理能力和计算能力得到极大的提升,被广泛用于矿业、石油和天然气、环境地质、水文地质和工程地质等领域。常用的地质体建模软件有 Leapfrog Geo、GeoModeller、Gempy、Surpac 和 GOCAD 等。

1. Leapfrog Geo

Leapfrog Geo 是一款专为地质学家、工程师和环境科学家设计的地质体建模软件,用于创建、分析和可视化复杂的地质模型(图 1.15)。它具备强大的 3D 建模能力,能够整合多种类型的地质数据,包括钻孔数据、地质图、地球物理数据和地球化学数据;支持多种数据格式,包括 CSV、TXT、SEGY;并提供数据清洗、插值、融合等功能。Leapfrog Geo 提供层状、断层、岩性等多种建模工具,以及模型切片、剖面、统计等分析工具,还支持 2D 和 3D 可视化。

2. GeoModeller

GeoModeller 是一款基于 Java 的开源地质体建模软件(图 1.16)。该软件集成了地质和地球物理数据,提供了一个全面的建模平台,适用于从基础地层模型到复杂构造地质模型的构建,具有跨平台特性。它提供图形化界面,支持拖曳和单击操作,用于创建、编辑和管理地质模型。能够无缝整合各类地质和地球物理数据,如钻孔数据、地质图、地震数据、重力和磁力数据等,并提供层状、断层、岩性等建模工具。主要功能包括数据导入导出、模型创建编辑管理、地震数据处理解释、三维

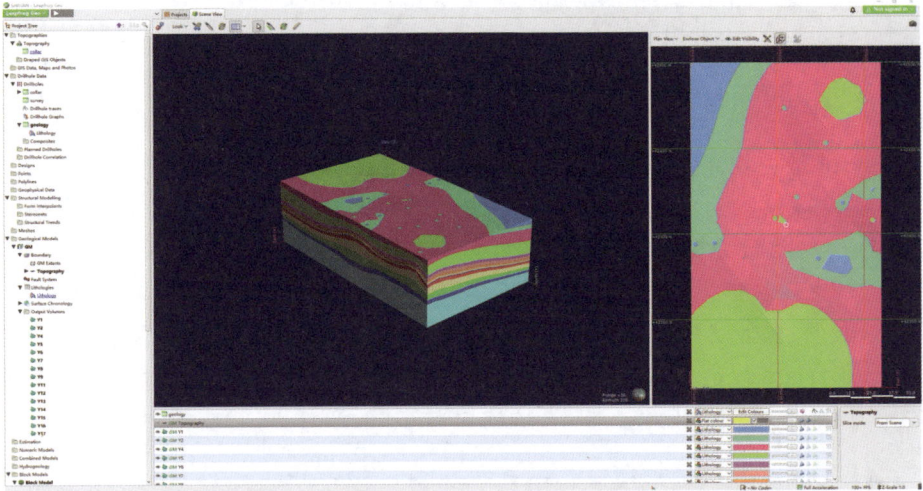

图 1.15　Leapfrog Geo 界面

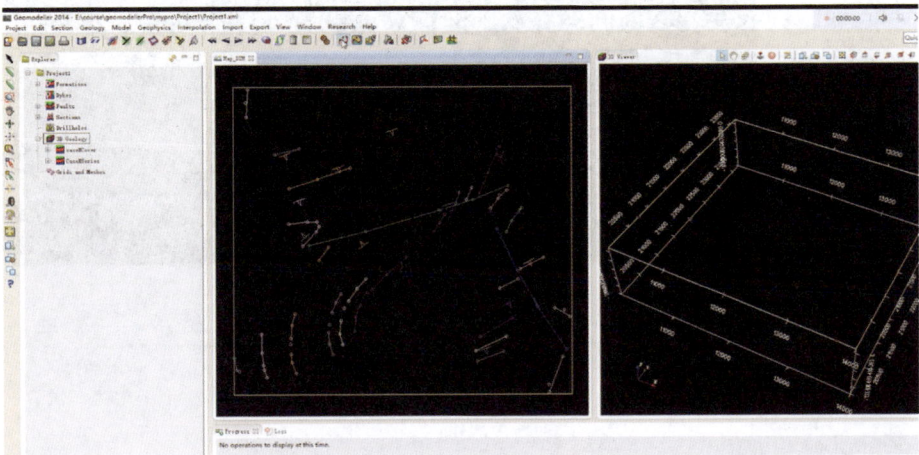

图 1.16　GeoModeller 界面

可视化渲染等。GeoModeller 开放可扩展,用户可添加新功能模块,并与其他软件
如 Petrel、ArcGIS、PostgreSQL 集成,扩展应用范围。

3. Gempy

　　Gempy 是一款功能强大的地质体建模软件,广泛应用于地质工程、矿产资源
勘查、地下水资源评价等领域。它具有高度的灵活性和可扩展性,能快速生成三维
地质体、断层、褶皱等模型。软件采用模块化设计,提供丰富的图形界面和强大的
数据处理能力,支持多种数据格式,并能与其他地质软件无缝集成。Gempy 在矿

产资源勘查、地下水资源评价等领域表现卓越,能模拟地下水流动过程,为资源开发提供科学依据,并可用于地质灾害评估、环境地质评价等。

4. Surpac

Surpac 是一款专业的地质体建模软件,广泛用于矿产资源勘查、矿山设计、地下工程建设等领域。它提供地质数据处理、解释、三维建模、数值模拟等完整工具集(图 1.17),能满足复杂地质条件的建模需求。软件核心功能包括自动生成三维地质模型,支持岩性识别、构造分析、矿体追踪等分析。Surpac 支持多种建模方法,如地表、垂直、水平建模,还具有强大的数据处理能力,支持多种数据格式,提供数据清洗、融合、校正等工具,提高处理效率和准确性。此外,Surpac 提供丰富的地质解释功能,能生成各种地质图件,支持地层对比、构造解析、岩性识别等。

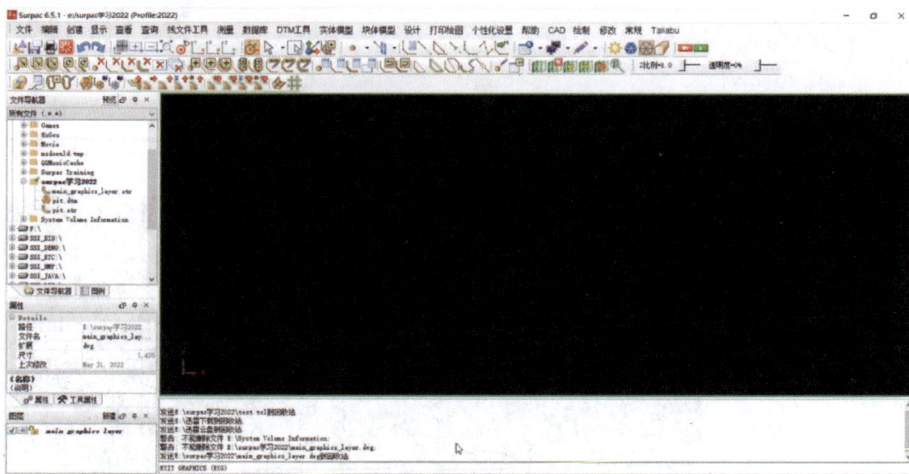

图 1.17 Surpac 界面

5. GOCAD

地质体计算机辅助设计(geological object computer aided design,GOCAD)是一款由美国 T-surf 公司开发的三维地质建模软件(图 1.18)。GOCAD 源自法国南锡大学 JL.Mallet 教授的研究,由地质学家、地球物理学家和计算机科学家共同研发,旨在将复杂的地质数据转化为精确的三维模型。GOCAD 采用先进插值法和网格化技术,处理各类地质数据,构建精细模型,支持地质分析和模拟。软件支持二次开发,提供开放编程接口,适应矿产勘探、油气藏开发等复杂任务。GOCAD 提供丰富图形工具和渲染技术,支持与 GIS 等软件交换数据。

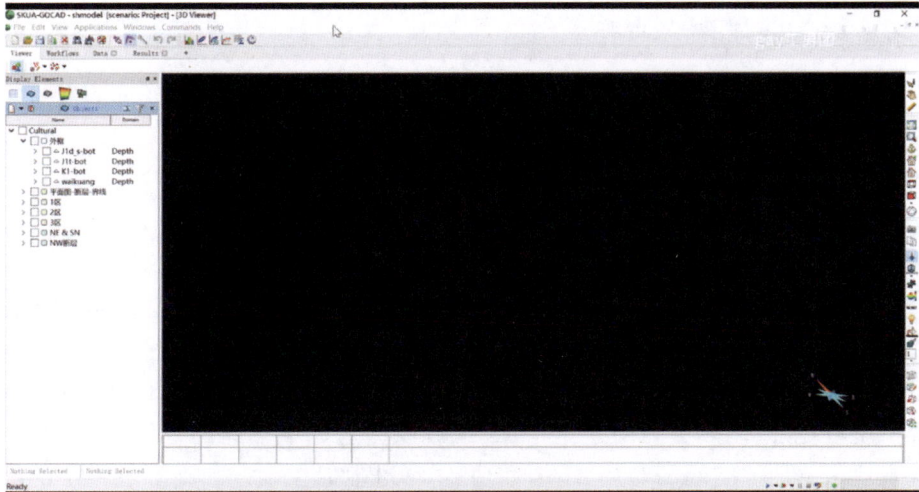

图 1.18　GOCAD 界面

6. EVS

地质体工作室(earth volumetric studio,EVS)具有高度的灵活性和可定制性,支持地形、断层、地层和岩性建模,创建精细准确的三维模型(图 1.19)。同时,具备强大的数据导入导出功能,兼容多种地质数据格式,用户界面简洁、操作直观,提供丰富的教程和帮助文档。同时支持多用户协同工作,提高团队协作效率。

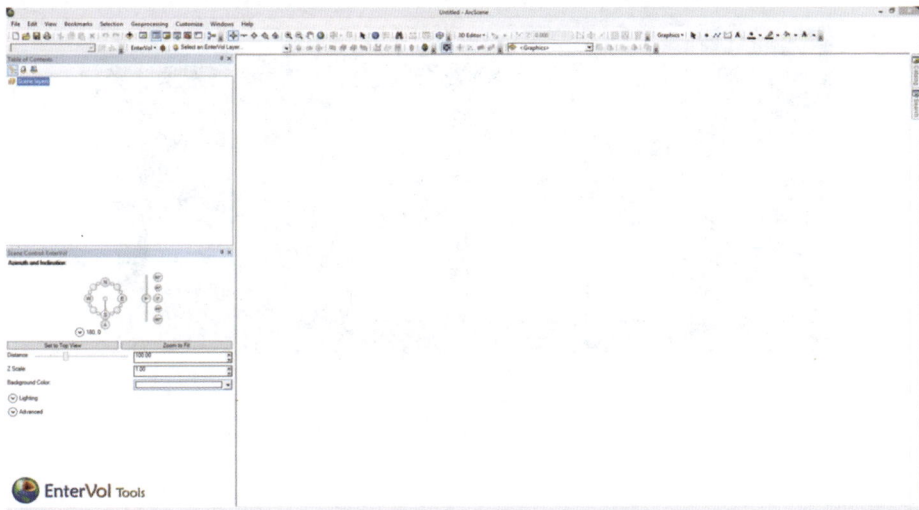

图 1.19　EVS 界面

1.2.2 结构体建模软件

结构体建模常用软件包括 Revit、3ds Max 和 SketchUp 等,各软件的简单介绍如下。

1. Revit

Revit 是 Autodesk 公司开发的一款建筑信息模型(BIM)软件,它提供了三维建模、协同设计和项目可视化等功能(图 1.20)。Revit 结合了 Autodesk Revit Architecture、Autodesk Revit MEP 和 Autodesk Revit Structure 软件的功能,为建筑设计师、结构工程师和机电工程师提供了强大的工具集,以帮助他们设计、建造和维护质量更好、能效更高的建筑。Revit 可以创建地下空间的三维模型,帮助用户直观地了解地下空间的布局、结构和功能,增进他们在设计和施工过程中的沟通和协作。Revit 支持与其他软件和系统(如 GIS、CAD 等)的数据集成。

Revit 提供了丰富的模拟和分析工具,可以对地下空间的性能进行模拟和分析,如可以使用 Revit 进行地下水流模拟、结构应力分析等,以评估地下空间的安全性和稳定性。基于 Revit 的三维模型和数据集成功能,用户可以对地下空间的设计进行优化,如调整结构布局、改变材料类型或增加防护措施等,以提高地下空间的安全性、耐久性和可持续性。Revit 支持多用户协同设计,团队成员可以在同一个模型上进行编辑和修改,这有助于团队在地下空间数字孪生的设计和施工过程中实现更好的协作和沟通。

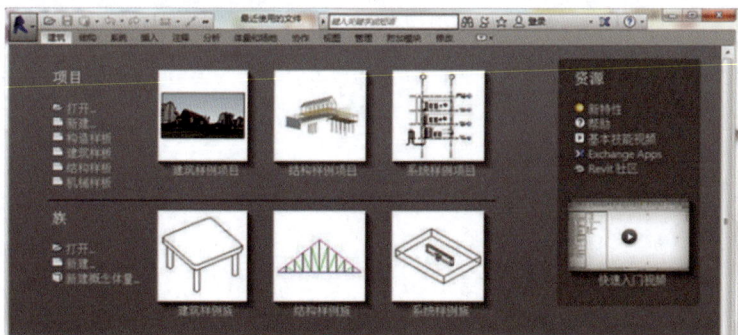

图 1.20 Revit 界面

2. 3ds Max

3ds Max(3D Studio Max)是 Autodesk 公司开发的一款基于 PC 系统的 3D 建模渲染和制作软件(图 1.21)。该软件最初由 Discreet 公司开发,后被 Autodesk 公司收购,前身是基于 DOS 操作系统的 3D Studio 系列软件。3ds Max 被广泛用于

图 1.21　3ds Max 界面

电脑游戏和影视片的动画、特效制作。在地下空间数字孪生系统应用中,3ds Max可以用于创建高度逼真的地下空间三维模型,包括地下管道、隧道、设施,以及各种环境和条件。通过 3ds Max 的渲染和动画功能,可以生成逼真的视觉效果和动态模拟,为地下空间的设计、分析和优化提供有力支持。

3. SketchUp

SketchUp(草图大师)(图 1.22)广泛应用于建筑、景观、园林、室内等设计行业前期的方案推敲。作为一款方便易用且功能强大的三维建模软件,一经推出就在建筑设计领域得到了广泛的应用。该软件能够很好地展现地下空间的复杂结构和布局,无论是地下交通网络、错综复杂的管道系统,还是密集的仓储设施;帮助设计师和工程师更直观地理解地下空间的结构特点,优化设计方案,提高施工效率,减少潜在风险。SketchUp 不仅支持实时渲染和丰富的材质贴图,还能够与其他软件无缝集成,实现数据共享和高效协作。

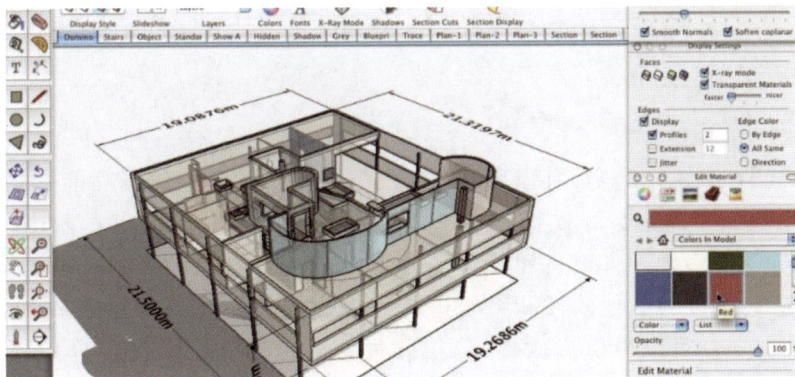

图 1.22　SketchUp 界面

1.2.3 机电设备建模软件

常用的机电设备建模软件包括 SolidWorks、AutoCAD、Blender、CATIA、Rhino 3D,各软件的简单介绍如下。

1. SolidWorks

SolidWorks(图 1.23)是一款基于 Windows 平台的三维 CAD 软件,它采用参数化设计技术,支持快速、准确地创建复杂的实体模型和装配体。SolidWorks 提供了丰富的标准件库、插件和 API 接口,方便用户进行自定义和扩展功能。利用 SolidWorks 的仿真分析功能,可对地下空间设施进行结构变形、流体流动、热传导等方面的分析。同时,SolidWorks 提供了丰富的渲染和动画功能,可以将地下空间设施的三维模型进行可视化展示。SolidWorks 支持与其他 CAD/CAE/CAM 软件的数据交换和协同工作,这对于地下空间数字孪生系统的多源数据集成和全生命周期管理具有重要意义。

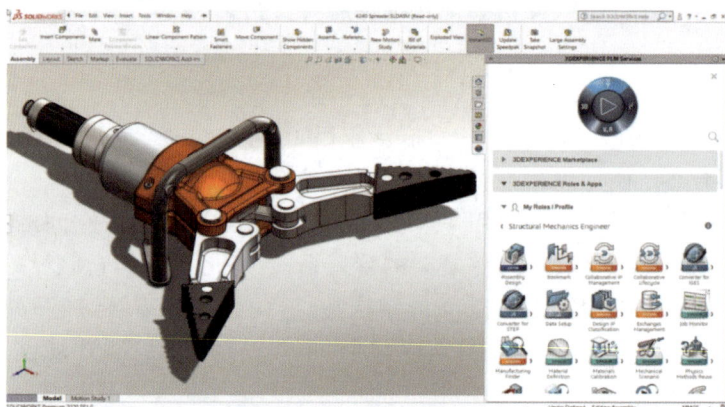

图 1.23 SolidWorks 界面

2. AutoCAD

AutoCAD(图 1.24)具有强大的二维和三维图形绘制与编辑功能,并支持多种图形格式之间的转换和数据交换,可以精确创建地下空间机械设备模型。AutoCAD 支持多种硬件设备和操作平台,具有广泛的适应性,同时支持多种数据格式和接口,可以与其他软件和系统进行数据交换。在地下空间数字孪生系统生态中,AutoCAD 可以与仿真软件、分析软件(如 ANSYS、Abaqus 等)进行数据互通,实现模型信息的共享和协同工作。

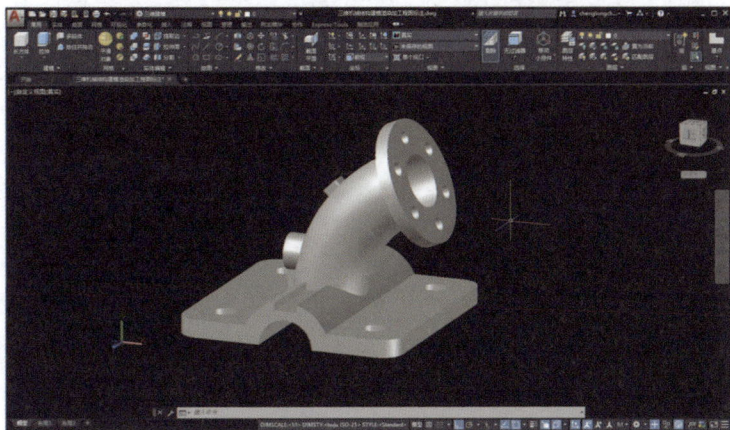

图 1.24　AutoCAD 界面

3. Blender

Blender(图 1.25)是一款免费开源的三维图形图像软件,提供了从建模、动画、材质、渲染到音频处理、视频剪辑等一系列的解决方案。软件内置了多种用户界面,适用于不同的工作场景,并内置了绿屏抠像、摄像机反向跟踪、遮罩处理、后期节点合成等高级影视解决方案。Blender 还支持多种第三方渲染器,如 Cycles 和 EEVEE 等,为用户提供了广泛的创作空间。Blender 强大的三维建模功能可以帮助用户精确创建地下空间机械设备的模型,无论是复杂的机械结构还是精细的零件,都可以通过 Blender 进行建模。通过 Blender 的材质和贴图功能,用户可以为模型添加逼真的材质效果,如金属、塑料、玻璃等,同时还可以添加纹理贴图,使模型更加生动和真实。Blender 的动画和模拟功能可以帮助用户模拟机械设备的运动状态,如旋转、移动、变形等,以及模拟机械设备在地下空间中的工作环境和条件。Blender 的渲染引擎可以为场景和模型添加逼真的光照效果,并输出高质量的渲染图像,支持实时预览和参数调整。通过渲染和可视化功能,用户可以直观地查看机械设备的外观和运行状态。虽然 Blender 本身并不直接支持与其他系统的数据集成,但用户可以通过 Python 脚本等方式实现与其他系统的数据交互,如可以将地下空间数字孪生系统的实时数据导入 Blender 中,实现机械设备运行状态的实时可视化。

4. CATIA

CATIA(图 1.26)是法国达索系统(Dassault systèmes)公司开发的一款三维计算机辅助设计(CAD)和计算机辅助制造(CAM)软件。CATIA 的集成解决方案

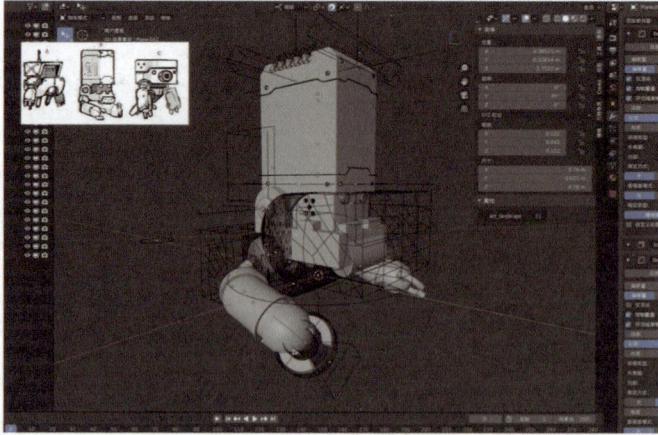

图 1.25　Blender 界面

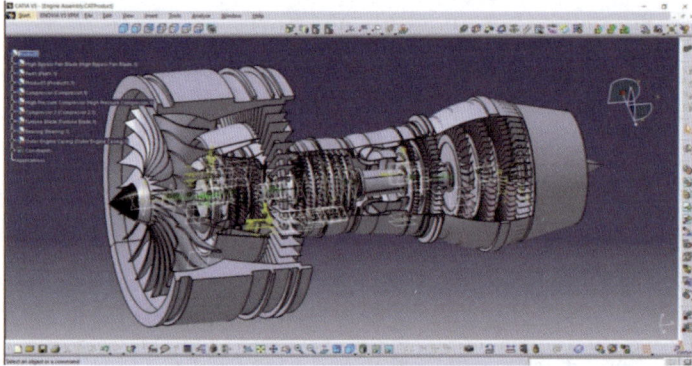

图 1.26　CATIA 界面

覆盖了所有的产品设计与制造领域,广泛应用于航空航天、汽车制造、造船、机械制造、电子电器、消费品等行业。通过 CATIA,可以创建地下空间各种复杂系统和设施(如管道、电缆、通风系统等)的模型。CATIA 可以与其他软件和系统进行数据交换和集成,实现信息的共享和互操作,同时提供了强大的模拟和分析功能,可以对地下空间的各种场景进行模拟和分析,如流体流动、温度分布、应力分析等。CATIA 还提供了丰富的可视化展示功能,可以将地下空间数字孪生体以直观、生动的方式呈现给用户。

5. Rhino 3D

Rhino 3D(图 1.27)是一款由美国 Robert McNeel & Associates 公司开发的专业 3D 造型软件。Rhino 3D 基于非均匀有理 B 样条(NURBS)技术,具有强大的

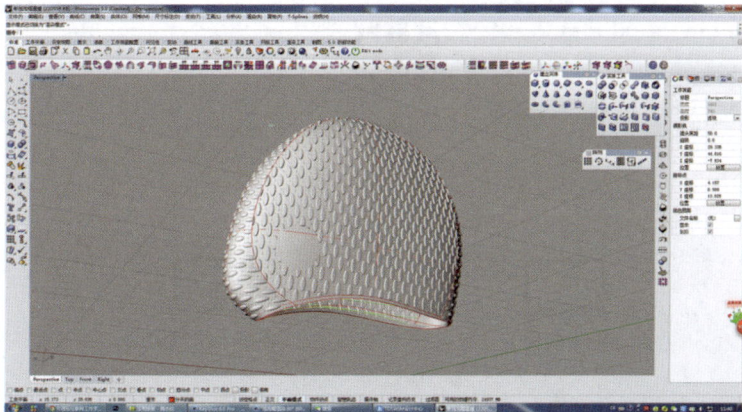

图 1.27　Rhino 3D 界面

曲面建模能力,能够创建高精度、复杂的 3D 模型,并支持多种文件格式的输出,如 obj、DXF、IGES、STL、3dm 等,可以方便地与其他 3D 软件进行数据交换。Rhino 3D 还提供了强大的网格建模功能,通过三角剖分算法、四边形剖分算法、多边形剖分算法等,将复杂的曲面和实体模型转换为网格模型,方便进行更精细的编辑和渲染。

1.2.4　模型标准化方法

在地下空间数字孪生模型构建过程中,模型的标准化是指遵循一系列规范、标准和协议,将不同来源、不同格式、不同精度的对象模型进行整合,实现交互和共享,从而实现地下空间数字孪生技术应用的高效、准确和一致性。标准化措施涉及数据收集、处理、存储、展示和应用全流程,众多专家学者对相关问题展开了广泛的研究。为了促进模型数据的标准化,Irizarry 和 Karan 使用本体技术在语义上将 BIM 和 GIS 的数据进行了融合,并应用于建筑行业[6]。Kang 等使用计算机图形技术将工业基础类(IFC)转换为城市地理标记语言(CityGML)[7]。Kang 提出了一个促进 BIM 到 GIS 概念映射(B2GM)的标准[8]。Isikdag[9] 开发了一种将 IFC 转换为 shapefile 的方法,并将该方法应用于应急响应。Isikdag 等后来转而研究 IFC 到 CityGML 的转换,并将该技术用于室内导航[10]。Zhu 等使用开放软件包将 IFC 转换为 shapefile,并将该技术应用于桥梁管理[11]。Cheng 和 Deng 等开发了将 IFC 转换为 CityGML 的方法,并将该技术应用于建筑物级交通噪声评估、供应链管理和地下公用设施管理[12]。Amirebrahimi 等将 IFC 转换为地理标记语言(GML),并将该技术用于洪水损失评估[13]。

如图 1.28 所示,工程师可以在原生架构软件中进行编辑,并创建建筑信息模

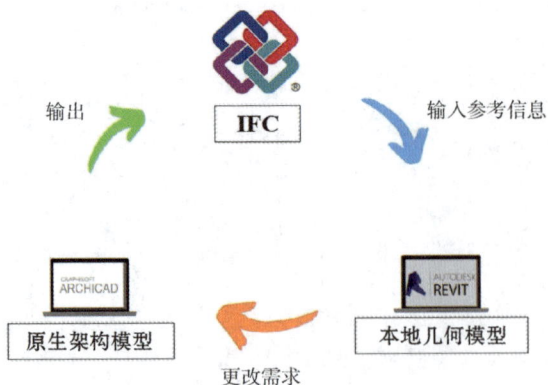

图 1.28　IFC 基本处理过程

型(BIM)。BIM 中的详细数据通常以工业基础类(IFC)标准存储在文本文件中,常用格式如 EXPRESS、XML 或 JSON。之后会将储存文件输入本地的几何模型中,从而更改几何模型。然而,直接读取这些文件以获取建筑信息并不直观,通常需要借助专门的转换工具即"解析器"。解析器能够将 IFC 文件中的信息转化为一个更为结构化、易于理解和使用的形式,称为"对象模型"。基于对象模型,可以查询和提取建筑的几何形状、材料、用途等详细信息。目前,常用的解析器工具包括 IFC Open Shell、JSDAI、IFC Engine、xBIM Toolkit 和 BIMserver 等,它们可将 EXPRESS 格式的 IFC 文件转化为对象模型。对于 XML 或 JSON 格式的 IFC 文件,可使用编程语言中自带的解析器进行处理。

　　CityGML 是一种用于虚拟三维城市模型数据交换与存储的格式,是用以表达三维城市模板的通用数据模型。CityGML 是一个开放的数据模型标准,它基于地理标记语言(GML)并得到了开放地理空间联盟(OGC)的标准化。CityGML 主要关注城市环境的几何和语义描述,包括建筑物、道路、植被、水系等城市对象类型,并允许用户通过扩展机制自定义对象类型。首先,需要对 CityGML 三维语义模型相关标准进行深入研究和理解,这一步骤是处理过程的基础(图 1.29)。其次,在理解了 CityGML 标准之后,需要对建筑物等三维模型的构件进行分类,并组织它们的语义信息,如名称、类型、功能等;基于研究结果和信息组织,进行三维语义模型的设计,包括确定模型的几何结构、拓扑关系以及语义标签等。再次,由于 CityGML 标准可能无法完全满足特定应用场景的需求,因此可能需要进行扩展,例如设计一个扩展的三维建筑物语义模型框架;经过将 IFC 模型转换为扩展 CityGML 模型后,得到包含丰富语义信息的 CityGML 模型。最后,将语义丰富的 CityGML 模型数据存储到数据库中,以便进行高效的管理和查询。

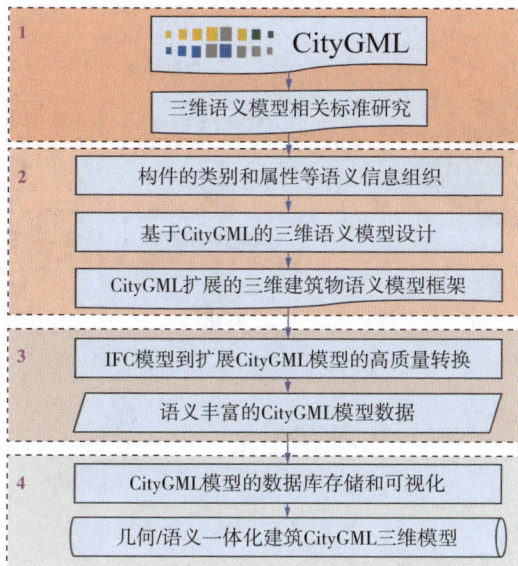

图 1.29　CityGML 的基本处理过程

1.3　模型动态更新

1.3.1　几何模型更新

数字孪生模型动态更新指根据物理世界的变化,实时或定期对数字孪生模型中的数据进行调整、修改和替换,以确保数字孪生模型能够准确地反映物理世界的最新状态(图 1.30)。地下空间可能随着施工、使用和维护等过程而发生各种变化,如结构变形、加固,设备替换、增减等。通过模型动态更新,可以确保数字孪生模型与物理世界保持同步,提供实时、准确的信息支持,进行更加精确的分析和预测,如结构安全性评估、设备故障预测等。

1. 数据采集

在更新数字孪生几何模型时,首先需要采集几何参数数据。采集几何数据的常用方法包括无人机测量、摄影测量、激光扫描、全站仪测量、GPS 测量、测斜仪和其他传感器测量等。为了全面掌握几何数据的变化,通常会采用多种方法的组合,如可以使用无人机和摄影测量技术对建筑物的外部进行测量,而通过激光对建筑物内部进行扫描。对于不同的应用场景需要考虑采集方法的精确度、采集频率、适用性、自动化程度以及经济性等。例如,当使用无人机和 GPS 技术时,几何数据的

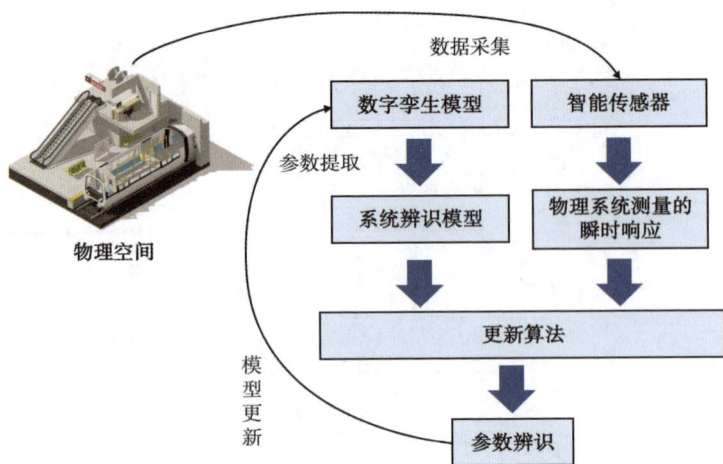

图 1.30　数字孪生模型更新过程

精度会受到限制，不足以进行高精度模型的更新。

2. 数据处理

数据处理指首先对采集到的原始数据进行清洗，去除噪声、填补缺失值、处理异常值等，以提高数据的准确性和可靠性；然后对清洗后的数据进行分析，包括运用统计分析、机器学习、数据挖掘等方法提取数据的特征、规律和模式等[14]。

3. 数据集成

数据集成涉及将来自不同数据源的数据进行物理或逻辑上的组合，以形成一个或多个新的数据集。这通常需要使用提取-转换-加载（extract-transform-load，ETL）工具或技术，从各种数据源中提取数据，转换其格式和结构，然后将其加载到目标数据库或数据仓库中。将地下空间几何数据集成到数字孪生模型时，需要根据具体情况选择方法。如图 1.31 所示，LocLab 工具链（toolchain）[15] 是数据集成到模型的一种方法，它结合数据收集方法、物理对象的特征等因素来调整数据集成和处理的流程。此外，数据质量对于整个数据集成过程非常重要，在集成之前需要对数据质量进行评估、监控和改进，以确保更新后几何模型的准确性、完整性、一致性、可靠性和可用性。

4. 模型快速重建

在数据集成之后，需要根据几何模型数据的变化选择模型重建的策略，包括修正模型、优化模型和扩展模型。对于小的局部变化（如设备位置的微调、尺寸的小

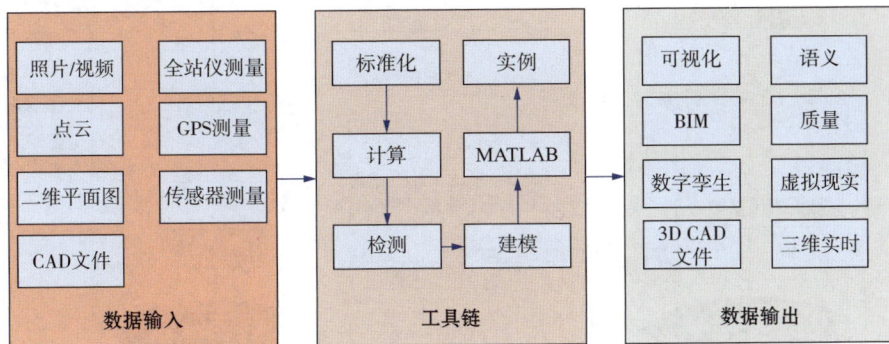

图 1.31 LocLab 工具链概念

幅变化等),可以直接在数字孪生平台上进行修正。根据集成数据的分析结果,可以对模型结构进行优化。此外,根据新增或删减的物理对象或系统组件,可以在数字孪生模型中添加或删除相应的组件。目前,模型快速重建的方法分为基于几何重建与基于离散点重建两大类。基于几何重建方法是通过提取数据中具有几何意义的特征点、线、面等来实现模型的重构,由于利用了明确的几何特征,重建出的模型往往具有较高的几何精度。而基于离散点重建则是使用数据点之间的拓扑关系构建网格模型,可以根据需要调整网格的分辨率和密度,以适应不同的应用场景和性能要求。

1.3.2 物理模型更新

物理模型不仅反映了物理实体的静态特征(如尺寸、材料属性等),还通过数学方程和算法模拟了物理实体的动态行为(如力学响应、热传导、电磁效应等)。其为质量控制以及物理特性的分析和预测等服务提供了基础。物理模型的构建常依赖一系列公式或有限元模型,这些工具或是基于深入理解的物理机理,或是源自丰富的实践经验。然而,物理模型的适用性受限于实际情况的复杂性,特别是当环境因素对模型中的某些参数产生显著影响时。此外,模型本身固有的局限性也不容忽视,因为在更新过程中,往往需要对现实情况进行一定程度的抽象和假设,这不可避免地会引入误差,即忽略了某些在实际中可能至关重要的因素。因此,需要在确定固定参数和灵活参数后整体更新物理模型。

具体来说,物理模型更新可以分为静态模型更新和动态模型更新(图 1.32)。静态物理模型构建包括物理属性、状态和行为的定量建模,该建模仅由物理实体确定,独立于不同的物理分析方法。对于动态物理模型构建,如机械部件内部的热传导,需要在时空解域上创建和计算有限数量的节点,以获得整个系统的物理状态分布。首先,需要更新参数选择。在某些情况下,有许多参数与环境参数相关。通常

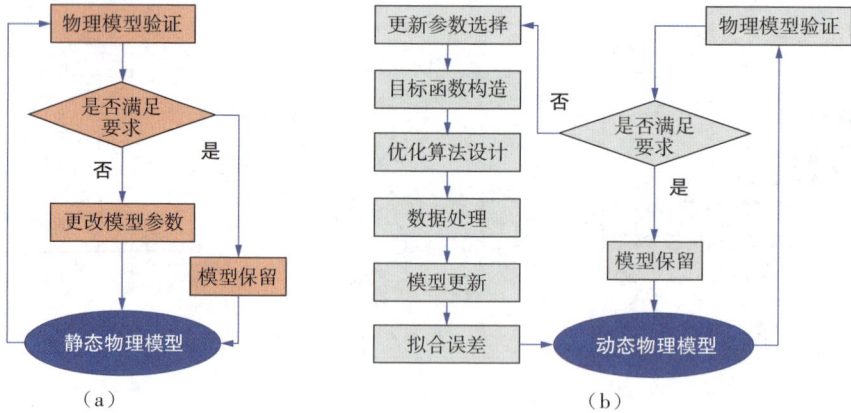

图 1.32　物理模型更新步骤

（a）静态物理模型更新步骤；（b）动态物理模型更新步骤

选择强相关参数，以降低考虑所有灵活参数的计算成本。其次，要构造对象函数，目的是使物理模型的输出尽可能接近实际测量数据。对于算法优化问题，有许多方法可以解决，如牛顿算法、高斯-牛顿方程、Levenberg-Marquardt 算法和迭代非线性最小二乘法。此外，算法的性能有其优点和缺点。因此，设计合适的算法对于有效地找到最优参数具有重要意义。在大多数情况下，可以根据经过处理和设计算法的物理数据获得最优参数。动态物理模型更新可以通过将初始参数替换为最优参数来实现。在某些情况下，对物理模型的精度要求很高，需要一个误差拟合函数。误差拟合函数则基于优化的物理模型的输出和物理收集的数据构建。

1.3.3　行为模型更新

行为模型表示了物理实体的顺序、并发、链接、周期性和随机行为。准确的行为模型决定了数字孪生模型的运动和控制的精确性。例如，施工过程可以用行为模型来表示，机电设备中的组件或零件执行顺序也可以用行为模型来表示。与物理模型更新类似，行为模型更新一方面需要验证其静态属性，确保模型的元素与物理对象一致；另一方面，动态属性也需要根据实际变化进行调整。

静态行为模型的更新过程与物理模型类似，而动态行为模型的更新模式主要有三种，包括元素更改、关系更改和这两种同时更改（图 1.33）。更新模式的选择取决于具体的场景和需求。有时，更新可能只涉及单一的元素或关系更改；而在其他情况下，则可能需要同时处理多个元素和关系的复杂变化。元素更改涉及对模型中单个或多个元素（或对象）的修改或替换。关系更改指的是模型中元素之间交互方式或连接方式的改变。这包括元素间关系的增加、删除或修改，这些关系表示

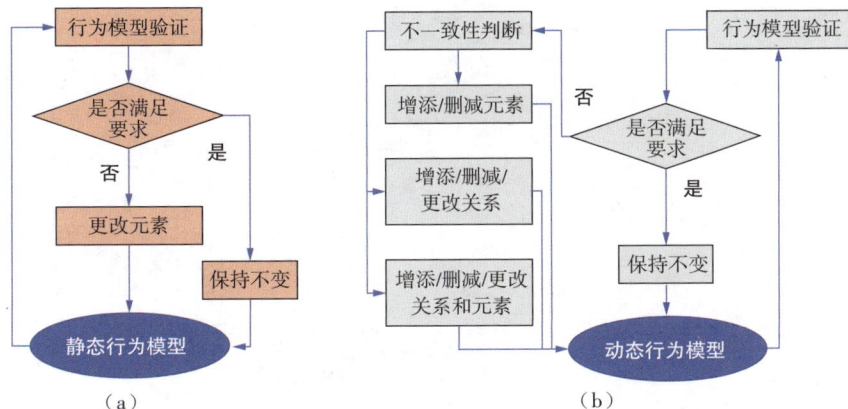

图 1.33　行为模型更新步骤

（a）静态行为模型更新步骤；（b）动态行为模型更新步骤

物理连接、数据流、依赖关系等。

1.3.4　规则模型更新

规则模型首先需要明确物理对象或系统在运行过程中应遵守的各种规则,包括物理定律、操作规范、性能标准等。之后,规则模型需要将这些规则以逻辑的形式表达出来,以便在数字孪生模型中进行计算和模拟。这通常涉及使用数学公式、算法或逻辑语句来描述规则之间的关系和相互作用。在实际应用中,物理对象或系统的运行环境可能会发生变化,因此规则模型需要具备一定的动态调整能力。

此外,规则模型揭示了隐性知识,描绘了物理实体的进化趋势和模式,且约束规则和关联规则都由规则模型表示。规则模型是否更新需要考虑三种情况(图 1.34),一是某些规则是错误的或不适用于当前情况,原因包括业务逻辑的变更、外部环境的改变(如法律法规的更新)或者规则设计时的疏忽;二是缺乏某项规则时,即当遇到一些新的场景或需求,而原有的规则库中没有相应的规则时;三是规则不能满足当前场景,即应用程序环境的变化而导致阈值变化。当出现以上三种情况时,需要及时更新规则模型。

1.3.5　模型更新周期

地下空间经历的地质活动、施工改造或设备更换等都可能导致其结构几何形状发生变化,需要实时或定期更新数字孪生模型中的几何数据以反映这些变化。

目前有两种方法可以确定何时更新数字孪生的几何模型,如图 1.35 所示。第一种方法是基于对象处于全生命周期的不同阶段确定更新周期。规划与设计阶段

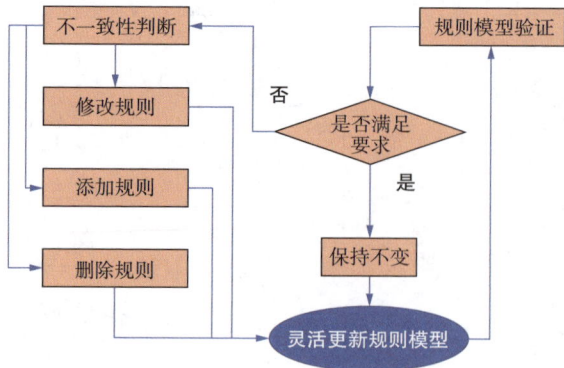

图 1.34   规则模型更新步骤

的更新周期相对较长,但需要确保模型能够准确反映设计方案的变更。随着设计方案的逐步确定,数字孪生模型也需要进行相应的更新和调整。在施工阶段,由于过程中存在许多不确定因素,如设计变更、施工延误等,数字孪生模型需要实时反映施工现场的实际情况,因此模型的更新周期需要根据实际情况进行灵活调整。在运营与维护阶段,地下空间的核心几何形状在很长一段时间内保持不变,然而随着使用时间的增长,其性能和使用状况可能会发生变化,因此需要进行定期的维护更新。第二种方法则是根据区域的风险等级确定更新周期,如对于人流密度较高或者事故频发区域需要采用更密集的监测实现更新策略,而对于人流量较少或结构变形风险较低的区域可以采用定期更新模型的策略。

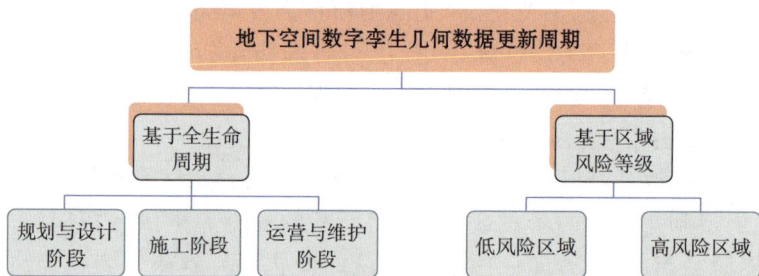

图 1.35   不同场景下的更新周期

1.4 高效动态渲染性能优化

高效动态渲染性能优化是指通过一系列技术手段和策略,提高图形渲染的效率,实现更流畅、更高质量的视觉效果。在游戏开发、虚拟现实、图形设计等领域,动态渲染性能优化尤为重要,其主要手段包括几何优化、纹理优化、着色器优化、图形处理器(GPU)优化、云渲染技术以及云计算可视化。

1.4.1 几何优化

几何优化是指通过减少渲染场景的几何复杂性来提高图形渲染性能的过程。在三维图形渲染中,几何复杂性通常指的是场景中的顶点数量、三角形面片数量和其他几何元素的数量。减少这些数量可以降低渲染负载,提高帧率,减少 CPU 和 GPU 的工作量。主要有网格简化、空间划分、遮挡剔除、视锥体裁剪及几何实例化等技术。

网格简化技术是通过减少模型中的顶点数量和面片数量来降低几何复杂性的技术。常用的网格简化技术包括边折叠(edge collapsing)、边翻转(edge swapping)、顶点聚类(vertex clustering)等。

空间划分技术将大场景划分为多个小区域,每个区域单独处理,可以减少渲染时的遍历次数。常见的空间划分技术包括八叉树(octree)、四叉树(quadtree)、k-d 树(k-dimensional tree)和层次包围盒(bounding volume hierarchy,BVH)。

遮挡剔除技术是通过检测哪些物体被其他物体完全遮挡,从而不渲染这些被遮挡的物体。这可以大大减少需要渲染的三角形数量,提高渲染效率。

视锥体裁剪技术只渲染摄像机视锥体内的物体,排除视锥体外的物体。如图 1.36 所示,视锥体裁剪可以快速排除远离摄像机的物体,减少不必要的渲染工作。如 1.1.4 节中提到的地质体建模中运用视锥体裁剪技术,可以显著提高地下空间几何模型的渲染效率。而裁切边界的生成是视锥体裁剪的重要步骤,如图 1.37 所示,通过多个剪裁平面生成裁切边界。

另外,几何实例化技术允许使用同一几何数据多次渲染不同的物体,减少绘制调用次数。这对于渲染大量相同或相似物体(如树木、草丛、建筑物等)非常有效。

图 1.36 视锥体裁剪

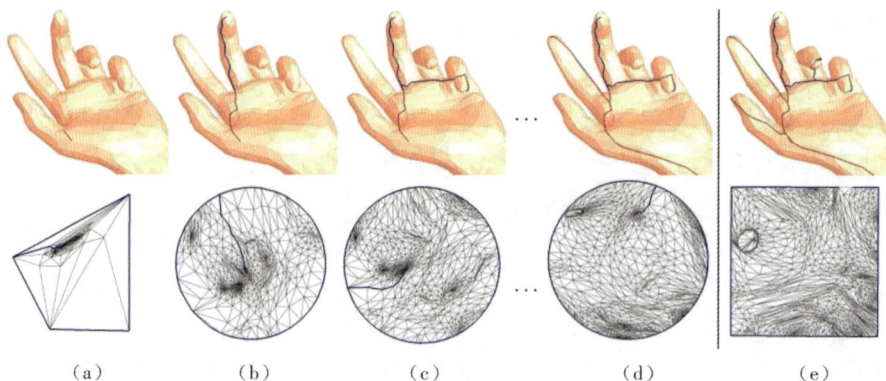

图 1.37 裁切边界生成

（a）识别；（b）判断角度；（c）判断交点；（d）确定裁剪面；（e）生成边界

1.4.2 纹理优化

纹理优化是提高图形渲染性能的重要手段之一，它涉及减少纹理数据的大小，提高纹理数据的加载和渲染效率，以及减少纹理内存的使用。纹理优化主要包括纹理压缩、纹理合并、纹理分级三种常见的方法。

纹理压缩可以显著减少纹理数据的大小，降低内存带宽消耗，提高渲染效率。常见的纹理压缩格式有 BC1-BC7（块压缩，block compression）、ETC（爱立信纹理压缩，Ericsson texture compression）、PVRTC（虚拟现实纹理压缩，powerVR texture compression）等。纹理压缩通常是有损的，但在视觉上差异可能很小，对于性能提升是值得的。

纹理合并是将多个小纹理合并成一个大的纹理图集（atlas），这样可以减少绘制调用次数，提高渲染效率。合并后的纹理可以在 GPU 上使用较少的纹理采样器，减少资源占用。

纹理分级是通过预计算一系列逐渐减小的纹理图像（mipmaps），根据物体距离摄像机的距离使用不同分辨率的纹理。这可以减少纹理采样的工作量，提高渲染效率，同时减少走样（aliasing）现象。

1.4.3 着色器优化

着色器优化是提高图形渲染性能的关键部分，特别是对于现代图形处理器而言，着色器的执行效率直接影响渲染速度和画面质量。着色器优化通常涉及着色器复杂性降低、着色器编译优化及着色器实例化等。

着色器复杂性降低(shader complexity reducing)主要是减少着色器中的数学运算和指令数量,通过简化计算公式、减少分支判断、避免复杂的循环等,使用更高效的数据结构和方法,如使用纹理来存储复杂的数据,通过纹理查找代替计算。

着色器编译优化(shader compilation optimizing)主要是使用高效的着色器编译器,如 HLSL 的 fxc、GLSL 的 glslang 等,它们可以对着色器代码进行优化。在编译时使用优化选项,如优化级别(optimization level)、调试信息(debug information)等。

着色器实例化(shader instancing)通过在 GPU 上运行同一个着色器程序多次,渲染多个不同的对象,减少 CPU 到 GPU 的绘制调用次数。这样可以通过传递不同的参数(如模型矩阵、材质属性等)来实现。

1.4.4　GPU 优化

GPU 优化是指通过提高图形处理器的使用效率来提升图形渲染性能的过程。这通常涉及对着色器、资源管理、渲染管线和 GPU 特定功能的使用等方面的优化。主要的技术点有:使用 GPU 加速的后期处理效果,如 HDR 渲染、景深、运动模糊等;利用多线程技术来并行处理渲染任务,如资源加载、场景管理等;使用 GPU 的并行处理能力,如异步计算、多渲染目标(MRT)等;使用性能分析工具来识别GPU 的性能瓶颈,如 GPU Profiler、RenderDoc 等;根据分析结果进行针对性的优化,如改进着色器代码、优化资源管理等;对于静态场景,预计算光照、阴影、反射等,以减少运行时的计算量;缓存渲染结果,如使用帧缓冲区(frame buffer)来缓存已经渲染的场景部分。

1.4.5　云渲染技术

云渲染(cloud rendering)技术是一种将图形渲染任务外包到远程服务器执行的解决方案。这种技术允许用户在没有强大本地硬件的情况下也能够体验到高质量的图形渲染效果。传感和软件技术的最新进展使我们能够获得大规模、精细的文化资产三维网格模型。然而,由于硬件性能的限制,这种大型模型无法在普通计算机上进行交互式显示。云渲染技术是一种既能处理海量信息,又不会增加每个客户端用户处理成本的解决方案。

基于云计算概念的大型三维网格模型交互式渲染系统通过容量相对较小的机器网络存储在远程环境中,系统同时使用基于模型和图像的渲染方法,在服务器和客户端之间实现有效的负载平衡。

在服务器上,三维模型通过基于模型的方法进行渲染,该方法使用具有详细程度的分层数据结构。在客户端,通过使用一种新颖的基于图像的方法来构建任意视图,这种方法被称为"网格-流明图"(grid-lumigraph),它混合了从服务器接收到的采样图像的颜色。系统将原始网格模型放在远程服务器上,以避免服务器和客户端之间的信道限制。服务器和客户端间几何数据的通信简图如图 1.38 所示。

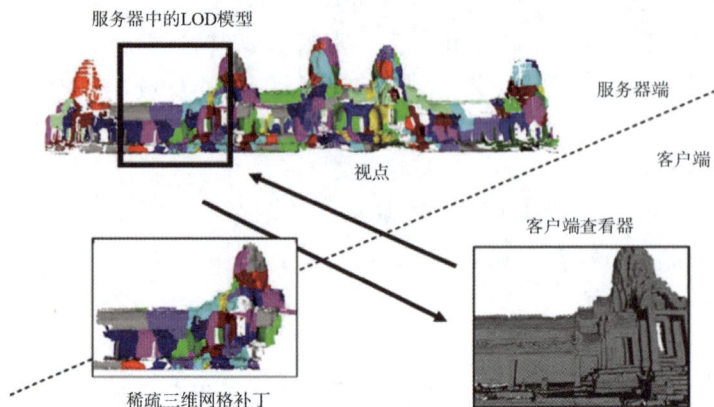

图 1.38　几何数据的通信

服务器从不同的观察位置对网格模型进行预渲染,并可以根据具体的渲染方法将这些图像存储在一个存储库中。用户将渲染任务提交给云端的服务器集群,这些服务器利用强大的计算能力完成渲染任务,并将渲染结果实时或异步地返回给用户。云渲染系统则是一种基于云计算技术的新型渲染方式,它通过将渲染任务分配到云端服务器上进行处理,实现了高效快速的渲染服务。云渲染系统概览如图 1.39 所示。

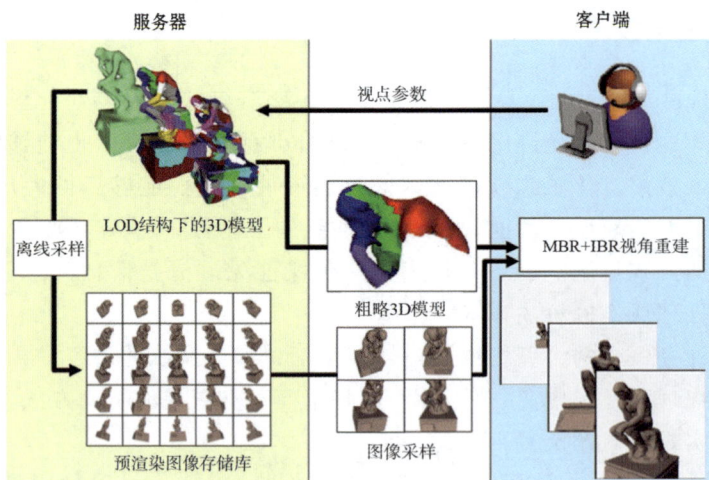

图 1.39　云渲染系统概览

云渲染系统有一个用于存储图像的服务器和用于生成视图的客户端,图 1.40
描述了服务器和客户端之间的渲染协议,其主要包括:客户端系统向服务器系统
发送当前视角的参数;服务器系统确定最近的采样点集合,从图像存储库中检索分
配给每个最近点的图像;服务器将检索到的采样图像发送给客户端;服务器将稀疏
三维模型发送给客户端。

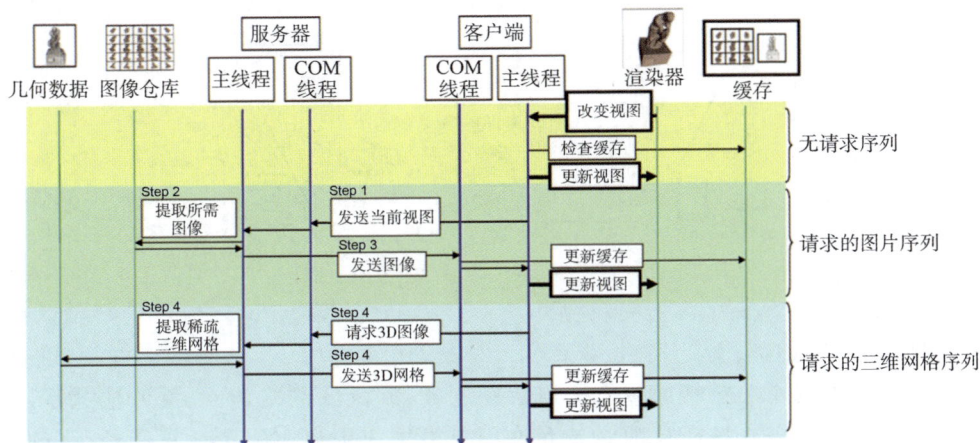

图 1.40   系统中渲染流水线的顺序

1.4.6 云计算可视化

1. 云计算的基本概念

云计算是一种基于互联网的计算模式,它通过网络提供各种计算资源和服务,
包括但不限于存储、处理能力、数据库、应用程序等,以一种按需、弹性、按使用量付
费的方式向用户提供服务。其核心理念是将计算资源集中部署在数据中心,通过
虚拟化技术将这些资源抽象成服务,然后通过互联网以服务的形式向用户提供,用
户可以根据需要随时随地获取这些服务。在云计算的框架下,计算资源可以被快
速调配和管理,用户无须购买昂贵的硬件设备和软件许可证,只需按需使用云服
务,从而降低了成本和管理负担。云计算提供了高度的灵活性和可扩展性,用户可
以根据需求随时增加或减少资源的使用量,以适应不同的业务需求和负载变化。

美国国家标准与技术研究院(NIST)对云计算的定义是:“云计算是一种模
型,它允许通过网络便捷地按需访问可共享的计算资源(如网络、服务器、存储、应
用程序和服务),这些资源可以被快速供应和释放,并且可以以最小的管理域与服
务提供方进行最少的交互。如图 1.41 所示,NIST 还提供了云计算的 5 个关键特
征、4 种部署模型以及 3 个服务模型(基础设施即服务(IaaS)、平台即服务(PaaS)、

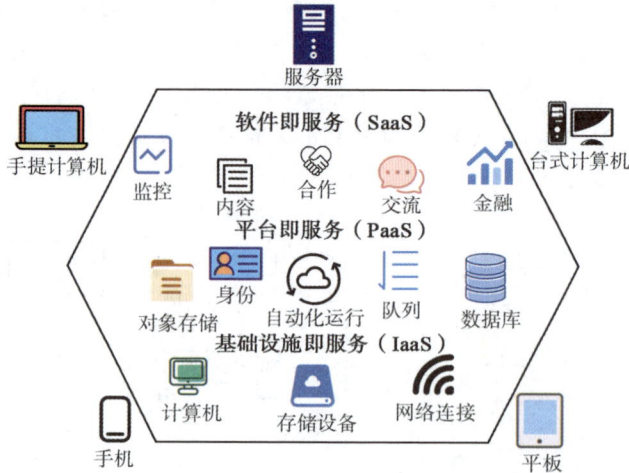

图 1.41　云计算

软件即服务(SaaS))。

　　云计算的 5 个关键特征包括按需自助服务、广泛的网络访问、资源池共享、快速弹性和度量服务。按需自助服务允许用户根据需求自主配置计算资源,无须人工干预;广泛的网络访问确保用户可以随时随地通过网络访问云服务;资源池共享使得云服务提供方可以将计算资源集中在数据中心,并根据不同用户和应用程序的需求动态分配这些资源;快速弹性允许资源在需求变化时迅速扩展或缩减,以满足用户的需求;度量服务则通过自动控制和优化资源的使用,实现按使用量付费的模式,帮助用户更有效地管理资源。

　　云计算的 4 种部署模式:公有云、社区云、私有云和混合云。公有云是由第三方服务提供方建立和维护的云基础设施,向公众提供服务;社区云由特定社区的多个组织共享,这些组织通常有共同的关注点(如安全要求、政策和合规性考虑);私有云是由单个组织或企业内部建立和管理的云基础设施,用于满足特定的安全和合规要求;混合云则是将公有云和私有云结合起来使用,以实现资源的灵活调配和应用的弹性部署。

　　基础设施即服务(infrastructure as a service,IaaS)提供虚拟化的计算资源,如虚拟服务器、存储空间和网络资源。这种服务模型将物理硬件资源抽象为虚拟资源,并通过云服务提供方的管理界面或 API 来访问和配置这些资源。用户可以通过网络租用这些资源,而无须购买和维护实体硬件。典型的 IaaS 提供方包括 Amazon Web Services (AWS) 的 EC2,Google Cloud Platform 的 Compute Engine 和 Microsoft Azure 的 Virtual Machines。这些服务允许用户启动虚拟机,根据需求选择 CPU、内存、存储和网络配置,适用于托管网站、运行大数据分析或存储大量数据。

平台即服务(platform as a service,PaaS)提供比 IaaS 更高级的集成环境,包括开发工具、编程语言运行环境、数据库和 web 服务器等。PaaS 的原理是在基础设施之上构建一个应用程序开发和运行的平台,使开发人员可以专注于应用程序的开发和部署,而不必关心底层的硬件和操作系统。典型的 PaaS 产品包括 Google App Engine、Microsoft Azure Web Services 和 Heroku,开发人员可以在这些平台上直接部署代码,平台会自动处理负载均衡、应用监控和自动扩展等任务。

软件即服务(software as a service,SaaS)提供完全托管的应用程序给最终用户。这种服务模型将应用程序部署在云端,并通过互联网提供给用户使用,用户不需要关心底层的云基础设施或平台,只需通过网络访问应用程序。典型的 SaaS 产品包括 Google Workspace、Microsoft Office 365 和 Salesforce,用户可以订阅服务而不需要安装任何软件,非常适用于协作、客户关系管理和文档编辑等。

云计算技术的发展使得企业和个人能够更加高效地利用计算资源,加速了应用程序的开发和部署过程,促进了信息技术的创新和发展。随着人工智能、大数据等新兴技术的兴起,云计算将继续发挥着重要的作用,成为推动数字化转型和智能化发展的重要基础。

2. 基于云计算的三维可视化技术

实现地下空间的三维可视化需要综合运用多种先进技术,包括数据采集与整合、三维建模与渲染、实时数据更新与融合、用户交互界面设计与交互式数据查询,下面将探讨这些关键技术的实现原理、应用方法以及技术挑战。

(1) 数据采集与整合

数据采集与整合是实现地下空间三维可视化的第一步,它涉及从多个来源获取地下空间数据,并将这些数据整合到一个统一的平台中。这项工作通常包括使用地理信息系统(GIS)数据整合技术,从各种数据源中收集地质地形、地下水位、地下管网等信息。通过利用云计算平台,数据采集与整合可以更加高效地进行。云计算提供了强大的计算和存储资源,使得大规模数据的处理和管理变得更加容易。此外,云计算还可以实现数据的实时集成和同步,确保数据的时效性和完整性。数据采集与整合的作用是为后续的三维建模与渲染、实时数据更新与融合等工作奠定基础。只有在数据采集与整合阶段确保了数据的准确性和完整性,才能保证后续可视化工作的有效性和可靠性。

(2) 三维建模与渲染

三维建模与渲染是将采集到的地下空间数据转化为可视化的三维模型,并通过渲染技术呈现给用户,将地下空间的地质结构、管网布局等关键信息以直观、形象的方式展现给用户,帮助用户更好地理解地下空间的结构和特征。在实现三维建模与渲染时,可以利用云端高性能计算资源进行数据处理和模型构建。云计算提供了强大的计算能力,可以加速三维建模和渲染的过程,同时也能够处理大规模的数据,生成高质量的可视化效果。除了传统的三维建模技术,机器学习和人工智能算法也可以应用于三维建模过程中,帮助分析数据并生成精确的三维模型。这些算法可以提高建模的自动化程度,减少人工成本,并提高建模的准确性和效率。

（3）实时数据更新与融合

实时数据更新与融合涉及监测地下空间数据的动态变化,并及时更新和融合到三维模型中。通过利用云计算的实时数据处理能力,可以实现地下空间数据的实时更新与融合。云计算平台提供了强大的实时数据处理工具和技术,能够及时捕获地下空间数据的变化,并将这些变化反映到三维模型中。实时数据更新与融合的作用是确保地下空间可视化结果的准确性和实时性。及时更新和融合数据,可以使用户始终获得最新的地下空间信息,从而支持用户做更好的决策和规划。

（4）用户交互界面设计与交互式数据查询

用户交互界面设计与交互式数据查询包括设计直观友好的用户界面,使用户能够自由查询和过滤地下空间数据。在实现用户交互界面设计与交互式数据查询时,借助云平台的灵活性和高效性是至关重要的。云计算提供了强大的计算和存储资源,可以支持复杂的用户界面设计和数据查询功能,同时还能够确保系统的高可用性和稳定性。云计算平台可以实现交互式数据查询和过滤,使用户能够根据自己的需求和兴趣快速获取所需信息,提高用户体验和数据分析效率。用户交互界面设计与交互式数据查询的作用是使用户能够更直观地理解地下空间数据,并通过自由查询和过滤功能获取所需信息,从而支持更好的决策和规划。

地下空间的三维可视化技术是在当今数字化时代中至关重要的技术之一,它为地质勘探、工程规划和城市管理等领域提供了强大的支持和视觉表现力。通过综合运用上述技术,地下空间的三维可视化将为我们带来更加精确、实时和交互式的数据体验,为地下空间的开发与管理提供前所未有的支持和视觉表现力。同时,基于云计算的技术支持使得这些技术能够更高效地实现,为地下空间可视化的发展提供了强大的基础和动力。

参考文献

[1] THELEN A, ZHANG X G, FINK O, et al. A comprehensive review of digital twin: part 1: modeling and twinning enabling technologies [J]. Structural and Multidisciplinary Optimization, 2022, 65(12): 354.

[2] CHEN X X, CHE D F. 3D geological modelling method based on hybrid data model [J]. International Symposium on Mine Safety Science and Engineering (ISMS), 2016: 199-203.

[3] LI M H, FENG X, HU Q F. 3D laser point cloud-based geometric digital twin for condition assessment of large diameter pipelines [J]. Tunnelling and Underground Space Technology,

2023, 142: 105430.

[4] WANG J X, LI P N, LI X J, et al. Complex 3D geological modeling based on digital twin [J]. IOP Conference Series: Earth and Environmental Science, 2021, 861(7): 072046.

[5] HUANG M Q, ZHU H M, NINIĆ J, et al. Multi-LOD BIM for underground metro station: Interoperability and design-to-design enhancement [J]. Tunnelling and Underground Space Technology, 2022, 119: 104232.

[6] IRIZARRY J, KARAN E P, JALAEI F. Integrating BIM and GIS to improve the visual monitoring of construction supply chain management [J]. Automation in Construction, 2013, 31: 241-254.

[7] KANG T W, HONG C H. A study on software architecture for effective BIM/GIS-based facility management data integration [J]. Automation in Construction, 2015, 54: 25-38.

[8] KANG T. Development of a conceptual mapping standard to link building and geospatial information [J]. ISPRS International Journal of Geo-Information, 2018, 7(5): 162.

[9] ISIKDAG U. Towards the implementation of building information models in geospatial context [D]. Salford: University of Salford, 2006.

[10] ISIKDAG U, UNDERWOOD J, AOUAD G. An investigation into the applicability of building information models in geospatial environment in support of site selection and fire response management processes [J]. Advanced Engineering Informatics, 2008, 22(4): 504-519.

[11] ZHU J X, WU P, ANUMBA C. A semantics-based approach for simplifying IFC building models to facilitate the use of BIM models in GIS [J]. Remote Sensing, 2021(22): 4727.

[12] CHENG J C, DENG Y, ANUMBA C. Mapping BIM schema and 3D GIS schema semi-automatically utilizing linguistic and text mining techniques [J]. Journal of Information Technology in Construction (ITcon), 2015, 20: 193-212.

[13] AMIREBRAHIMI S, RAJABIFARD A, MENDIS P, et al. A framework for a microscale flood damage assessment and visualization for a building using BIM-GIS integration [J]. International Journal of Digital Earth, 2016, 9(4): 363-386.

[14] MADUBUIKE O C, ANUMBA C J, KHALLAF R. A review of digital twin applications in construction [J]. Journal of Information Technology in Construction, 2022, 27: 145-172.

[15] YU J S, SONG Y, TANG D Y, et al. A Digital Twin approach based on nonparametric Bayesian network for complex system health monitoring [J]. Journal of Manufacturing Systems, 2021, 58: 293-304.

第 2 章

智能感知与互联

　　现代城市地下空间开发利用呈现出立体化、综合化、层次化、生态化、信息化、智慧化的发展趋势,数字孪生技术以其独特的优势,成为推动地下空间管理走向智能化、精细化的关键力量,而智能感知与互联是数字孪生技术的重要环节。本章聚焦于数字孪生智能感知与互联的研究,旨在全面梳理当前实时数据采集的常用方法,深入探讨元数据清洗与融合技术,并对终端设备的同步互联技术进行阐述。为了实现地下空间的高效、精准管理,首先需要掌握实时、准确的数据,这就要求深入研究和总结当前实时数据采集的各种方法,从而找到最适合地下空间管理的数据采集策略;同时,面对海量的数据,如何进行有效的清洗和融合,提取出有价值的信息,也是必须面对的挑战;此外,终端设备的同步互联技术是实现地下空间智能化的关键一环,只有确保设备间的无缝连接和高效通信,才能构建一个真正智能、协同的地下空间管理系统。

2.1　时空数据感知与采集

　　海量时空数据的感知和高效采集是准确、实时构建动态数字孪生模型的关键。图 2.1 为时空数据感知与采集的通用架构,其包括感知层、传输层、处理层和储存层。感知层是时空数据获取的第一阶段,主要通过各种传感器、监测设备以及物联网技术来收集时空数据。传输层负责提供端到端的通信服务,即确保数据能够从源端正确地传输到目的端。处理层负责对来自不同传感器和数据源的时空数据进

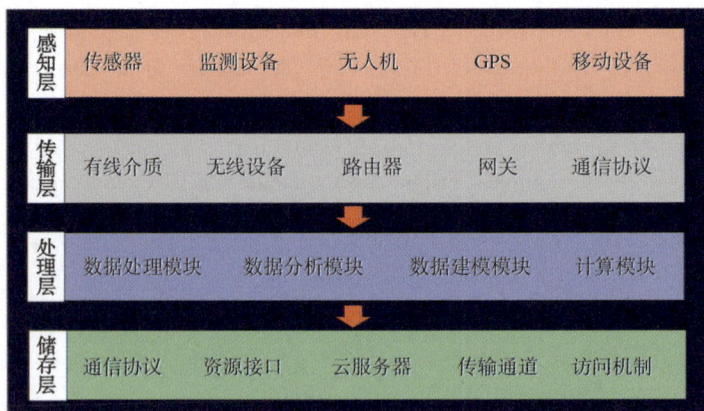

图 2.1　时空数据感知与采集架构

行整合和初步处理。储存层负责将整合后的时空数据存储到数据库中,并进行有效的管理和维护,包括数据的索引、查询优化、备份恢复以及数据安全保护等方面。

2.1.1　时空数据感知

时空数据感知主要通过传感器网络和物联网(IoT)技术实现。传感器网络是地下空间数据感知的基础。传感器能够持续不断地收集数据,并将其发送到数据处理中心进行进一步分析。物联网技术是将传感器网络与其他设备和系统连接起来,形成一个互联互通的网络。

传感器网络由基站和许多小型无线电子设备(传感器节点)组成[1]。这些节点对受监控区域的物理或环境条件的输入做出反应,如压力、温度、湿度、运动、光线等。它们通过网络将数据传递到接收器进行进一步处理。目前的传感器网络分为有线通信方式与无线通信方式。

（1）有线通信

有线通信是指通过物理线路传输信息的一种通信方式。而有线传感器网络是指通过物理线缆或光纤等有线媒介连接传感器节点,实现数据采集、处理和传输的网络系统。这种网络通常具有较高的数据传输速度和稳定性,适用于对数据传输质量和实时性要求较高的场景。主要由负责采集监测区域内信息的传感器节点、接收来自传感器节点数据的处理中心以及有线媒介组成(图 2.2)。有线通信方式在稳定性和安全性方面具有一定的优势,适用于需要高可靠性和较大带宽的应用场景,如电信领域、互联网领域以及电视领域。由于有线通信使用物理线路进行信号传输,相比无线通信,其抗干扰能力更强,通信信号更稳定可靠。此外,有线通信可以提供较大的带宽,支持大量数据的传输。尤其是光纤通信,其传输速度非常快,可以满足高速数据传输的需求。

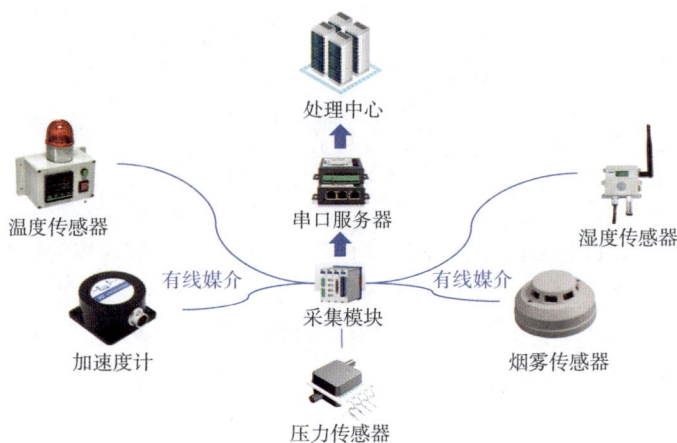

图 2.2　有线传感器网络

有线通信的传输距离受到物理线路长度的限制,传输范围相对较窄。在某些情况下,需要进行设备布线或铺设光纤等工作,增加了部署成本和时间。此外,有线通信的连接方式不够灵活,通常需要预先布线或连接设备,不便于移动和临时布置的场景。

（2）无线通信

无线通信是利用电波信号可以在自由空间中传播的特性进行信息交换的一种通信方式。无线传感器网络则是通过无线通信技术实现数据的采集、处理和传输。它由基站、终端和许多小型无线电子设备(传感器节点)组成。传感器节点对受监控区域的物理或环境条件的输入做出反应,如压力、温度、湿度、运动、光线等[2]。它们通过网络将数据传递到接收器进行进一步处理(图 2.3)。无线传感器网络的建立需要解决几个挑战,如定位、部署、覆盖范围、数据完整性、可靠性等。这些挑战都受到许多不相容的约束,其中最重要的制约因素是计算资源的限制。由于无线传感器网络的特性,传感器数据往往会随时间平稳变化,并且包含大量冗余信息。因此,为了减少采样数据的数量,一些研究人员提出了几种自适应采样技术[3-4],这些技术根据一定时间段内收集的数据之间的差异水平动态增加而减少传感器的采样率。这种方法可以防止传感器收集冗余信息,因此,传感活动减少,进而导致传输活动减少且消耗的能量更少。

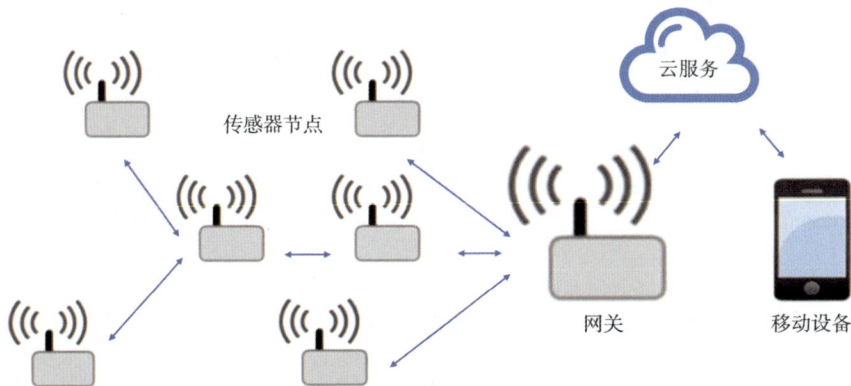

图 2.3　无线传感器网络

物联网技术在地下空间数字孪生中的应用体现在将传感器网络所收集的数据进行整合及拓展,实现人与物、物与物的信息交互和无缝链接(图 2.4)。结合增强现实(AR)设备[5],如智能眼镜等,管理人员可以直观地查看地下空间的当前状态,并进行初步分析和风险评估。

图 2.4　物联网技术相关应用

2.1.2　数据高效传输

数据传输可采用有线传输技术或无线传输技术。有线传输通常通过双绞线、同轴电缆、光纤等介质实现(图 2.5)。地下空间环境复杂,对稳定性和可靠性要求较高,有线传输因其抗干扰能力强、传输速度快、带宽大等特点而得到广泛应用。在地下管廊、地铁隧道等场景中,有线传输网络能够支持大量的数据实时传输,为数字孪生系统提供稳定可靠的数据支持。然而,有线传输需要铺设线缆,施工难度和成本较高,一旦线缆铺设完成,维修和更换较为困难,难以进行大规模调整或扩展,因此需通过合理的网络规划和设计,减少数据传输的延迟和丢包率[6]。并且使用先进的网络协议,如 TCP/IP 协议,以提供稳定可靠的数据传输服务。

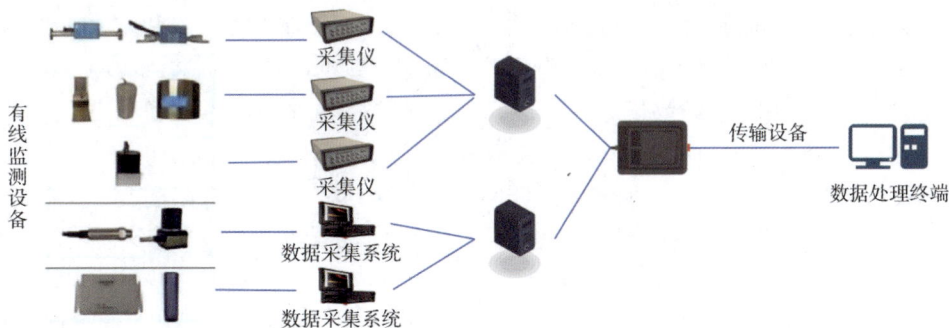

图 2.5　有线传输示意

对于复杂的地下空间环境,无线传输技术因其部署灵活等优点而得到推广应用。通过无线传感器网络(WSN)、Wi-Fi、蓝牙等技术,可以实现对地下空间环境的实时监测和数据传输(图 2.6)。无线传输无须铺设线缆,可根据需求灵活调整传感器位置。与有线传输相比,无线传输的部署和维护成本较低。此外,无线传输网络易于扩展和升级,可满足未来需求。然而,无线传输易受到外界干扰,如电磁干扰的影响,导致信号衰减或失真;数据在传输过程中易被窃取或篡改;并且带宽和速度通常低于有线传输。

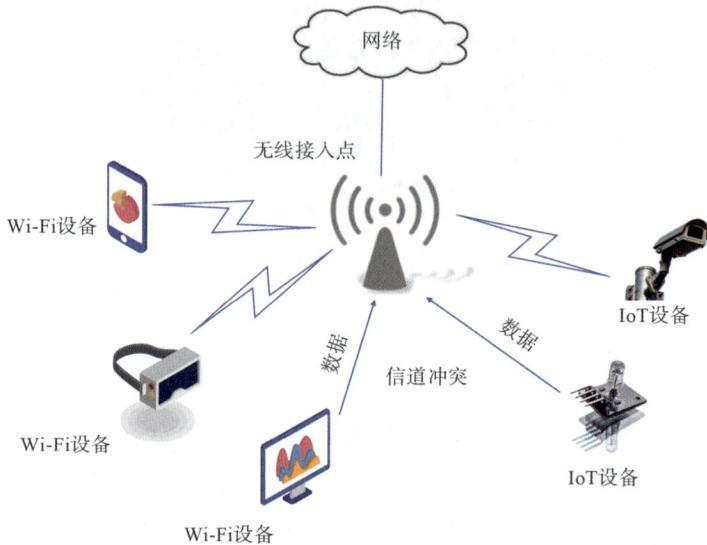

图 2.6　无线传输示意

2.1.3　海量数据存储

海量数据存储需要综合运用多种技术和工具,包括优化数据结构、数据压缩、数据缓存、分布式存储、数据备份和恢复、安全管理、云存储服务、软件定义存储、数据仓库技术和高效存储工具等,以满足不同场景下数据存储的需求,提高数据存储的效率和质量,同时确保数据的可靠性和安全性。随着移动传感设备的普及,移动群智感知存储正成为一种更加可行、有效的海量数据存储方案[7]。如 Zhou 等[8]受到无线传感器网络分布式存储框架的启发,利用移动传感设备有限的存储空间,成功地为移动群智感知构建了分布式数据存储框架,大大减少了基于移动群智感知的环境监测系统对云存储的依赖。

宏基站是一种蜂窝基站,可在物联网网络中提供广域覆盖,并用于有限时间内的临时数据存储(图 2.7)。它具有高发射功率、稳健、快速传输、网络自动化以及

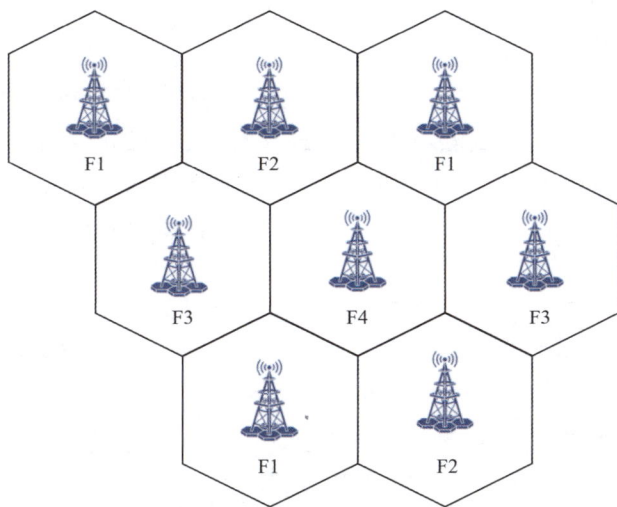

图 2.7　宏基站示意

广泛的计算和存储容量等优点,可用于在物联网环境中将数据从下层传输到上层[9]。在地下空间数字孪生数据传输中,可以将数据分为高优先级和低优先级,高优先级数据被传输到上层,低优先级数据存储在宏基站中。

2.2　跨源元数据的清洗与融合

跨源元数据的清洗与融合的主要目的是确保数据的准确性、一致性和可用性,该过程包括数据清洗、数据转换、数据映射和数据融合等主要阶段,如图 2.8 所示。

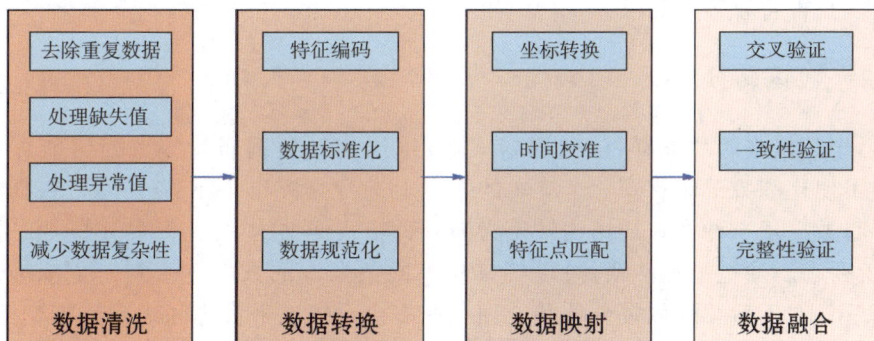

图 2.8　跨源元数据清洗与融合

2.2.1　数据清洗

数据清洗是指通过一系列的技术和方法,对原始数据进行检查、纠正和处理,以消除其中的错误、异常、重复和不完整的数据,从而提高数据的质量(图2.9)。地下空间的数据可能来自多个异构系统,不同的数据源可能存在数据格式、单位或命名不一致的情况,通过数据清洗,可以消除原始数据中的错误、异常和不完整的数据,从而提高数据的质量。

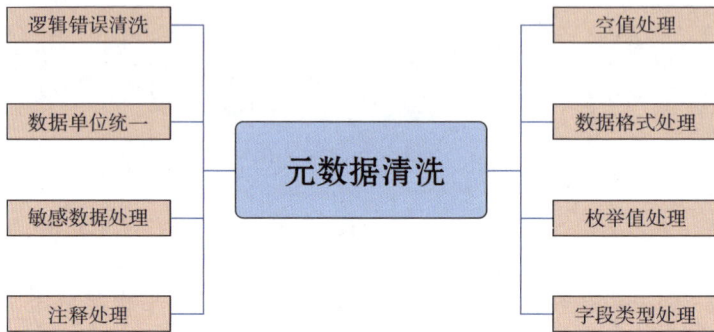

图 2.9　元数据清洗

元数据清洗主要包括数据质量评估、数据预处理、错误数据识别和纠正等步骤。首先需要对原始数据进行质量评估,识别其中可能存在的问题,如缺失值、异常值、重复值等。根据数据质量评估的结果,再对数据进行预处理,如去除重复值、处理缺失值、转换数据类型等。然后使用特定的算法或规则,识别数据中的错误或异常值,并进行纠正或删除。最后对清洗后的数据进行验证,确保其准确性和一致性,确认是否符合预期要求。

2.2.2　数据转换

由于数据来源的多样性,数据格式、数据结构和数据质量等方面可能存在差异,为了使这些数据能够在一个统一的平台上进行分析和处理,需要通过数据转换技术,将数据从一种格式或结构转换为另一种格式或结构,以满足特定的业务需求或系统要求。通过数据转换,可以将来自不同数据源的数据统一到一个标准的数据模型下,便于后续的数据分析和处理。在多个系统或平台之间进行数据交互时,数据转换可以确保数据的一致性和可比性。根据特定的业务需求,对数据进行转换和优化,以满足业务分析和决策的需求。

数据转换主要包括格式转换、结构转换、单位转换和编码转换等。其中,数据格式转换是将原始数据从一种格式转换为另一种格式,如将 CSV 格式转换为

JSON 格式,或将 Excel 文件转换为数据库中的表结构。数据结构转换是根据业务需求,对数据结构进行调整和优化,如将扁平化的数据转换为层次化的结构,或将复杂的数据结构简化为易于理解的格式。数据单位转换是由于不同系统或数据源可能使用不同的单位来描述同一数据,因此需要进行单位转换,以确保数据的统一性和可比性。数据编码转换是处理不同字符集或编码之间的转换问题,以确保数据在不同系统之间的正确传输和显示。

2.2.3　数据映射

数据映射是通过建立源元数据与目标元数据之间的映射关系,将不同来源、不同结构、不同格式的元数据统一到一个标准的模型或框架中,该过程涉及对源元数据结构的理解、目标元数据结构的定义以及两者之间的映射关系设计。数据映射分为构建期和运行期,构建期包括全局可视化设计、模式映射和实例映射;运行期包括数据的预处理、抽取、转换和加载,在运行时,需要对映射规则的有效性进行检测(图 2.10)。通过数据映射,可以清晰地了解不同数据源的数据结构及其之间的关系,降低数据集成和整合的难度。为了实现数据的映射,需要明确元数据映射的目标和需求,包括需要整合的数据源、目标数据结构、数据清洗和转换规则等。

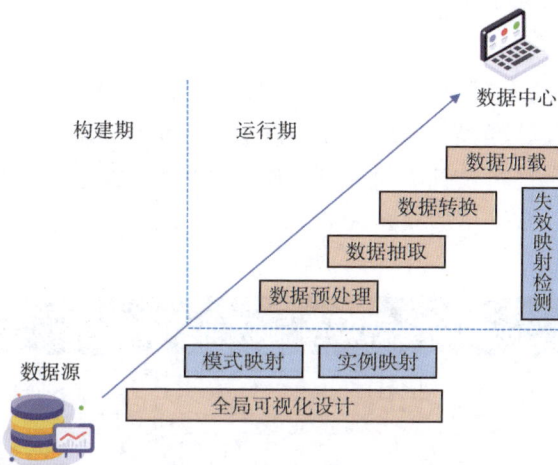

图 2.10　数据映射过程

数据完整映射的实现需要有源元数据、目标元数据、映射规则和映射工具。其中,源元数据是指从各个不同数据源中抽取出来的元数据,它们可能具有不同的结构、格式和语义[9]。目标元数据是指经过清洗、融合和转换后,需要存储到数字孪生系统中的元数据。目标元数据通常具有统一的结构、格式和语义。映射规则定义了源元数据与目标元数据之间的映射关系,包括字段对应、数据类型转换、数据清洗规则等。映射工具是用于辅助实现元数据映射的软件或平台,它们可以根据映射规则自动或半自动地完成元数据映射过程。

2.2.4 数据融合

数据融合是将来自不同数据源,具有不同结构、格式和语义的元数据进行整合,形成一个全面、准确、一致的数据集。它涉及对数据的清洗、转换、匹配和整合等多个环节,以确保数据的准确性、一致性和可用性。通过数据清洗和转换,消除原始数据中的错误、异常和冗余信息,提高数据的质量和可靠性。将来自不同数据源的数据整合到一个统一的数据模型中,形成全面、准确、一致的数据集,为地下空间数字孪生提供全面的数据支持。通过数据融合,可以实现不同系统、部门之间的数据共享和协作,提高数据利用效率。数据融合可以通过编写整合脚本或使用数据库管理系统等方式实现。根据一定的规则或算法,如字段精确匹配、模糊匹配算法等,将来自不同数据源的数据进行匹配和关联。最后,通过对比原始数据和融合后的数据、进行数据分析等方式对融合后的数据进行验证和测试,确保它们符合预期并满足业务需求。

2.3 多终端设备互联同步

多终端设备互联对于地下空间的实时监测、数据分析和智能决策具有基础性的作用。地下空间越来越复杂,传感器、控制节点和数据处理单元也越来越多样和分散,如何确保各个终端设备之间的有效同步和协调,成为保证系统运行稳定性和数据准确性的核心,常采用的技术和策略包括同步协议、数据同步技术、性能优化策略等,如图 2.11 所示。

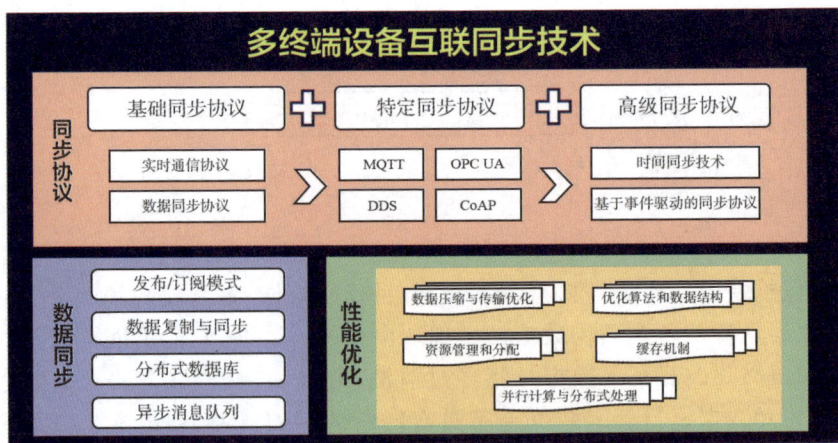

图 2.11 互联同步技术框架

2.3.1　同步协议

随着多终端设备数量的增加和复杂化,数据的同步和协调变得尤为关键,因为任何数据的不一致性或延迟都可能导致系统功能受损或决策失效。同步协议定义了数据同步的规则和机制,通过提供统一的数据传输和处理机制,确保了系统中各个终端设备之间的信息同步,在维护数据一致性的同时,有效地提高了系统的整体性能。下面介绍同步协议中的基础同步协议、特定同步协议和高级同步协议。

1. 基础同步协议

目前常用的基础同步协议有实时通信协议和数据同步协议。

实时通信协议是为了实现客户端与服务器之间的实时通信。目前常采用 WebSocket 协议,它是 HTTP 协议的升级技术,是一种在单个长链接上提供全双工通信渠道的协议。WebSocket 协议允许服务器和客户端之间进行实时数据交换,适合需要快速响应的应用场景,如地下空间的监测数据实时更新。WebSocket 协议通过建立持久化的连接,减少了频繁建立连接的开销,从而实现低延迟和高效率的数据交换。

实时通信协议的工作原理如图 2.12 所示,为了建立 WebSocket 连接,客户端必须向服务器发送一个 HTTP 握手请求以连接到服务器切换协议,如果满足要求,服务器将以 HTTP Upgrade 101 Switching Protocols 响应来回应,HTTP 升级完成;如果不满足要求,则返回 HTTP 错误。一旦握手被接受,客户端已切换协议,客户端可以向服务器发送数据,服务器也可以向客户端发送数据,这种传输是一种全双工持久连接,直到一方断开连接为止。

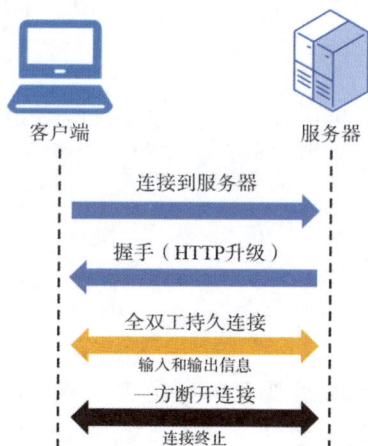

图 2.12　实时通信协议的工作原理

数据同步协议是为了实现服务器和客户端数据的同步,常用的包括无冲突复制数据类型(conflict-free replicated data types,CRDTs)和版本控制工具等。

CRDTs 是一种用于解决分布式系统中数据一致性问题的数据结构,它允许在不同的计算机或设备之间同步数据,即使在网络分区或不可靠的网络条件下也能保持一致性,能够有效地处理和解决网络延迟或断开导致的数据冲突,特别适合地下空间数字孪生平台中的多节点环境。

CRDTs 核心特性是能够自动解决数据在多个副本之间的冲突,而不需要中央协调器,它通过预先定义了解决冲突的规则,并且引入了几种特殊的基础数据类型,如增长计数器(G-counters)、正负计数器(PN-counters)、两阶段集合(2P-sets)等,这些类型被设计为支持无冲突的复制,以确保每个副本都知道如何合并来自其他副本的数据而不会产生冲突;CRDTs 还是一种数据汇聚的机制,在分布式系统中,可能有多个数据库副本分布在不同的节点上,CRDTs 允许从所有这些副本中获取数据,进行并行更新数据而无须即时同步,每个节点上的 CRDTs 可以独立更新,然后通过背景同步与其他节点的状态合并,保证数据的最终一致性。

CRDTs 有多种同步模式,常见的典型副本同步可以分为基于状态的同步(图 2.13(a))、基于操作的同步(图 2.13(b))、基于增量的同步(图 2.12(c))以及基于纯操作的同步(图 2.13(d)),其同步模式如图 2.13 所示。每种同步模式都有其适用场景和潜在的权衡,如基于状态的同步适用于 NFS、AFS、Coda 等文件系统,基于操作的同步适用于 Bayou、Rover、IceCube、Telex 的系统,在实际应用中,将根据系统的具体需求和约束来选择最合适的同步模式或结合多种模式以达到最优效果。

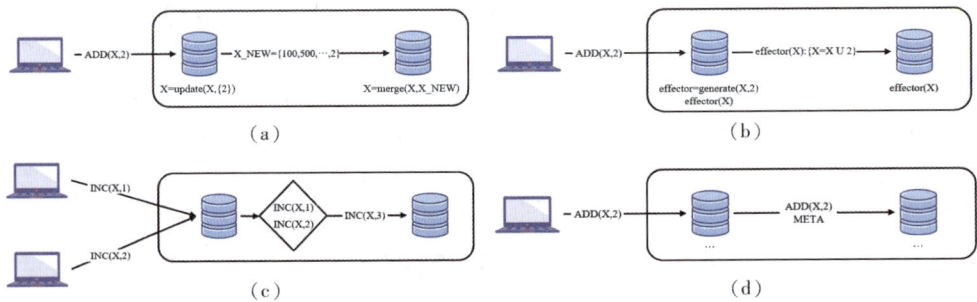

图 2.13　CRDTs 同步模式
(a) 基于状态的同步;(b) 基于操作的同步;(c) 基于增量的同步;(d) 基于纯操作的同步

版本控制工具通过跟踪数据变更的历史记录和状态,在多终端同步过程中维护各个节点之间数据版本的一致性。如 Git 是一个开源的分布式版本控制系统,用于追踪代码的变动,它允许开发者在本地进行代码提交,然后再将这些变动推送到远程仓库,每个开发者都可以在自己的工作环境中独立工作,而不需要频繁地与其他人同步。

2. 特定同步协议

特定同步协议包括 MQTT、OPC UA、DDS 和 CoAP 等。

消息队列遥测传输(message queuing telemetry transport,MQTT)是一种轻量级的消息传送协议,基于发布/订阅的模式运作。如图 2.14 所示,客户端不直接与其他客户端通信,而是通过订阅主题来接收信息,或者发布信息到一个主题,由代理服务器处理消息的路由,这种模式适合于网络条件不稳定或带宽受限的环境,如地下空间。

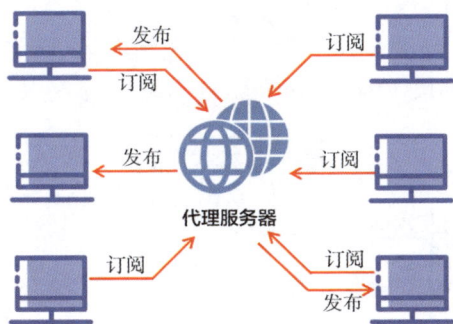

图 2.14　MQTT 原理路线

开放式平台通信统一架构(open platform communications unified architecture,OPC UA)支持复杂的数据类型和实时通信需求,适用于机器与机器之间的数据交换,在工业自动化领域广泛使用。如图 2.15 所示,OPC UA 不仅提供数据访问功能,还支持事件管理、方法调用等高级功能。在地下空间数字孪生平台中,OPC UA 可用于连接各种自动化设备和系统,保障数据的实时传输和更新,确保操作安全和系统效率。

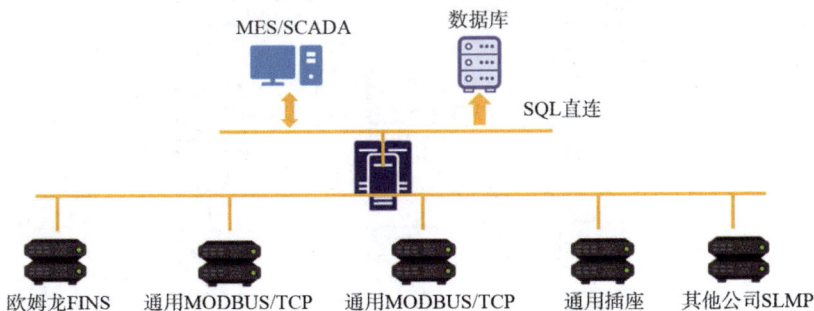

图 2.15　OPC UA 原理路线

数据分发服务（data distribution service，DDS）是针对实时系统设计的中间件，提供了一种标准的数据分发服务。如图2.16所示，DDS定义了一种以数据为中心的通信模式，旨在支持大规模、高性能和实时的数据交换。它通过优化数据流来减少延迟，提高数据传输效率，特别适合时间要求严格、对系统的响应速度和稳定性要求高的应用，如盾构掘进智能控制系统等。

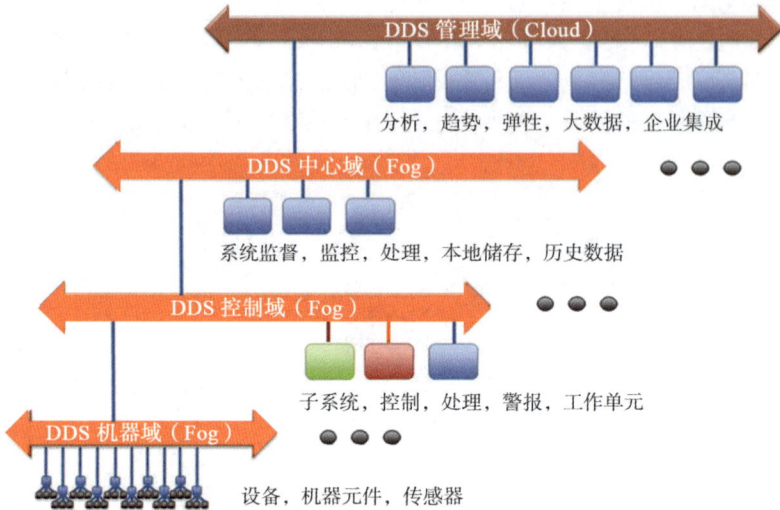

图 2.16　DDS 架构

受限应用协议（constrained application protocol，CoAP）是一个专为小型设备设计的网络协议，它简化了 HTTP 的交互模型，以适应低功耗和小数据量的环境。如图 2.17 所示，CoAP 支持简单的请求/响应交互模式，并可通过 UDP 运行，减少了 TCP 所需的数据开销。在地下空间数字孪生系统中，CoAP 可用于传感器数据的收集和传输，特别是在资源受限的场合，如远离中心处理单元的区域。

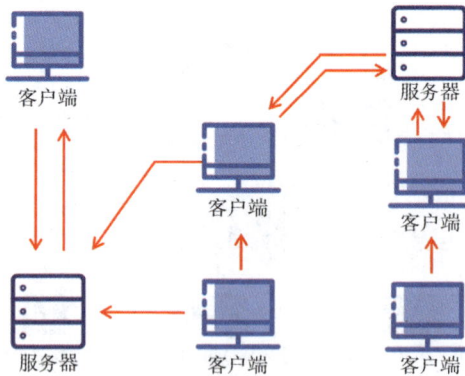

图 2.17　CoAP 原理路线

3. 高级同步协议

网络时间协议(network time protocol,NTP)是 TCP/IP 协议族里的一个应用层协议,用来进行客户端和服务器之间的时钟同步,提供高精准度的时间校正。NTP 服务器从权威时钟源(如原子钟、GPS)接收精确的协调世界时(UTC),客户端再从服务器请求和接收时间。如图 2.18 所示,NTP 通过层级结构组织其模型,每一层被称为 Stratum,直接从权威时钟源同步时间的 NTP 服务器为 Stratum 1,并充当主时间服务器,为网络中的其他设备提供时间同步,Stratum 2 服务器则从 Stratum 1 获取时间,而 Stratum 3 服务器从 Stratum 2 获取时间,以此类推。时钟层级的范围为 1~16,数值越小,时钟的准确度越高。层级为 1~15 的时钟被认为是同步的,而层级为 16 的时钟则被视为未同步且不可用。在地下环境中,尤其是在没有 GPS 信号或其他外部时间参考的情况下,NTP 可以作为一种可靠的时间同步解决方案,确保系统中各个设备的时间保持一致。

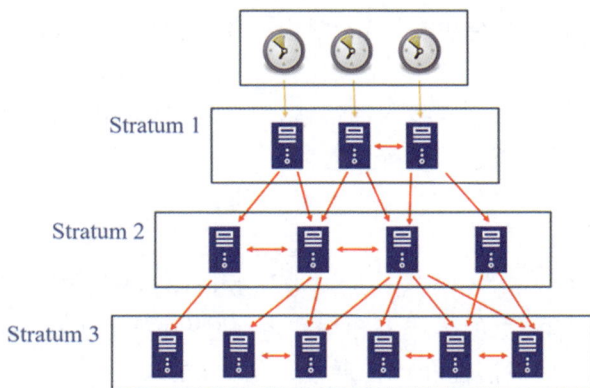

图 2.18　NTP 协议模型结构

时间同步协议最典型的授时方式是 Client/Server 方式。客户端向服务器发送 NTP 请求报文,包含该请求离开客户端的时间戳 T_1,NTP 抵达服务器的时间戳 T_2,服务器处理后返回 NTP 应答报文的时间戳 T_3,客户端接收到报文的时间戳为 T_4,如图 2.19 所示,利用以上 4 个时间戳可计算往返延迟 Delay $=$ $(T_4-T_1)-(T_3-T_2)$,客户端根据该时间差来调整自己的时间,从而实现时间同步。

在选择适合地下空间数字孪生平台的同步协议时,应考虑不同的应用场景和需求,以确保系统能够实现高效的数据同步和通信。不同的协议适用于不同的环境和要求,实时通信需求下宜选择 WebSocket 或 MQTT,工业自动化场景下宜选择 OPC UA,资源受限环境下宜选择 CoAP。

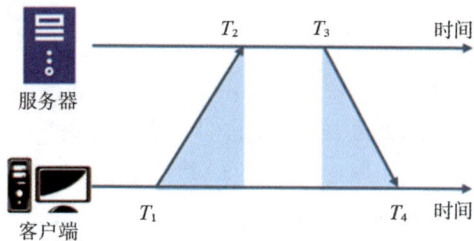

图 2.19　NTP 协议原理

2.3.2　数据同步

数据同步是保持系统间数据一致的过程,即使数据位于不同的数据库、设备或存储库中,也可用于不同的应用程序。当多个团队或应用程序需要访问相同的数据,并且对该数据所做的更改需要实时反映在所有系统中时,数据同步尤为重要。同步工作有助于确保数据完整性,最大限度地降低数据丢失或重复的风险,并促进用户协作和决策。

下面介绍数据同步的主要技术和策略,包括发布/订阅模式、数据复制与同步、分布式数据库以及异步消息队列等。

1. 发布/订阅模式

发布/订阅模式(pub/sub)是一种关键的数据同步机制[10]。如图 2.20 所示,其核心原理在于解耦数据的生产者和消费者,使得数据的生成和消费可以独立进行,从而提高了系统的灵活性和可扩展性。例如,在地下空间数字孪生平台中,传感器可以充当发布者,将地质监测数据发布到特定主题(如"地质监测数据"),而数据处理模块则可以作为订阅者,订阅这些主题以获取实时数据并进行分析。这种模式能够确保各个模块之间的数据同步和协同工作,从而支持数字孪生模型的实时更新和智能决策。

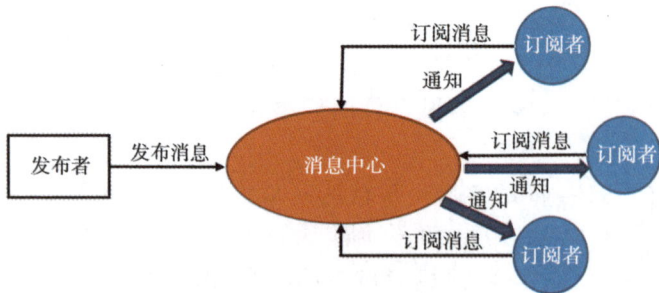

图 2.20　发布/订阅模式

2. 数据复制与同步

数据复制(data replication)是指将一个数据库中的数据复制到其他一个或多个目标数据库中[11]。数据同步(data synchronization)旨在解决不同数据库之间的数据不一致问题,确保数据的准确性和完整性。Apache Kafka 和 Apache Pulsar 提供了高性能的消息队列和数据流处理功能,支持数据的实时复制和同步。通过分区和副本机制,这些库可以在多个节点之间复制和同步数据,确保数据在不同位置之间的一致性。在地下空间数字孪生平台中,这些库可以作为数据处理和存储的中心枢纽,将来自多个数据源的数据快速、可靠地同步到数据处理和存储系统中,以支持实时数据分析和模型更新。

3. 分布式数据库

分布式数据库通过将数据存储和处理分布到多个节点上,提高了系统的可用性和容错性。常见的数据库如 Apache Cassandra 和 MongoDB 支持数据的自动复制和同步,使用分区和复制技术确保数据在多个节点之间的一致性和完整性。分布式数据库在数字孪生平台中可以用于存储和同步来自不同地质勘探站点的数据,使工程师能够实时访问最新的数据进行模型更新和风险评估。

4. 异步消息队列

常见的异步消息队列包括 RabbitMQ 和 Apache ActiveMQ,它们能够可靠地传递消息,支持系统中不同模块之间的解耦合和数据同步[12]。如图 2.21 所示,用户通过 Web 前端提交任务,这些任务数据被封装成消息并异步地发送到消息队列,后端服务独立地从队列中获取任务进行处理,用户无须等待任务完成,在任务

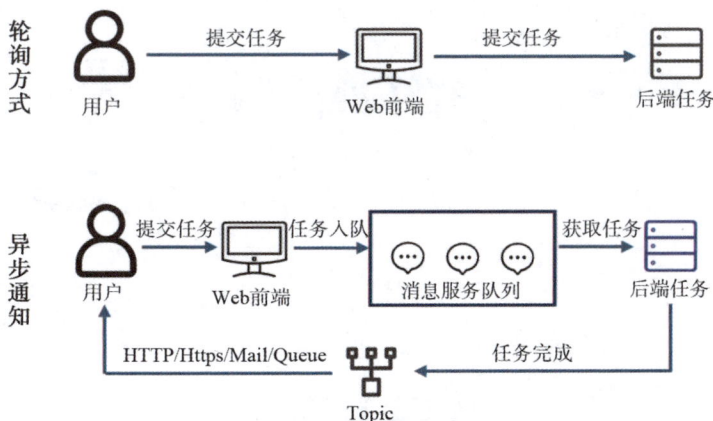

图 2.21　异步消息队列系统架构

完成后,系统会通过多种通信渠道通知用户,确保用户获得反馈,实现了多终端之间的异步通信和数据同步。异步消息队列可以用于实现实时平台的数据同步和解耦合,提高系统的灵活性和可扩展性,从而促进地下空间的数字化建模和智能决策。

2.3.3 性能优化策略

性能优化旨在提高数字孪生系统的响应速度、处理效率和稳定性,可以采取的策略和措施包括数据压缩与传输优化、资源管理和分配、并行计算与分布式处理、缓存机制、优化算法和数据结构、负载均衡、网络优化以及定期性能调优和监控等,下面将对部分策略展开介绍。

1. 数据压缩与传输优化

地下空间数字孪生平台的数据量庞大,直接传输原始数据会消耗大量的网络资源,增加数据传输的时间成本,为了能够让海量的数据在多个终端设备之间进行同步,并保证同步的高效稳定性,需要采用数据压缩与传输优化技术,以降低数据传输的成本,提高传输效率,减少网络带宽占用。

通过数据压缩编码算法将原始数据体积减小,从而减少传输所需的时间和网络带宽,再通过解码算法进行解压缩,获取新数据文件(图 2.22)。实现数据压缩优化,首先要选择合适的压缩算法对数据进行压缩处理,常见的包括 gzip、Snappy、LZ4。这些算法在压缩速度、压缩比等方面有所差异,gzip 适用于对压缩比要求较高,能够接受较慢压缩速度的场景;Snappy 适用于对压缩速度要求较高,对压缩比要求较低的实时传输场景;而 LZ4 则适用于对压缩速度要求极高,同时对压缩比也有一定要求的场景。通过合理选择和综合应用这些算法,可以实现数据压缩与传输优化,提高数据同步效率和稳定性。

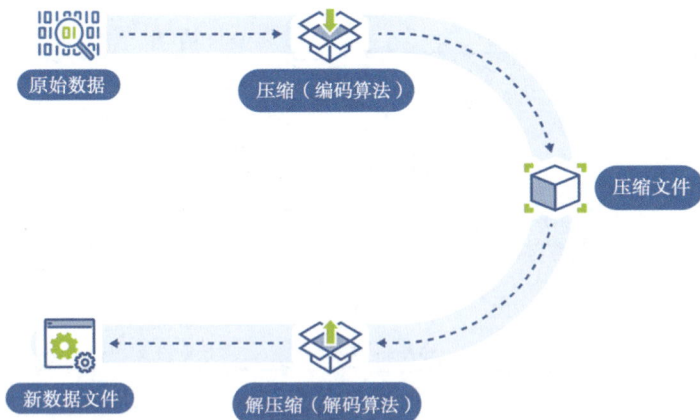

图 2.22　数据压缩流程

2. 资源管理和分配

有效的资源管理和分配可以确保系统能够充分利用可用资源，并避免资源的浪费和瓶颈，从而提高系统的整体性能和响应速度。通过自动化资源管理、容器化和虚拟化技术、资源池化和共享、优先级调度和策略管理以及动态资源分配算法等手段，系统能够实现对资源的有效管理和分配，确保系统充分利用可用资源，为用户提供更加稳定和高效的服务。

自动化资源管理技术可以根据系统的实际需求动态地分配和调整资源，包括自动化的负载均衡、动态调整资源配额和优化资源利用率等功能；利用容器化和虚拟化技术可以将系统的应用程序和服务与其所需的运行环境进行解耦，从而实现资源的隔离和动态调整；资源池化和共享技术可以将系统中的资源进行集中管理和共享；优先级调度和策略管理技术可以根据系统的实际需求和优先级设置资源分配策略，以确保关键任务和服务能够优先获得资源，并保证系统的稳定性和性能。

3. 并行计算与分布式处理

并行计算与分布式处理是一种通过同时利用多个计算资源来加速数据处理和计算任务的方法[13]。如图 2.23 所示，在并行计算中，任务被分解成多个子任务，并在多个处理单元上同时执行，以提高整体计算速度和效率；而分布式处理则是将任务分配给多台计算机或节点进行处理，通过网络通信协作完成任务。通过将计算任务分解为多个子任务，并在多个处理单元上同时执行，可以显著提升系统的整体处理能力和效率，有效地分担大规模数据和复杂计算任务的负载。

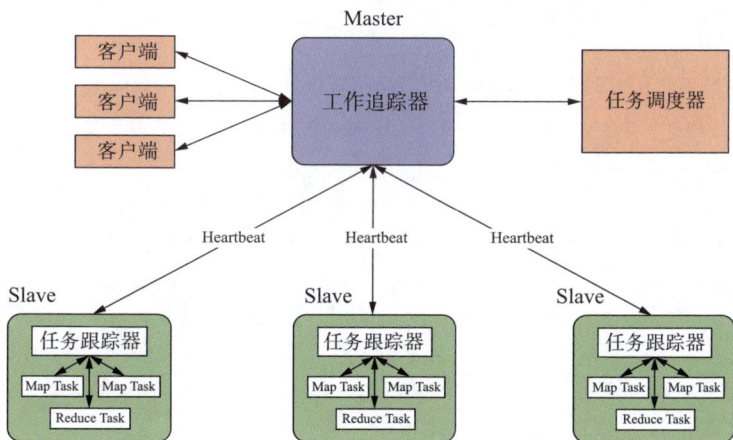

图 2.23　分布式并行计算工作原理

并行计算与分布式处理常用的技术和方法包括：MapReduce 框架,用于在多节点上实现任务分解与并行执行;Spark 系统,通过内存计算与流式处理加速数据分析;分布式数据库(如 Bigtable 和 DynamoDB),可分布式存储与管理大规模数据;消息队列(Kafka、RabbitMQ)和异步计算框架(Celery、Asyncio),可以实现异步任务处理;分布式机器学习算法,能够加速模型训练和推理;数据分片和分区策略,提高了查询与处理效率;容错与弹性扩展,确保系统在故障或负载增加时自动调整与恢复。

4. 缓存机制

缓存机制是一种通过临时存储常用数据或计算结果来加速数据访问和处理的技术[14]。它利用高速存储设备(如内存)将数据存储在离计算单元更近的位置,以减少对底层存储系统或计算资源的频繁访问,从而提高系统的响应速度和整体性能。通过缓冲存储器、页面缓存、数据库查询缓存、CDN 缓存、反向代理缓存等技术以及 LRU、LFU 等缓存替换算法,可以实现性能优化。

5. 优化算法和数据结构

优化算法和数据结构是通过改进算法设计和选择合适的数据结构,以提高程序的执行效率和性能,可以通过算法优化、选择合适的数据结构以及利用空间换时间、并行化、预处理和缓存等技术手段,来提高程序执行效率和性能的方法。通过优化编译器和运行时系统,可以对程序进行静态或动态的优化,以适应不同的运行环境和硬件平台。综合运用这些技术和方法,可以最大限度地减少程序的时间和空间开销,提高系统的吞吐量和用户体验。

参考文献

[1] SAEIDIAN B, RAJABIFARD A, ATAZADEH B, et al. Managing underground legal boundaries in 3D-extending the CityGML standard [J]. Underground Space, 2024, 14: 239-262.

[2] LI W, YE Z J, WANG Y J, et al. Development of a distributed MR-IoT method for operations and maintenance of underground pipeline network [J]. Tunnelling and Underground Space Technology, 2023, 133: 104935.

[3] YANG J, TILAK S, ROSING T S. An interactive context-aware power management technique for optimizing sensor network lifetime [C]//Proceedings of the 5th International Conference on Sensor Networks. Rome, Italy. SCITEPRESS - Science and and Technology Publications, 2016: 69-76.

[4] LAIYMANI D, MAKHOUL A. Adaptive data collection approach for periodic sensor networks [C]//2013 9th International Wireless Communications and Mobile Computing

Conference (IWCMC). Sardinia, Italy. IEEE, 2013: 1448-1453.

[5] LI Y Y, XIAO Z H, LI J T, et al. Integrating vision and laser point cloud data for shield tunnel digital twin modeling [J]. Automation in Construction, 2024, 157: 105180.

[6] HUANG M Q, NINIĆ J, ZHANG Q B. BIM, machine learning and computer vision techniques in underground construction: Current status and future perspectives [J]. Tunnelling and Underground Space Technology, 2021, 108: 103677.

[7] LIU X T, ZHOU S W, PENG J X, et al. Adaptive sampling allocation for distributed data storage in compressive crowdSensing [J]. IEEE Internet of Things Journal, 2024, 11(7): 12022-12032.

[8] ZHOU S W, LIAN Y, LIU D B, et al. Compressive sensing based distributed data storage for mobile crowdsensing[J]. ACM Transactions on Sensor Networks, 2022, 18(2): 1-21.

[9] SINGH S K, KUMAR M, TANWAR S, et al. GRU-based digital twin framework for data allocation and storage in IoT-enabled smart home networks [J]. Future Generation Computer Systems, 2024, 153: 391-402.

[10] KIM H, KO N. A scalable pub/Sub system for NDN [C]//2020 International Conference on Information and Communication Technology Convergence (ICTC). Jeju, Korea. IEEE, 2020: 1067-1069.

[11] CHEN J, KONG L F, LIU M X, et al. Performance analysis on data replication in data grid [C]. Ningbo: International Symposium on Computer Science and Technology, 2005: 159-163.

[12] LI R, YIN J Q, ZHU H B. Modeling and analysis of RabbitMQ using UPPAAL [C]// 2020 IEEE 19th International Conference on Trust, Security and Privacy in Computing and Communications (TrustCom). Guangzhou, China. IEEE, 2020: 79-86.

[13] BEHBOODIAN A, GRAD-FREILICH S, MARTIN G. The mathworks distributed and parallel computing tools for signal processing applications [C]//2007 IEEE International Conference on Acoustics, Speech and Signal Processing - ICASSP '07. Honolulu, HI. IEEE, 2007:1185.

[14] KLEANTHOUS M, SAZEIDES Y. CATCH: A mechanism for dynamically detecting cache-content-duplication in instruction caches [J]. ACM Transactions on Architecture and Code Optimization, 2011, 8: 27.

第 3 章

平行推演与应用

平行推演技术是通过构建虚拟模型，模拟实际场景下的各种可能情况并进行分析和预测，可为地下空间的规划、设计、施工和运行维护提供全面的技术支持。本章首先介绍平行推演的概念以及推演模型，包括基于数学和物理方程的机理模型、基于历史运行数据的数据模型，以及机理与数据相融合的模型；然后介绍数据驱动的决策流程与方法，以及基于大语言模型的决策优化策略；最后结合地下空间安全开发与智慧运维的需求，探讨平行推演技术在地质环境监测、地下结构体性能评估、地下设备状态诊断、资源分配与调度和突发事件应急管理五个场景下的具体应用，并分析应用过程中面临的主要挑战。

3.1 数字孪生平行推演模型

地下空间数字孪生的平行推演是指结合实时数据动态更新和虚拟仿真模拟的方法，对地下设施、结构或环境的性能变化、潜在风险以及未来发展趋势进行预测和推演。平行推演可以通过构建基于机理的模型、基于数据的模型或者机理与数据的融合模型来实现。

3.1.1 基于机理的模型

基于机理的模型是一种通过数学和物理方程来描述系统内部各部分相互作用及其与外部环境关系的模型。机理模型可以模拟地下结构和岩土体的行为，如结构受力后的变形、地下水渗流和地下管线与地层之间的热传导等。构建机理模型的方法包括解析方法和数值方法。解析方法是指使用数学公式和定理直接求解问题的方法。它依赖对系统内部机制的深入理解，通过建立系统的精确数学模型（如代数方程、微分方程、积分方程等），并利用数学工具进行推导和求解，从而得到问题的精确解或闭式解。数值方法是指使用数值近似和计算机算法来求解问题的方法。当解析方法难以直接求解复杂系统或无法得到精确解时，数值方法就成为一种重要的替代方案。它通过迭代和近似来逐步逼近问题的解，因此得到的是近似解而非精确解。常用的数值方法包括有限元分析法、有限差分法、有限体积法、边界元法和离散元法等。有限元分析法是一种求解偏微分方程数值解的通用方法，特别适用于复杂几何形状和边界条件的问题。有限差分法通过离散化连续空间或时间域，将微分方程转化为差分方程，从而得到数值解。有限体积法将计算区域划分为一系列互不重叠的控制体积,将求解的微分方程对每一个控制体积进行积分从而求解。边界元法是一种基于边界积分方程的数值方法,只在定义域的边界上划分单元,用满足控制方程的函数去逼近边界条件。离散元法将研究对象离散成一系列独立的单元(如颗粒、块体等),通过单元之间的相互作用来模拟整体的行为。表 3.1 总结了现有机理模型相关数值方法的优缺点及应用范围。

表 3.1　机理模型相关数值方法

方法	优点	局限性	适用范围
有限元分析法	精度高,适用于复杂结构	计算量大,对计算资源要求高	分析地下应力及位移,分析材料特性和边界条件
有限差分法	实现简单,适用于规则网格	处理复杂几何和边界条件较困难	模拟地下水流动,地下热传导、热对流
有限体积法	适用于非结构化网格	复杂度较高	地下水渗流
边界元法	精度高、计算效率高	对硬件要求较高,推导过程复杂	地下空间与外部环境的交互作用分析
离散元法	能够模拟颗粒材料的力学行为和破裂过程	计算量大	模拟地下岩土体的力学行为和颗粒间的相互作用

3.1.2　基于数据的模型

基于数据的模型是指基于观测到的数据,通过统计建模、机器学习、深度学习等方法建立出来的描述现象的模型。基于数据的模型建立需要通过对数据进行处理和分析,发现数据背后的规律和趋势,以便更高效地分析和优化系统的性能,进行故障诊断、虚拟仿真和动态预测等[1]。建立基于数据的模型通常包括数据集建立、模型选择、模型训练、模型优化和模型部署等步骤,如图 3.1 所示。其中,数据

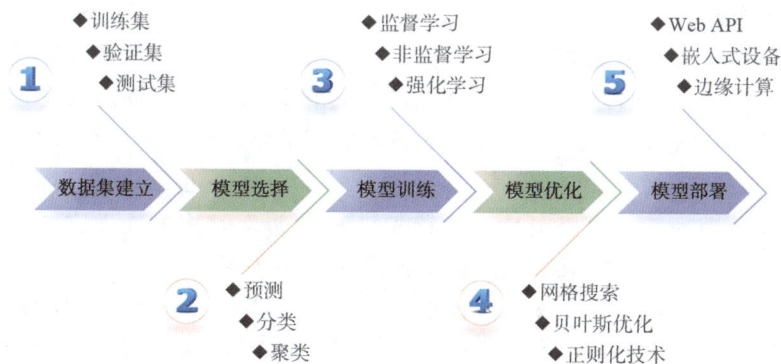

图 3.1　基于数据的模型建立过程

集分为训练集、验证集和测试集三部分,其占比通常分别为 70%、15%、15%。训练集、验证集和测试集分别用于训练模型、调整模型参数和评估模型的最终性能。模型选择指根据预测对象选择合适的模型类型,如线性回归、决策树、支持向量机、神经网络等。模型训练过程使用训练集对模型进行训练,常用的方法包括监督学习、非监督学习和强化学习等。模型优化过程针对不同场景使用验证集评估并调整参数,使用的方法包括网格搜索、贝叶斯优化、正则化技术等。训练好的模型可部署到不同的环境中,包含 Web API、嵌入式设备、边缘计算,并通过测试集数据检验模型在环境中的性能。

1. 数据集建立

数据集是指一组相关的数据样本,通常用于机器学习、数据挖掘、统计分析等领域。数据集主要分为结构化数据集和非结构化数据集两类。结构化数据集是指数据以明确定义的格式存储,每条数据都按照相同的数据结构进行组织,常见的形式包括表格、数据库等;而非结构化数据集则是指数据没有固定的格式,包括文本、图像、音频等形式。结构化数据集的优点在于可以方便地进行数据存储、查询、分析,适用于传统的数据分析方法;而非结构化数据集则更贴近真实世界的数据形式,挖掘其中的信息需要更多的技术手段和算法支持。

数据集的建立过程包括数据收集、数据处理、数据标注和数据存储。

（1）数据收集

数据收集是构建数据集的第一步,在平行推演中,收集的数据主要用于构建预测模型。数据收集的方法包括自动化采集、手动采集、批量采集和基于数据流的实时采集。由于地下空间中的数据量庞大,通常采用自动化采集方法,即通过脚本、API 调用、网络爬虫等方式自动收集数据。此外,对于需要实时分析的场景,则需要通过实时数据流进行收集和处理数据,如物联网中的传感器数据。

（2）数据处理

数据处理是建立数据集的重要环节,其保证所建数据集的数据质量,如一致性、准确性等。数据处理包含数据清洗、数据转化和数据挖掘等。其中,数据清洗是指通过处理缺失值、重复值和异常值,确保数据的整洁性和一致性。数据转化是指对数据进行归一化、标准化或其他变换,如对类别数据进行编码、对时间序列数据进行平滑处理等。数据挖掘是一种较先进和自动化的数据处理方法,其旨在现有数据中找出有效、新颖、有潜在应用价值的模式与关系。

数据挖掘方法可分为操作型数据挖掘和模式检测挖掘两种。操作型数据挖掘是一种从数据中快速提取有用信息的方法,它通过建立各种模型(如聚类分析模型、预测回归模型)来帮助理解和分析数据。模式检测挖掘指的是通过算法或统计技术,在数据集中自动识别并提取特定结构或模式的方法,主要用于检测不寻常的行为模式。一般来说,数据的不连续性、噪声、模糊性和不完整性会给提取带来各种问题,虽然大多数挖掘算法能分离这些与属性无关的数据的影响,但随着异常数据的增加,挖掘算法的预测准确性可能会下降。数据挖掘的典型流程如图 3.2 所示,其主要步骤包括业务理解、数据理解、数据预处理、建模、评估以及部署。

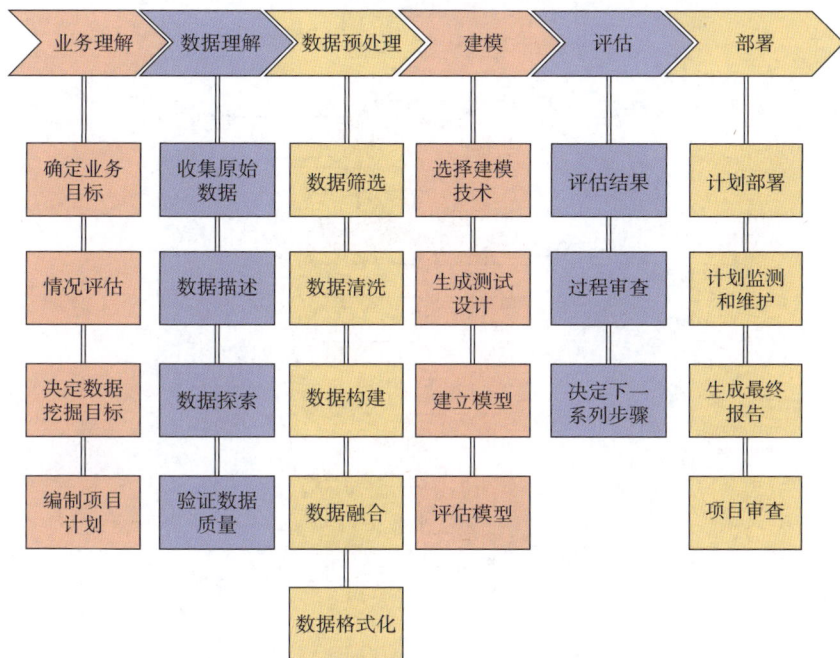

图 3.2　数据挖掘的典型流程[2]

　　机器学习在数据挖掘方面具有很大的潜力。与针对特定问题的数据挖掘算法不同,机器学习算法可用于不同问题的挖掘和分析。由于大多数机器学习算法可用于寻找优化问题的近似解,因此如果数据分析问题可表述为优化问题,就可采用机器学习算法。遗传算法作为一种机器学习算法,是基于自然选择和遗传学原理的优化技术,通常用于解决复杂的优化问题。

　　传统的遗传算法是一种基于自然选择和遗传机制的搜索算法,通常只使用一个全局种群,所有个体都在这单一种群中进行进化。与传统遗传算法不同,并行遗传算法之一的岛屿模型遗传算法通常将种群划分为多个子种群,且每个子种群在一定程度上可独立进化,如图 3.3 所示。在分析时,可以将子种群分配到不同的线程或计算机节点上进行并行计算,从而大大提升计算效率。

　　(3) 数据标注

　　数据标注是指对数据集中的每个数据点进行标记,以帮助模型理解和学习数据中的特征。数据标注主要包括标注分类和数据注释两个步骤。标注分类是指将

（a）

（b）

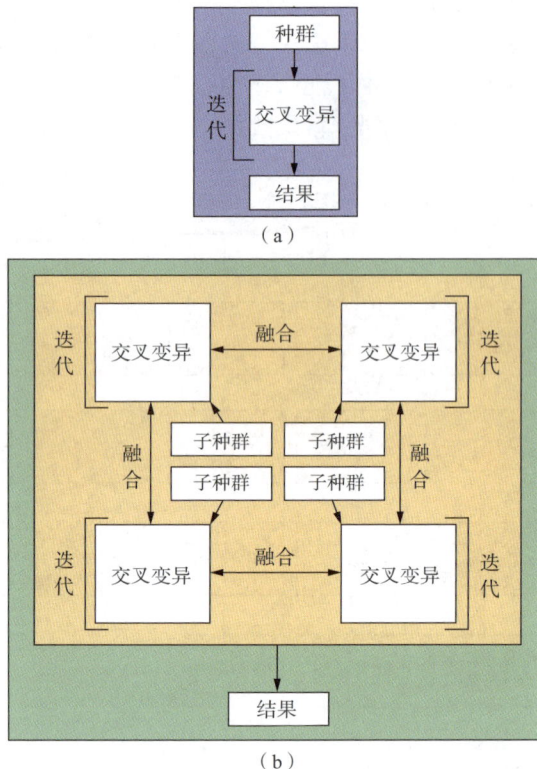

图 3.3　传统遗传算法与并行遗传算法[3]

（a）传统遗传算法；（b）并行遗传算法

数据集中的数据点归类到预定义的类别或标签中。每个数据点根据其特征被分配到一个或多个类别中，而这些类别也可以是离散的标签。标注分类使得模型能够从数据中识别类别，处理更加复杂的任务。数据注释是指在数据集中的数据点上添加更为详细的信息或标签，以增强数据的含义和使用价值。注释可以包括边界框、关键点、语义分割标签、属性描述等。数据注释可以增强数据集的信息量，从而促进模型更全面的学习和分析。

（4）数据存储

数据存储是指将数据按选择的格式和标准存储在数据集中。数据存储的格式可以是结构化的（如关系数据库）、半结构化的（如 JavaScript Object Notation 文件）或非结构化的（如音频、视频文件）。数据仓库是为存储大量结构化、半结构化和非结构化数据而设计的，它能够高效地处理和管理大规模的历史数据。数据仓库从多个异构数据源中抽取、清洗、转换和加载数据，然后将这些数据集中存储，形成面向主题的、集成的数据集合。数据仓库采用优化的存储结构，如星形或雪花形模型,使得数据存储不仅高效,而且能够支持复杂的查询和分析操作。

2. 模型选择

选择合适的模型是建立基于数据的模型的关键步骤,它直接影响到模型的性能和结果的准确性。模型通常基于问题性质、数据特性以及目标要求进行选择。对于平行推演而言,模型的功能集中在演化预测上,涉及对连续数值进行预测,如耗能预测、运动预测、劣化预测等,因此常用的模型包括线性回归、多项式回归、决策树、随机森林、支持向量机和神经网络模型等,各模型的优缺点及适用场景如表 3.2 所示。

表 3.2　常用的演化预测模型

模型	优势	局限性	适应场景
线性回归	解释性强、计算效率高	无法处理复杂的非线性关系	变量之间存在线性关系
多项式回归	灵活性高	易过拟合	存在非线性关系,但可通过较低次多项式拟合
决策树	解释性强	易过拟合	数据具有非线性和交互作用
随机森林	鲁棒性高	解释性较差、计算复杂	数据维度较高,且存在噪声和异常值
支持向量机	对于高维数据处理能力强	计算复杂度高、参数敏感性高	数据维度较高,且存在非线性关系
神经网络模型	对于复杂数据处理能力强	数据需求量大、调参难度大	存在较为复杂的非线性关系

3. 模型训练

模型训练是指基于给定的数据集,使用特定的算法来调整和优化模型的参数,以便模型能够学习数据中的特征和模式,从而能够对未知数据进行准确的预测或分类。在训练过程中,模型会根据数据的输入和输出不断调整其参数,以最小化损失函数,提高模型的预测精度。训练过程通常需要多次迭代,直到模型达到收敛状态或满足预设的停止条件。训练过程分为两个阶段,第一个阶段是数据由低层次向高层次传播的阶段,用于生成模型的预测值,即前向传播阶段;第二个阶段是当前向传播得出的结果与预期不相符时,将误差从高层次向低层次进行传播训练的阶段,即反向传播阶段,如图 3.4 所示。

4. 模型优化

在训练完成后,需要使用验证集或测试集对模型的性能进行评估,评估指标通

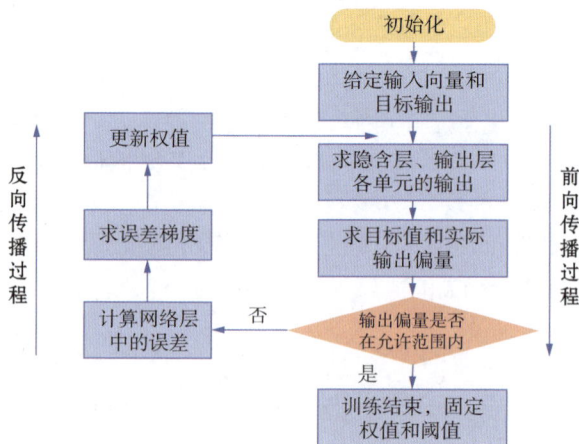

图 3.4　模型训练过程

常包括准确率、精确率、召回率等，这些指标反映模型在不同方面的性能表现。根据评估结果，可采用包括网格搜索、贝叶斯优化、引入正则化技术等对模型进行调优，以提高模型的泛化能力和鲁棒性。

网格搜索是一种穷举搜索方法，它系统地遍历多种参数组合，通过交叉验证确定最佳效果参数。首先，需要为模型中的每个重要参数指定一个搜索范围或候选值列表，并使用交叉验证（如 k-Fold 交叉验证）来评估每种参数组合的性能。然后，根据交叉验证的结果（如平均准确率、调和平均数等），选择表现最好的参数组合。

贝叶斯优化则利用贝叶斯定理来指导搜索过程，通过构建目标函数的概率模型（如高斯过程）来预测最佳参数组合。贝叶斯优化能够通过概率模型的构建来有效处理高维搜索空间的不确定性，在不确定性大的区域进行探索，从而避免陷入局部最优。

正则化技术是一种在模型训练中添加约束或惩罚项的方法，旨在防止模型过拟合数据。正则化技术主要通过约束模型的参数，使模型在训练数据上表现良好的同时，也能在未知数据上保持较好的泛化性能。常用的正则化技术包括 L1 正则化（在损失函数中添加模型参数的绝对值之和作为正则化项）、L2 正则化（在损失函数中添加模型参数的平方和作为正则化项）和 Dropout（在训练过程中，以一定概率随机丢弃部分输出，从而减少节点之间的共适应性）。

5. 模型部署

模型部署是指将训练好的模型转换为可以在生产环境中运行的形式，并通过适当的接口或框架使其能够接收输入数据、进行预测或决策，并返回结果的过程。

常用的部署方式包括云部署、边缘部署、容器化部署和本地服务器部署。其中,云部署是指将模型托管在云服务提供方的平台上,通过云平台的计算资源和服务来运行和管理模型。云平台可以根据需求动态调整计算资源,实现水平扩展或缩减,适应流量的波动。边缘部署是指将模型部署在靠近数据源或用户终端的边缘设备上,如工业自动化设备、智能摄像头等。边缘部署方式减少了数据传输的延迟,适用于对响应时间敏感的应用场景。容器化部署是指将模型及其依赖环境打包到一个容器中,并通过容器化技术来部署模型。这种方式便于模型的快速部署和扩展,同时可以实现资源的动态分配和负载均衡。本地服务器部署是指将模型部署在自有的物理服务器或数据中心上,利用自有的计算资源进行模型的推理和管理。本地部署确保了对数据的完全控制,适合需要高度数据隐私和安全性的应用场景。

3.1.3 机理与数据的融合模型

机理与数据的融合模型是指将物理机理嵌入数据驱动模型中,以充分发挥机理模型的可解释性和泛化能力强、数据驱动模型灵活和可学习的优势。融合模型的最大优势是可以将虚拟模型本身与数字孪生系统中的设计、控制、运维等任务需求灵活对接,并充分发掘海量传感器获得的数据,这是机理模型方法所不具备的。

近年来,物理信息神经网络(physics-informed neural networks,PINN)作为机理与数据融合建模方法中的一个重要方向,在学术界引起了广泛的关注。PINN是一种在损失函数中引入物理系统方程的正则项约束的建模方法,它将物理系统的先验知识融入神经网络中,以提高模型的物理解释性和泛化能力。此外,PINN通过引入物理知识作为先验信息,可以在数据较少或噪声较大的情况下仍然进行有效的训练和预测,为数据量较少的复杂系统分析和预测提供了新的思路和方法。

3.2 数据驱动决策与优化

3.2.1 数据驱动的决策流程与方法

目前,各行业在日常运行中产生了大量的静态和流式数据。随着数据的爆炸式增长和信息技术的飞速发展,决策者收集、存储、访问和分析数据的能力不断提高。因此,数据驱动决策(data-driven decision-making,D^3M)已成为一个重要的决策方法。数据驱动决策方法的具体应用有智慧城市中利用交通历史数据进行交通流量优化,电网运行中分析历史用电数据以预测电力需求,在紧急事态响应中通过数据分析确定最优路线和资源分配并提高应急响应效率等。支持数据驱动决策的算法包括数学编程/优化、基于规则的系统和启发式方法、马尔可夫和概率模型等,这些方法在成本估计、维护计划、联合调度、多状态多组件系统优化等维护决策中广泛应用,如图 3.5 所示。数据驱动决策分为可编程数据驱动决策(P-D³M)和非可编程数据驱动决策(NP-D³M)两大类。

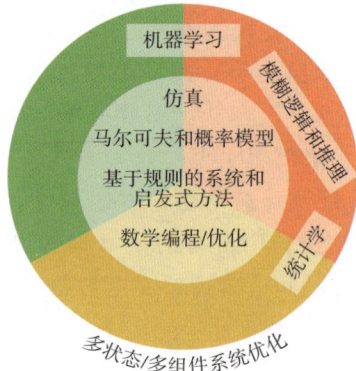

图 3.5　数据驱动决策方法分类[2]

对于可编程数据驱动决策问题,基于历史数据的分析可以准确预测可编程决策模型的未知参数,这些参数可以反馈、更新和驱动模型。对于非可编程数据驱动决策问题,即当可编程模型无法描述决策问题时,基于机器学习的数据分析可以从数据中发现有用的规则或知识/选项,从而为决策提供支持。两类数据驱动决策的技术框架如图 3.6 所示。

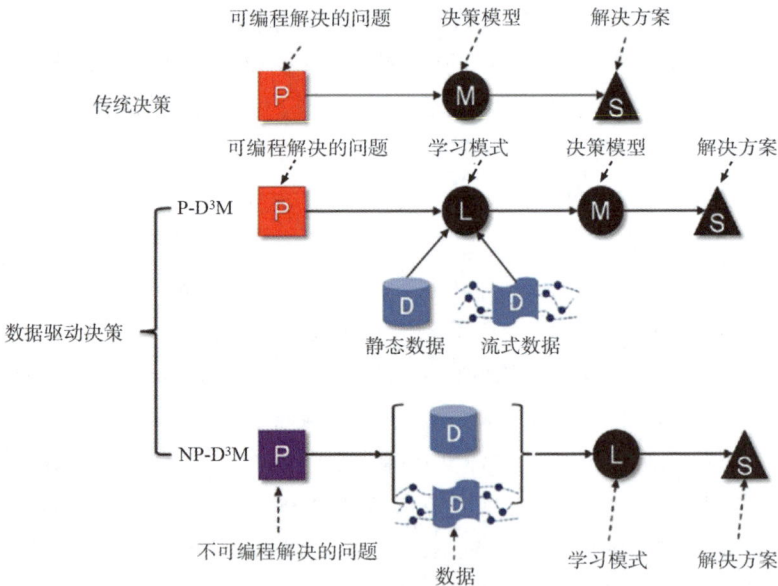

图 3.6　数据驱动决策框架[3]

1. 可编程数据驱动决策

可编程数据驱动决策(programmable data-driven decision-making,P-D^{3}M)是基于数据挖掘或统计学习的决策模型的推导,以及相应的可编程模型(也称为编程或优化模型)对决策提供支持。常用的模型包括多目标决策模型和多层次决策模型。多目标决策模型允许在多个相互冲突的目标之间找到最优解,而多层次决策模型模拟了决策过程中不同层级之间的信息流动和决策制定,以更全面地考虑复杂决策场景中的多种因素。

2. 非可编程数据驱动决策

与 P-D^{3}M 相反,非可编程数据驱动决策(non-programmable data-driven decision-making,NP-D^{3}M)指的是在决策过程中使用数据分析,但不依赖传统的编程方法来处理数据。这种决策方式通常涉及使用图形界面、预配置的软件工具、拖放式界面或人工智能(AI)辅助工具,这些工具使得非技术用户也能够进行数据分析和决策。NP-D^{3}M 适用于决策模型的推导在计算上不可行或成本过高的情况。大型且高度复杂的决策问题中的动态性和不确定性可能会导致严重的模型不匹配,或使可编程模型变得难以实现。为了解决这个问题,NP-D^{3}M 探索了一种学习机制,它能从数据中发现规则和模式,从而直接做出决策,使决策者能在基于数据证据的基础上制定战略。基于规则的方法和强化学习是非可编程数据驱动决策方法的常用技术。

(1) 基于规则的方法

NP-D^{3}M 中基于规则的方法是一种决策支持系统,它依赖预定义的规则集来处理数据和做出决策。这些规则通常由领域专家根据业务逻辑、法律法规、行业标准或最佳实践来制定。决策规则通常从决策树中提取。作为一种合成的、易懂的和通用的知识表示法,基于规则的决策制定已被广泛应用于分类、排序和选择等许多领域。

(2) 强化学习

强化学习(reinforcement learning,RL)是机器学习的一个重要分支,主要研究如何让智能体(agent)在与环境的交互中学会做出最优决策。强化学习、监督学习和无监督学习是机器学习中的三大类别,其主要特点是不依赖大量的标注数据,而是通过智能体与环境之间的试错(trial-and-error)过程来学习。强化学习提供了一个基于智能体与环境之间互动的学习框架来解决决策问题。强化学习的基础是奖励驱动行为,即智能体通过最大化未来奖励来做出决策。智能体与环境互动,通过观察先前决策的后果,学会根据所获奖励修改自己的决策。

RL 的本质是找到一个函数来解决决策问题。以下是强化学习的一般步骤。

• 环境建模。首先定义状态空间,确定智能体可以感知的所有可能状态,然后定义动作空间,确定智能体可以采取的所有可能动作。最后定义奖励函数(reward function),确定智能体采取不同动作后获得的奖励或惩罚。

• 初始化参数。初始化策略定义了智能体在给定状态下应该采取的动作,然后通过设定学习率确定智能体更新策略的速度,设定探索率确定智能体探索未知动作的程度。

• 智能体学习过程。智能体观察当前状态,根据当前策略选择一个动作,并以一定的探索率随机选择动作,以增加探索。执行动作后,智能体从环境中接收奖励,并观察新的状态。之后使用 Q 学习(Q-learning)或 SARSA(state-action-reward-state-action)等方法更新动作值函数(Q-function),该函数评估在特定状态下采取特定动作的期望回报。根据奖励和新状态更新策略,通常使用时间差分(temporal difference,TD)法学习。

• 评估和调整。在训练后,评估智能体的性能,确保其学会了有效的策略,根据评估结果调整学习率、探索率或其他相关参数,以优化智能体的学习过程。

3.2.2　基于大语言模型的决策优化策略

大语言模型是自然语言处理(natural language processing,NLP)领域的一种人工智能模型,它能够理解和生成人类语言,典型的大语言模型有 GPT、BERT、XLNet 等。大语言模型通常采用基于深度学习和神经网络的架构,如 Transformer 等,以处理大量的数据并捕捉复杂的语言模式。以 GPT 为例,其模型架构主要涉及自注意力机制、多头注意力机制、位置编码和前馈神经网络等核心概念。其中,自注意力机制是 Transformer 模型的核心组件,它允许模型在处理一个序列时动态地关注序列中的不同部分。在自注意力机制中,每个输出元素都是通过对所有输入元素的加权求和得到的,权重表示输入元素与输出元素的相关性。多头注意力机制将自注意力拆分为多个"头",每个头关注不同的信息,然后将这些头的输出合并起来,以便模型能够捕捉到更丰富的信息。这种机制可以提高模型在不同子空间中的表示能力。位置编码是用来引入序列中单词的位置信息。位置编码通常使用正弦函数和余弦函数来实现,将位置信息与词嵌入(word embeddings)相加,使模型能够理解词在序列中的位置。注意力机制包含多个注意力层,其中每个注意力层之后,GPT 模型还包括一个前馈神经网络,它在每个位置上都是相同的,用于对注意力层的输出进行进一步的非线性变换。

GPT 模型通过在这些组件上堆叠多个层(例如,GPT 有 12 层,GPT-2 有 48 层,GPT-3 有 96 层,具体层数取决于模型的版本)来构建深层网络。在预训练阶段,GPT 模型通过大规模文本语料库进行训练,学习预测序列中的下一个词。这种预训练方式使得 GPT 模型能够生成连贯的文本,并在各种 NLP 任务中表现出色。

文本到三维(text-to-3D)已成为一个活跃的研究领域,并在数字孪生中产生了各种应用。与生成三维物体不同的是,数字孪生的内容是以某种固定的结构预先定义的,并为模拟目的设置了参数。因此,利用文本到文本技术生成场景描述文档(即 DTDL、USD)更适合生成数字孪生体。经过预训练的大型语言模型(LLM)在其中的应用是根据文本提示生成分层描述文档(图 3.7)。首先,描述文件的长度与目标场景的复杂程度成正比。对于有多个组件的系统来说,描述文件可能有数千行之多。使用预训练的 LLM 一次生成如此长的文本比较困难,而用于特定领域任务的预训练 LLM 容易产生错误。在这种情况下,生成的内容在未经验证的情况下可信度不足。为了应对上述挑战,可以利用生成式预训练变换器 4(GPT-4)的强大功能,促进生成专为数据中心数字孪生设计的综合场景描述文档。可以引入分段生成(SG)工作流程,将长文本生成分解为一系列子任务,从而降低了生成错误或不一致场景描述的可能性。

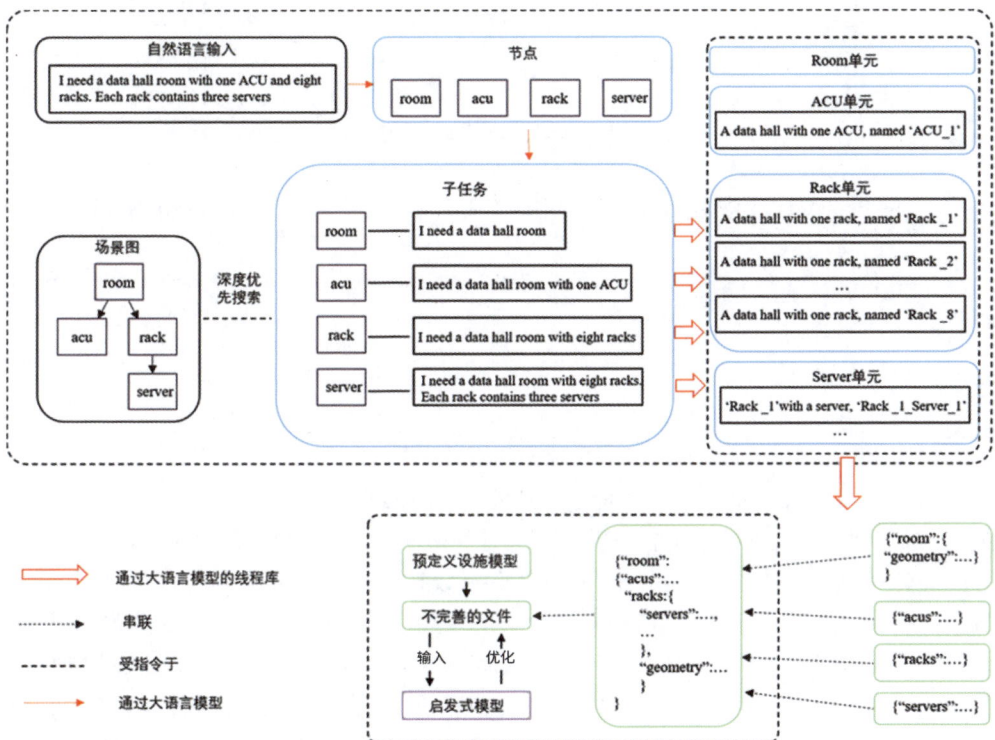

图 3.7 LLM 生成文档的工作流程

3.3 平行推演应用场景

基于平行推演技术,可以实现对地下空间的地质环境监测、结构体状态评估、设备故障诊断、资源分配与调度以及突发事件应急管理(图3.8)。通过对地质环境数据的实时监测和模拟,可预测地质灾害的发展趋势。通过对结构体状态的全面感知和智能管理,能及时发现潜在的安全隐患,避免结构体失效或坍塌等事故的发生。结合平行推演技术的预测结果,可以实现对设备故障的提前预警和及时维修,提高设备的可靠性和使用寿命。通过模拟不同调度方案下的资源分配和使用情况,可以评估各种方案的优劣和可行性,实现资源调度优化。通过突发事件应急模型的模拟和推演可以帮助决策者制定科学预案,提高应急响应效率。

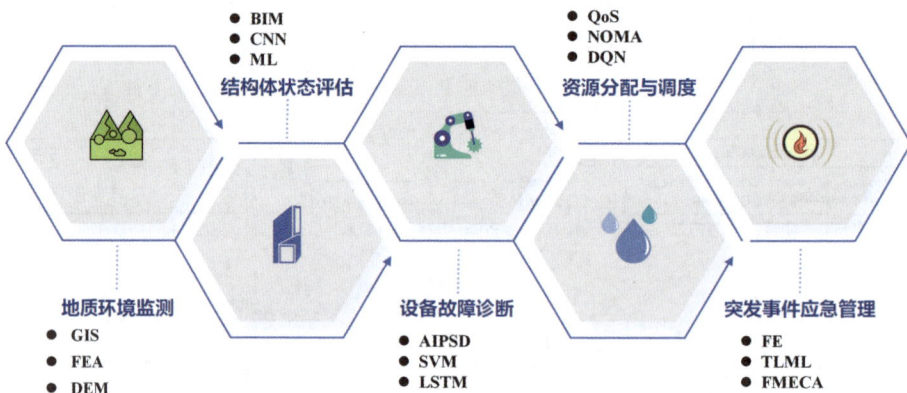

结构体状态评估
- BIM
- CNN
- ML

资源分配与调度
- QoS
- NOMA
- DQN

地质环境监测
- GIS
- FEA
- DEM

设备故障诊断
- AIPSD
- SVM
- LSTM

突发事件应急管理
- FE
- TLML
- FMECA

图 3.8 平行推演应用场景

3.3.1 地质环境监测

地质环境监测是指对地质环境及其变化过程进行系统性、连续性的观测、记录、分析和评价,监测对象包括地质灾害、地下水环境、土壤环境、地质构造等。平行推演依赖大量、实时、准确的地质环境监测数据,这些数据是构建虚拟地质环境模型的基础,也是进行模拟、预测和评估的关键。近年来,由于地球物理勘探方法无损探测的特点,使其成为当前开展城市地下空间地质环境监测与结构调查的主要方法。具有代表性的地球物理勘探方法包括微重力法、高密度电法、浅层反射地震法和探地雷达法。其中,微重力法是通过在小范围内布设密集测点,对地下介质密度的不均匀性引起的微弱重力异常的变化进行测定,通过重力数据处理分析,确定密度异常区域的深度和尺寸。高密度电法是在地表一次性布设较高密度的电极,通过主机自动控制供电电极与接收电极的移动,测量地下的电阻率变化,用于监测地下地质结构变化。浅层反射地震法是通过人工源激发产生地震波,分析其在地下介质中传播的运动学和动力学特征,进而实现探测地质体。探地雷达法是通过发射和接收高频率、短脉冲电磁波,并根据接收到的反射电磁波的振幅、波形等特征来分析并探测地下空间物质结构、地层岩性特征等。

地质环境监测经历了传统的现象预测、经验预测,目前发展到综合分析和实时动态预测。近年来,许多研究工作关注运用机器学习方法(包括监督方法和无监督方法)对地质环境演化进行动态预测。在监督方法方面,Zhang 等[4] 开发了一种支持向量分类器(support vector classification),通过隧道掘进机运行数据预测地下岩体的变化。Shi 等[5] 提出了一种深度神经网络模型,利用隧道掘进机运行参数的输入来预测开挖面前方的地质状况。在无监督方法方面,Dickmann 等[6] 通过对隧道施工期间获得的地震数据集进行数据聚类,对地下岩性进行了分类和预测。Cao 等[7] 应用几种无监督巷道检测方法,通过传感器实时监测地质环境的变化,并成功提前探测到地下结构变化。以上研究总体上达到了相对较高的精度,并展示了机器学习方法在地质环境预测中的应用潜力,然而仍然存在包括缺乏对地质信息随时间变化的考虑,以及模型可解释性不高等局限性。

3.3.2　结构体状态评估

地下结构体状态评估是对地下工程结构(如地下构筑物、地下道路、隧道等)进行的一系列测试和分析,以评估其在各种荷载和环境因素作用下的性能表现。一般需要通过现场复核结构布置和荷载情况、材料性能检测、裂缝损伤检测和沉降变形测量等,并经过结构验算和分析,对结构的性能进行评估。地下结构体状态评估通常需要收集地下构筑物和结构的历史数据,包括荷载、变形和裂缝等。基于历史数据分析结果,可以采用时间序列分析、回归分析、神经网络等方法构建结构体性能预测模型。通过输入不同的参数和条件,模拟结构在不同情况下的响应,预测未来的发展趋势。以上方法中,时间序列分析技术用于分析历史数据的时间序列特征,识别变形规律和趋势;回归分析技术用于建立性能与影响因素之间的回归关系,预测结构未来的安全性;神经网络技术用于构建复杂的预测模型,处理非线性、高维度等问题。

基于数字孪生模型进行地下结构性能的平行推演时,现阶段面临着实时性、适应性和双向交互性等方面的挑战。首先,传统的复杂系统全局性能动态分析计算时间长,无法满足数字孪生计算的实时性要求[8]。对此,需要采用高效的计算方法和硬件加速技术,如 GPU 并行计算、云计算等,以提高计算速度。其次,当系统本身的固有特性(如材料特性和结构刚度)发生变化时,需要反复进行仿真分析[9],这不仅增加了计算成本,还降低了模型的实用性。数字孪生模型需要能够灵活应对系统特性的变化,保持模型的准确性和有效性,因此需要采用自适应建模技术,如本征正交分解（proper orthogonal decomposition）等，从高维样品空间中提取最优基，构建适应性强的降阶模型（reduced order model）。最后，数字孪生必须在物理空间和数字空间之间建立双向交互，实现数据的实时传输和共享。然而目前的数据传输技术和接口标准尚不完善，难以实现高效的双向交互，为此需要开发统一的数据传输协议和接口标准，确保物理空间和数字空间之间的数据能够实时、准确地传输。同时需要优化数据传输网络，提高数据传输速度和稳定性。

3.3.3 设备故障诊断

地下设备故障诊断包括当前状态预测、未来状态预测和故障诊断。预测当前状况有助于减少检查次数和时间成本，但这种被动维护模式不足以提前避免设备故障。相反，通过预测设备未来的状况来采用主动或预测性维护方法，可以帮助确定适当的维护策略并防止故障突然发生。故障诊断通过分析历史故障数据，识别地下设备的常见故障模式及其发生原因。故障诊断的主要技术包括故障树分析技术和数据挖掘技术。故障树分析技术是基于故障模式识别结果，构建故障树模型，以清晰地描述故障的传播路径和影响因素。利用故障树模型和实时监测数据，进行仿真预测，通过模拟不同条件下的故障发生过程，预测设施的潜在故障点及其发生概率。数据挖掘技术从大量历史数据中挖掘出有价值的故障信息和规律，为故障预测提供支持。可采用如时间序列分析、机器学习等方法构建故障预测模型，实现故障的提前预警。然而，数据挖掘技术需要有足够的历史故障数据用于分析和建模，以提高故障预测的准确性。

在地下设备的状态评估方面，缺陷检测模型的不确定性可能会影响状态评级，可以采用模糊推理规则、分层证据推理和模糊专家系统等方法处理这种不确定性。例如，Chae 等[10]将多个人工神经网络获得的缺陷属性作为输入信息，在模糊算子中对其进行聚合和去模糊化，并生成最终的条件评分。Kaddoura 等[11]应用模糊专家系统来预测排水设备外的侵蚀空隙状况，为已被识别的影响因子开发了模糊隶属函数，用于分配其权重并生成空隙状况。分层证据推理（hierarchical evidential reasoning）以分层方式汇总和处理各种证据。例如，Daher 等[12]提出了一种分层证据推理方法，通过整合缺陷条件来评估排水设备的整体状况。与状态评估不同，状态诊断旨在调查不同缺陷或故障的原因和机制，然后根据专业知识和先前的经验指导维护或提供见解以防止未来出现缺陷。Du 等建立了基于本体的信息集成框架，用于推断地下设备出现故障的原因，并确定降低潜在风险的解决方案[13]。类似地，Hu 等基于建筑信息模型（BIM）、工业基础类标准（IFC）和语义网技术提出了故障排除和缺陷诊断系统（TDDS）[14]，在该系统中，引入了元标准来建立异构数据集成的映射规则，并建立了隧道诊断本体来正式定义数据之间的复杂时空关系。基于数字孪生模型的地下设备状态诊断有助于提升诊断的效率和准确性。

3.3.4 资源分配与调度

资源分配与调度是指根据需求和目标,将有限的资源(如人力、物力、财力、时间等)合理地分配给各个任务,之后对已经分配的资源进行合理调整和优化的过程,其主要目的是利用合理有限的资源,在特定时间内完成特定的任务[15]。平行推演通过模拟、预测和优化等步骤来实现资源的更高效利用和任务的更合理执行。目前,大多数研究都集中在与服务质量(QoS)相关的优化目标上,如成本、时间、可靠性、能耗。Cheng 等研究了不同的资源配置模式,同时考虑了能源消耗、成本和风险等目标[16]。Aghamohammadzadeh 等提出了一个数学模型,该模型将运营和物流成本、物流和运营供应商的云熵作为优化目标[17]。Zhang 等提出了一个双目标优化模型来考虑不同参与者的心理需求[18]。Li 等建立了信任评估模型,以实现资源的高效管理和可靠交易[19]。上述工作大多以能耗、成本、时间为优化目标,在共享资源分配过程中很少考虑信用评价。

此外,部分研究还聚焦于资源配置的优化算法,包括启发式算法(如遗传算法、多目标灰狼优化器、人工蜂群优化算法)和基于博弈论的算法。Gao 等研究了混合网络中服务组合的粒子群优化(PSO)算法[20]。Zhang 等研究了用于制造资源最优分配的 Louvain 算法[21]。Valizadeh 等提出了一种启发式算法[22]。Hu 等开发了深度 Q 网络,该网络属于深度强化学习方法,用于实现共享资源的动态调度问题[23]。Li 等提出了一种基于 Gale-Shapley(GS)算法的扩展方法[24]。Carlucci 等提出了一种基于少数者博弈(MG)论的资源分配非合作模型。然而,启发式算法和博弈论在协调跨组织资源时面临挑战,针对这一挑战,Aghamohammadzadeh 等提出了一个分布式云平台,并使用区块链技术来实现资源分配问题的最优性[25]。

3.3.5 突发事件应急管理

突发事件应急管理是指政府、企业以及其他公共组织为了保护公众生命财产安全,维护公共安全、环境安全和社会秩序,在突发事件(如火灾、洪涝、群体性事件等)的事前、事发、事中、事后所进行的预防、响应、处置、恢复等活动。在事前,可通过平行推演技术模拟和预测不同情境下突发事件的发展态势和后果,制定更加有效的预防和应对措施,从而减少突发事件对社会、经济、环境等方面造成的损失。在应急响应阶段,可以根据推演结果实时评估各种响应措施的效果,包括资源调配、人员调度、信息传递等。此外,通过平行推演可以提前发现应急响应中的瓶颈和障碍,从而优化响应流程,缩短响应时间。在事件处置阶段,事态发展情况会实时变化,平行推演技术能够迅速模拟这些变化对事件发展的影响,并且模拟出多种可能的发展路径和结果。通过对不同处置措施的模拟推演,评估各措施的实施效果及处置效率,帮助选择最优的事故控制措施及应急资源分配方式。对于事后恢复期,平行推演技术可以模拟事件恢复阶段的各项措施和过程,包括资源调配、人员安置、环境修复等,以评估恢复工作的效果和可能遇到的问题。在推演过程中,如果识别出恢复措施效果不理想或存在潜在风险,可以及时调整恢复计划,确保恢复工作的顺利进行。

在应急管理过程中,平行推演技术可以结合多种先进技术和方法,以模拟、预测和优化应急响应与恢复策略。为了保证推演分析的实时性,可运用物联网技术、机器学习算法、计算机视觉等。例如,Hu 等[26]基于物联网采集的动态水压数据分析了室内消防供水系统的水压变化趋势,并结合统计曲线拟合和机器学习方法对水压进行实时预测。Yang 等[27]提出了一个基于机器学习的综合框架,以实时温度作为输入信息来快速预测火灾中火源的热释放速率。此外,在应急管理中实施数字孪生必须考虑到应急决策的可信度。因此,智能化技术的透明度和可解释性需要提高。虽然基于机理的模型通常具有外推能力,但它们往往带来高昂的计算成本。基于数据的模型虽然降低了计算负担,但其外推能力取决于训练数据集,如果训练数据集只覆盖了系统的一部分运行条件或行为,那么模型在面对新的、未见过的输入时准确性会下降[28]。以火灾为例,Wu 等[29]展示了人工智能(AI)方法检测并确定火源和危害的可能性,进一步提出了一种基于物联网传感器和人工智能的推演方法,用于实时识别火灾场景并在虚拟模型中进行仿真推演。Guo 等[30]运用分析并提取隧道火灾的关键参数,研究了不同机器学习方法在隧道火灾情景中对实时热释放率的预测性能。虽然上述研究运用智能化方法提高了推演的效率,以适应应急场景中的实时事态变化,但在实际的应急管理中会因为难以获得足够的现场信息而使得推演结果不准确,从而导致错误的决策。因此,在实际的应急管理中还需要提高信息处理能力和完善风险评估机制,从而在一定程度上提高推演的可解释性,减少出现错误决策指导的可能性。

参考文献

[1] TSAI C W, LAI C F, CHAO H C, et al. Big data analytics: A survey [J]. Journal of Big data, 2015, 2(1): 21.

[2] JACKSON J. Data mining: a conceptual overview [J]. Communications of the Association for Information Systems, 2002, 8: 19.

[3] BOUSDEKIS A, LEPENIOTI K, APOSTOLOU D, et al. A review of data-driven decision-making methods for industry 4. 0 maintenance applications [J]. Electronics, 2021, 10(7): 828.

[4] ZHANG Q, LIU Z, TAN J. Prediction of geological conditions for a tunnel boring machine using big operational data [J]. Automation in Construction, 2019, 100: 73-83.

[5] SHI M，SUN W，ZHANG T，et al. 2019 1st International Conference on Industrial Artificial Intelligence (IAI)，Geology prediction based on operation data of TBM：Comparison between deep neural network and soft computing methods [C]. IEEE，Shenyang，2019：1-5.

[6] DICKMANN T，HECHT-MÉNDEZ J，KRÜGER D，et al. Towards the integration of smart techniques for tunnel seismic applications [J]. Geomechanics and Tunnelling，2021，14(5)：609-615.

[7] CAO B T，SAADALLAH A，EGOROV A，et al. Online geological anomaly detection using machine learning in mechanized tunneling [C]//Challenges and Innovations in Geomechanics. Cham：Springer，2021：323-330.

[8] PRASAD A，PRASAD P，PRASAD I G. Advanced techniques in railroad and highway engineering：Highway and railroad tunnel life cycle cost analysis (LCCA) [C]//Urbanization Challenges in Emerging Economies. New Delhi，India. American Society of Civil Engineers，2018：53-62.

[9] HUANG M Q，NINIĆ J，ZHANG Q B. BIM，machine learning and computer vision techniques in underground construction：Current status and future perspectives [J]. Tunnelling and Underground Space Technology，2021，108：103677.

[10] CHAE M J，ABRAHAM D M. Neuro-fuzzy approaches for sanitary sewer pipeline condition assessment [J]. Journal of Computing in Civil engineering，2001，15(1)：4-14.

[11] KADDOURA K，ZAYED T. Erosion void condition prediction models for buried linear assets [J]. Journal of Pipeline Systems Engineering and Practice，2019，10(1)：04018029.

[12] DAHER S，ZAYED T，HAWARI A. Defect-based condition assessment model for sewer pipelines using fuzzy hierarchical evidential reasoning [J]. Journal of Performance of Constructed Facilities，2021，35(1)：04020142.

[13] DU J Z，HE R，SUGUMARAN V. Clustering and ontology-based information integration framework for surface subsidence risk mitigation in underground tunnels [J]. Cluster Computing，2016，19(4)：2001-2014.

[14] HU M，LIU Y R，SUGUMARAN V，et al. Automated structural defects diagnosis in underground transportation tunnels using semantic technologies [J]. Automation in Construction，2019，107：102929.

[15] CARLUCCI D，RENNA P，MATERI S，et al. Intelligent decision-making model based on minority game for resource allocation in cloud manufacturing [J]. Management decision，2020，58(11)：2305-2325.

[16] CHENG Y，TAO F，LIU Y L，et al. Energy-aware resource service scheduling based on utility evaluation in cloud manufacturing system [J]. Proceedings of the Institution of Mechanical Engineers，Part B：Journal of Engineering Manufacture，2013，227(12)：1901-1915.

[17] AGHAMOHAMMADZADEH E，MALEK M，VALILAI O F. A novel model for optimisation of logistics and manufacturing operation service composition in Cloud manufacturing system focusing on cloud-entropy [J]. International Journal of Production

Research，2020，58(7)：1987-2015.

[18] ZHANG Y P，TAO F，LIU Y，et al. Long/short-term utility aware optimal selection of manufacturing service composition toward industrial internet platforms［J］. IEEE Transactions on Industrial Informatics，2019，15(6)：3712-3722.

[19] LI C S，WANG S L，KANG L，et al. Trust evaluation model of cloud manufacturing service platform［J］. The International Journal of Advanced Manufacturing Technology，2014，75(1)：489-501.

[20] GAO H H，ZHANG K，YANG J H，et al. Applying improved particle swarm optimization for dynamic service composition focusing on quality of service evaluations under hybrid networks［J］. International Journal of Distributed Sensor Networks，2018，14 (2)：155014771876158.

[21] ZHANG Y F，ZHANG D，WANG Z，et al. An optimal configuration method of multi-level manufacturing resources based on community evolution for social manufacturing［J］. Robotics and Computer-Integrated Manufacturing，2020，65：101964.

[22] VALIZADEH S，FATAHI VALILAI O，HOUSHMAND M. Flexible flow line scheduling considering machine eligibility in a digital dental laboratory［J］. International Journal of Production Research，2020，58(21)：6513-6531.

[23] HU L，LIU Z Y，HU W F，et al. Petri-net-based dynamic scheduling of flexible manufacturing system via deep reinforcement learning with graph convolutional network ［J］. Journal of Manufacturing Systems，2020，55：1-14.

[24] LI F，ZHANG L，LIU Y K，et al. QoS-aware service composition in cloud manufacturing：A gale-shapley algorithm-based approach［J］. IEEE Transactions on Systems，Man，and Cybernetics：Systems，2020，50(7)：2386-2397.

[25] AGHAMOHAMMADZADEH E，FATAHI VALILAI O. A novel cloud manufacturing service composition platform enabled by Blockchain technology［J］. International Journal of Production Research，2020，58(17)：5280-5298.

[26] HU J，WU J J，SHU X M，et al. Analysis and prediction of fire water pressure in buildings based on IoT data［J］. Journal of Building Engineering，2021，43：10.

[27] YANG Y H，ZHANG G W，ZHU G Q，et al. Prediction of fire source heat release rate based on machine learning method［J］. Case Studies in Thermal Engineering，2024，54：15.

[28] WU X Q，ZHANG X N，JIANG Y S，et al. An intelligent tunnel firefighting system and small-scale demonstration［J］. Tunnelling and Underground Space Technology，2022，120：104301.

[29] WU X Q，PARK Y，LI A，et al. Smart detection of fire source in tunnel based on the numerical database and artificial intelligence［J］. Fire Technology，2021，57(2)：657-682.

[30] GUO C，GUO Q H，ZHANG T，et al. Study on real-time heat release rate inversion for dynamic reconstruction and visualization of tunnel fire scenarios［J］. Tunnelling and Underground Space Technology，2022，122：104333.

第 4 章

数字孪生平台设计与开发

数字孪生平台通过融合传感器数据、模拟数据和历史数据等,将物理系统或过程数字化,实现虚拟环境状态与真实世界实体实时同步。数字孪生平台开发是一项综合性工程,涉及多领域的专业知识,通常是基于项目应用领域和需求,建立合适的架构并整合相关技术,实现物理实体与虚拟模型的多端多向连接。本章首先概述构建地下空间数字孪生平台的通用架构与开发原则,介绍平台采用的可视化技术和核心功能,并对平台的可扩展性进行讨论。随后重点介绍开发环境的配置、前后端框架的选择,以及平台与各个终端之间数据交互机制和通信协议的设计。通过建立地下空间数字孪生平台,可以更全面、准确地理解和模拟物理世界,从而优化决策,提高效率和安全性并降低成本。

4.1 平台开发设计

地下空间数字孪生平台应具备与真实世界高度吻合的虚拟模型,能融合多种IoT 传感器的监测数据,以反映实时运行状态;同时还应具备强大的平行推演能力和可视化功能,帮助管理者快速决策,提升响应效率[1]。为实现上述功能,平台开发需遵循综合性的架构设计与开发原则,并选择合适的可视化引擎,同时考虑功能的集成与扩展。

4.1.1 平台开发架构

出色的架构设计不仅是开发工作的基础,更是确保平台具备可扩展性和易于维护的关键。数字孪生平台连接物理世界与虚拟世界[2],涵盖实时环境感知、数据传输、推演与决策、三维可视化等多个关键功能模块。为了有效组织这些模块,需要一个统一的开发架构来指导开发团队,将模块按功能和性质划分为不同的层级[3]。开发团队从全局视角出发规划每一层的开发任务,确保任何一层的更新或替换都不会影响到整体功能的稳定性,确保平台的可靠性和灵活性。

通过将数字孪生平台细分为多个层次,每个层次承担特定的功能和职责,实现更好的模块化、可维护性和可扩展性,确保各组件既保持高度独立性,又具备良好的交互性[4]。地下空间数字孪生平台可采用如图 4.1 所示的"三三一"架构层次,其由三个空间(物理空间、社会空间和数字空间)、三个层次(感知层、数据层和互联层)以及一组应用场景组成。通过精细且灵活的架构设计,地下空间数字孪生平台

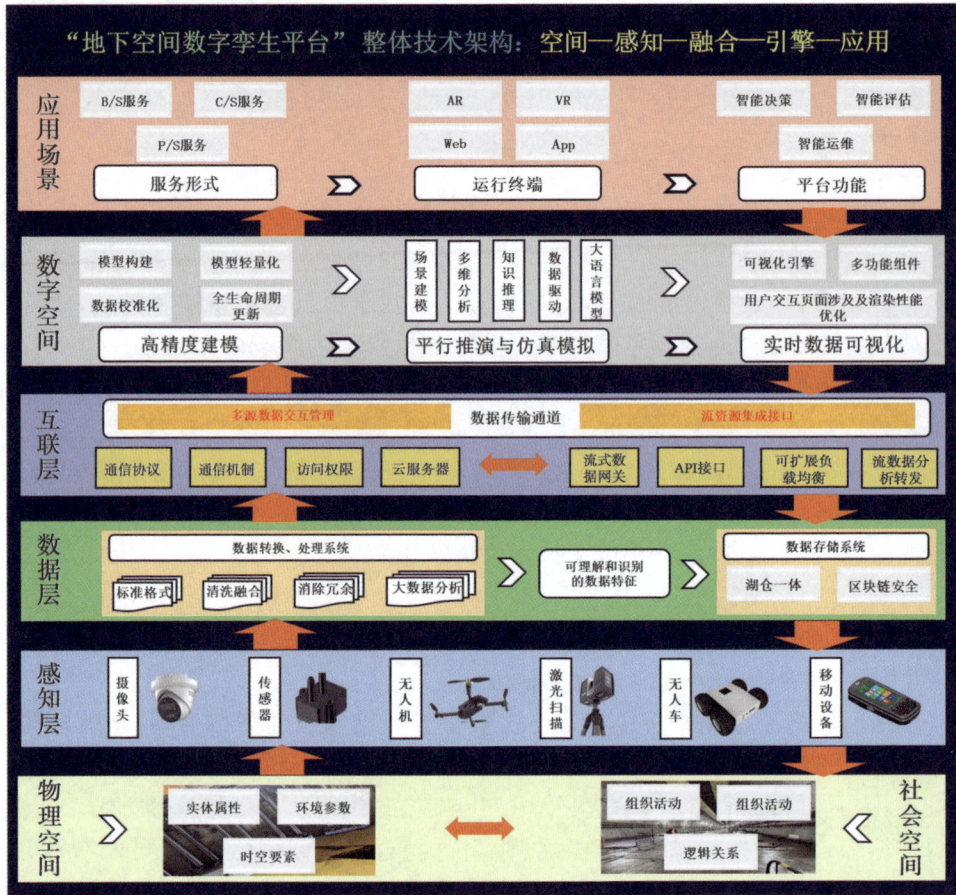

图 4.1　地下空间数字孪生平台架构

不仅能够满足当前的功能需求,还能适应未来的技术革新和项目发展。

1. 物理空间

物理空间是指客观存在且可测量的三维环境,包括长度、宽度、高度等维度下的精准坐标系,以及物体与事件的空间定位和方向属性。例如,在地铁站的数字孪生平台中,物理空间不仅展现车站的建筑结构和布局,还详细记录乘客流量、空气质量、应急疏散路径等动态信息。物理空间涵盖时空要素、实体属性和环境参数等,帮助用户理解不同物理实体与环境在不同时空条件下的相互关系,以及它们如何影响人们在地下空间的活动和行为模式。

2. 社会空间

社会空间是与物理空间并行且互为补充的维度,强调社会现象、文化背景及人类行为在特定地理区域内的表现和交织。例如,在地铁站的数字孪生平台中,除展示物理布局和基础设施外,还模拟人流密度、政策法规、紧急疏散预案等社会因素,用以预测客流高峰、识别潜在安全隐患、评估紧急情况下的疏散效率,并优化日常运营策略。社会空间涵盖组织活动、政策规划及逻辑关系等要素,帮助用户理解不同社会力量在地下空间中的相互影响和耦合作用,以及它们如何影响人们在地下空间的行为和互动模式。

3. 数字空间

数字空间是一个高度集成的信息域,通过电子方式捕捉、处理和交流来自物理空间和社会空间的大量数据,构建与现实世界相对应的虚拟环境。这个虚拟环境不仅能精确反映物理实体的状态、行为和性能,还能进行测试、预测和仿真,以优化物理对象的运行和操作。数字空间涵盖高精度建模、平行推演与模型决策,以及数据驱动的数据可视化,实现对物理实体和社会现象动态变化的实时反映、分析和预测。

4. 感知层

感知层是直接从环境中收集数据的组件层,通过各类传感设备(如摄像机、传感器、无人机和移动设备等),将原始数据感知并传输到数据层进行分析和利用。在地下空间的数字孪生平台中,感知层扮演着类似"五官"的角色,负责与外部世界直接接触,实时监测和采集物理空间与社会空间的人、设备、环境以及社会活动数据,以揭示它们之间的耦合效应。

5. 数据层

数据层是通过大数据分析技术对感知层采集的海量元数据进行深度清洗融合,消除冗余和错误,并实现"湖仓一体"的区块链数据安全存储架构。此过程将物理空间、社会空间和数字空间转化为可理解和可识别的数据特征,为平行推演提供必要的数据支持。

6. 互联层

互联层是在数字孪生平台中将物理空间、社会空间和数字空间有机结合的关键纽带,形成一个综合、互动、闭环的环境。它确保信息和资源能在不同设备、平台和服务之间高效传输与交换。构建互联层需要考虑各种技术和解决方案的兼容性,涵盖通信协议的选择与配置、资源接口的管理、云服务器的部署与管理、传输通道的优化以及访问机制的设计与实现等多个方面。

7. 应用场景

应用场景是指数字孪生平台的功能开发完成后,在地下空间建造过程中的具体应用,包括运行终端确定、服务形式选择、平台功能提供。

（1）运行终端

运行终端是数字孪生场景应用的重要载体,它向用户提供与数字孪生平台交互的界面。根据不同的应用场景和技术特点,运行终端可以分为以下几类。

• 增强现实（AR）：通过 AR 眼镜或移动设备上的 AR 应用,用户可以在现实环境中叠加虚拟信息,实时查看和交互地下空间的数字模型,增强现场决策和操作效率。

• 虚拟现实（VR）：通过 VR 头戴式显示器让用户可以沉浸式地体验和检查地下空间的设计和建造过程,从而提高设计准确性和施工安全性。

• 网页浏览器（Web）：通过 Web 访问数字孪生平台,无须安装额外的软件,即可进行数据查看、操作和分析,方便远程协作和跨平台访问。

• 应用程序（App）：针对智能手机和平板电脑开发的 App,支持现场数据采集和实时监控,工程人员可以在现场实时访问和更新数字孪生平台的数据,查看三维模型和实时环境感知信息。

（2）服务形式

数字孪生平台通常需要在多种终端上运行,而不同终端设备存在屏幕尺寸和性能差异,这会造成平台无法提供完整的功能。因此,开发者在数字孪生平台部署时需要考虑以何种服务形式提供场景应用,这直接影响平台的响应速度、可用性和用户交互体验。服务形式是指数字孪生平台以何种形式为用户提供功能。数字孪生平台的服务形式可以大致分为三类（图 4.2）,即 B/S 服务、C/S 服务及 P/S 服务。

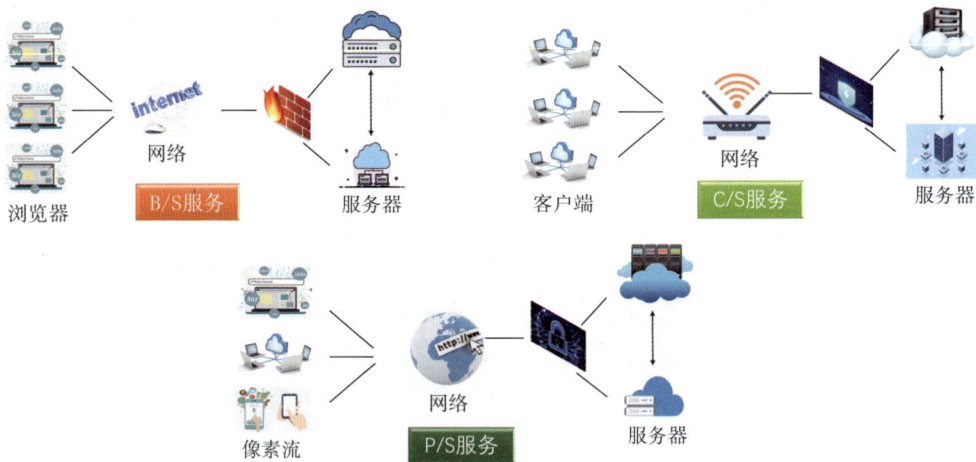

图 4.2　服务形式

- B/S 服务：即浏览器/服务器服务形式，通过 Web 技术用户可以直接通过浏览器访问和使用服务。这种模式的核心优势在于简化的部署与维护流程，用户无须安装客户端即可随时访问系统资源。在数字孪生领域，B/S 架构利用网页界面提供实时数据的可视化呈现和互动操作，特别适合需要跨地域、跨平台访问的应用场景，确保用户无论身处何地都能获得一致且实时的数字孪生体验。

- C/S 服务：即客户端/服务器服务形式，要求用户在其终端设备上安装专用的客户端，以便与服务器端进行数据通信和业务逻辑处理。此服务形式的优势在于能提供精细的用户界面设计和强大的处理效能。特别是在处理复杂的算法计算和图形渲染任务时，客户端能充分利用本地硬件资源（如 CPU 和 GPU），实现运算加速，从而显著提升系统的整体性能和用户操作的即时反馈。

- P/S 服务：即云渲染（像素流/服务器）服务形式，一种新兴的技术方案，其核心原理是将图形渲染过程完全迁移至云服务器执行，然后将渲染完成的画面转化为视频流，实时推送给终端用户进行显示。此种服务形式最大的优势在于摆脱用户端硬件配置的限制，即使在低性能设备上也能享受到高画质、高帧率的视觉体验。此外，通过集中化的图形处理，还能有效降低用户端的功耗和散热压力，为用户提供更轻便、节能的使用体验。

每种服务形式都有其独特的特点，根据实时交互、数据处理和用户体验的不同需求，开发者需要综合考虑应用场景的需求和终端设备的性能，以提供最佳的用户体验和系统性能。无论采用哪种服务形式，都需要关注以下几点：首先，针对不同终端的处理能力和存储空间进行性能优化。在资源有限的设备上，开发者需调整图形渲染质量或简化数据处理任务，以确保应用流畅运行。同时，用户界面设计需适配大屏和小屏设备，保证信息清晰且易于操作。其次，多终端适配还涉及用户体验的统一性。开发团队需在保持各平台操作逻辑一致性的同时，根据具体平台特性调整交互设计。

（3）平台功能

数字孪生平台场景应用的核心在于其强大的功能集成，不仅能够实现物理世界与虚拟世界的无缝连接，还能提供一系列智能化的服务。从智能评估到智能决策再到智能运维，数字孪生平台能够通过实时的数据采集、精确的模拟仿真以及高效的决策支持，为用户提供全方位的支持。本书将以三个地下空间真实案例研究作为应用场景，即"双洞密贴顶管车站顶进智能控制""复杂地层盾构隧道掘进平行推演技术及应用"和"基于数字孪生技术的地铁地下空间水灾推演与应急疏散"，以展示数字孪生平台在地下空间建设和运维中的广泛应用。

4.1.2　平台开发原则

多团队协作开发数字孪生平台须遵循一套成熟有效的基本原则,以优化流程、提高效率、确保质量,并促进跨团队间的有效沟通与合作。平台开发中应遵循八大基本原则(图4.3),具体如下。

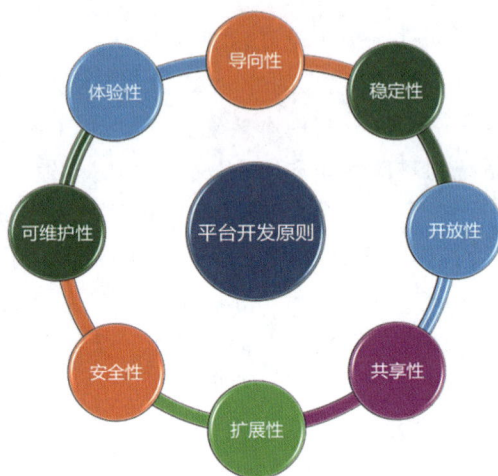

图4.3　平台八大基本开发原则

1. 导向性

导向性是指引导开发团队朝着明确的业务方向和技术路线开发数字孪生平台,以确保项目按照预定的目标和标准顺利进行。导向性要求平台开发要从明确业务需求开始,贯穿设计、部署与运营的全过程,确保每一环节都有清晰的目标和高效的执行。团队应在核心业务的引导下,深入分析特定需求和功能配置,优先处理对业务影响显著的部分,从而为平台架构的构建奠定稳固而明确的基础。

2. 稳定性

稳定性是指确保数字孪生平台在各种条件下都能够持续可靠地运行,即使在负载高峰或是遇到突发情况时也能保持服务的连续性和数据的完整性。稳定性要求平台开发要从平台的设计阶段就开始考虑,通过合理的架构设计、高效的资源管理以及全面的故障恢复机制来实现。开发团队需要采用健壮的技术栈和成熟的开发模式,确保系统能够承受高并发访问,并能够快速从任何故障中恢复服务。此外,定期进行压力测试和性能优化也是维持系统稳定性的关键措施。

3. 开放性

开放性是指数字孪生平台设计时应具备的高度可扩展性和兼容性,以确保平台能够轻松集成新的技术和功能,同时也能够与其他系统和服务无缝对接。通过精巧设计的 API 和接口,平台优化访问流程,促进跨系统的数据交流与功能互补。开放性推动平台与各种系统的融合,实现信息与资源的全面互联。例如,城市级 CIM 平台通过开放接口支持园区级 BIM 平台,提升操作效率,并增加更多功能与服务。

4. 共享性

共享性是指数字孪生平台能够促进数据和资源的有效共享,确保多方参与者能够便捷地获取所需的信息和服务。共享性可激发多系统间的合作共生,不仅推动资源优化布局与信息自由传递,显著提升平台的综合效能与运作效率,还充当平台内外资源交互的纽带,确保数据与服务在平台内外畅通无阻,促成业务模块间无缝链接。共享性要求平台开发要从平台的设计阶段就开始考虑如何构建一个开放而安全的数据交换环境,通过标准化的数据接口和协议来实现。开发团队需要采用先进的数据管理和权限控制机制,确保数据在不同用户之间可以安全、可控地流通。

5. 扩展性

扩展性是指数字孪生平台设计时应具备的高度可扩展性和灵活性,以确保平台在适应当前地下空间需求、数据量增长和未来新功能增加的同时保持稳定运行。扩展性要求平台开发要考虑平台未来发展的可能性,通过采用开放式标准、通用协议以及提供丰富的 API 接口来实现。开发团队需要采用模块化的设计思路,确保每个功能组件都可以独立开发和更新,而不影响其他部分的正常运行。此外,通过建立灵活的架构体系,支持新功能的快速部署和旧功能的平滑迁移,可以进一步增强平台的适应能力。

6. 安全性

安全性是指数字孪生平台在设计和运行过程中必须确保数据的安全性和隐私保护,防止未经授权的访问、篡改或泄露。安全性要求平台开发要从平台的设计之初就开始考虑,通过实施严格的身份验证、加密通信、访问控制以及定期的安全审计来实现。开发团队需要采用先进的安全技术和策略,确保数据在传输和存储过程中的完整性和机密性。此外,通过建立应急响应机制和备份恢复流程,可以有效应对潜在的安全威胁并迅速恢复服务。

7. 可维护性

可维护性是指数字孪生平台设计时应具备高可维护性和易于管理的特点,以确保平台能够方便地进行更新、扩展和修复,以适应业务需求和技术进步。可维护性要求从平台采用清晰的架构设计、文档化的开发流程以及模块化的编码方式来实现。开发团队需要确保代码的可读性和可重用性,同时实施自动化测试和持续集成/持续部署(CI/CD)流程,以减少错误并加快迭代周期。此外,通过建立有效的版本控制和变更管理系统,可以确保任何更改都能够被追踪和回滚,从而降低维护成本并提高效率。

8. 体验性

体验性是指数字孪生平台设计时应注重用户体验的质量,确保用户能够直观、高效地与平台交互。体验性要求平台实施直观的用户界面设计、流畅的操作流程以及响应式的设计来实现。开发团队需要确保用户界面简洁明了、易于导航,并且能够根据不同的设备类型进行适当的调整。此外,通过优化加载时间和响应速度,可以提升用户的满意度。

4.1.3 平台可视化引擎

可视化引擎是通过构建虚拟模型,在数字空间中实现物理空间和社会空间状态的同步数字化更新,从而赋能地下空间的实时监测、精确仿真与优化决策。该引擎利用图形化和动态展示技术,将抽象数据转化为直观可视的图形和动态场景,用户可以轻松解读模拟结果和数据指标,深入分析现实状况并预估未来发展[5]。常用的可视化引擎包括基于三维模型渲染的引擎(如 Native 3D、Web 3D)和专注于数据图表可视化的二维引擎(如 Chart 2D),如图 4.4 所示。

1. 三维模型可视化引擎

(1) Native 3D 引擎

Native 3D 引擎是在本地计算机上运行的三维图形软件,其主要优势在于充分挖掘硬件潜力,尤其擅长利用 GPU 加速实现高质量图像渲染[6]。此类引擎为开发者提供构建复杂、高度交互性三维应用的强大工具,特别适用于对图形精度和性能要求极高的场景,如精细工程模拟和实时数据可视化[7]。尽管 Native 3D 引擎开发门槛较高,资源消耗较大,安装配置也较为复杂,但其带来的性能提升和图像质量优化,为数字孪生平台带来超真实感体验。Unity 3D、Unreal Engine 和 NVIDIA Omniverse 是当前 Native 3D 引擎领域的主要代表,它们分别以各自的技术优势和广泛的应用特性主导着游戏开发和实时三维应用领域,不仅广泛应用于游戏制作,还用于建筑可视化、电影制作和模拟训练等领域,如图 4.5 所示。Unity 3D 以其灵活性和用户友好性而闻名,能够跨平台运行,支持移动设备、桌面应用甚至网页和虚拟现实环境,极大地扩展游戏和交互内容的创作边界。自 2005 年由 Unity Technologies 推出以来,Unity 3D 致力于简化游戏开发流程,提升创作的可达性,并提供全面的集成开发环境(IDE),帮助开发者高效构建二维和三维游戏,以及各类模拟和可视化应用。

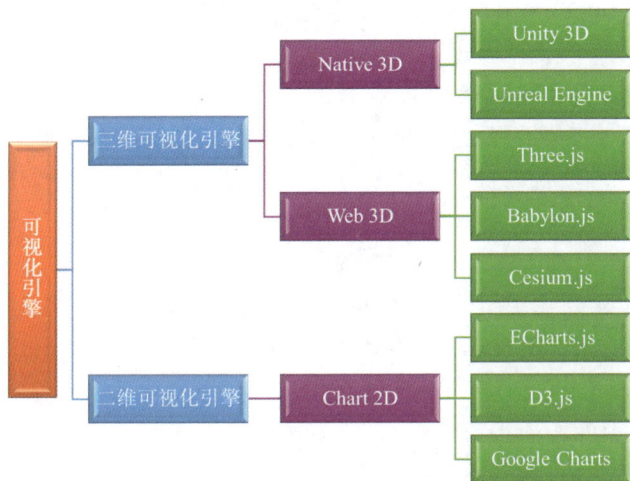

图 4.4　可视化引擎分类

(a)

(b)

(c)

图 4.5　Native 3D 可视化引擎

(a) Unity 3D;(b) Unreal Engine;(c) NVIDIA Omniverse

相比之下,Unreal Engine 以其卓越的图形渲染性能和先进的视觉特效技术,在高质量视觉内容创作和复杂交互场景设计方面独具领导地位。自 1998 年由 Epic Games 推出以来,Unreal Engine 最初专注于支持高保真的游戏开发。随着时间的推移,其出色的图形表现力和精致的视觉效果使其在游戏开发者中受到欢迎,并逐渐发展成为一个多功能平台,广泛应用于电影制作、建筑可视化、汽车工业、航空航天以及虚拟现实等多个领域。

NVIDIA Omniverse 是 NVIDIA 打造的虚拟协作平台,旨在创造新的数字内容创作与团队协作模式。通过支持多用户和多工具的协同工作环境,并结合实时渲染技术和开放标准(如通用场景描述(universal scene description,USD)),Omniverse 实现跨工具的无缝切换、资源共享和协同创作,大幅提升了数字内容生产的效率与质量。平台内置的强大物理仿真引擎,帮助创作者构建更为真实和细腻的数字场景。

(2) Web 3D 引擎

Web 3D 引擎利用基于浏览器的三维图形渲染技术,其核心竞争力源于 WebGL 技术的应用。WebGL 作为嵌入 HTML5 Canvas 的底层图形应用程序编程接口(API),使得 Web 3D 引擎能够在用户的浏览器内实现复杂的三维图形实时渲染,不再依赖额外的插件或独立软件,拓宽了三维图形内容的传播范围和用户访问便利性[8]。无论用户身处何种兼容 WebGL 的浏览器环境,都能享受到高水准的三维视觉体验[9]。随着 WebGPU 技术的兴起与推广,Web 3D 引擎迎来全新的发展机遇。WebGPU 采用现代化的架构设计和高效能的表现,为 Web 3D 引擎注入更强大的 GPU 控制能力和计算效能,不仅显著降低高性能图形渲染和复杂计算任务的实现门槛,还进一步提升渲染质量和运行效率。Three.js、Babylon.js 和 Cesium.js 作为备受欢迎的开源 Web 3D 引擎库,在数字孪生平台的不同细分领域展现出独特的优势,如图 4.6 所示。

Three.js 以其直观的 API 设计和活跃的社群生态著称,特别适用于游戏开发、艺术创作以及数据可视化项目的快速迭代。该引擎库集成了丰富的功能模块和工具集,使开发者能够自由构建多样化的三维场景,结合它强大的渲染性能,确保高品质和沉浸式的视觉体验。

Babylon.js 在全面性和专业度上独树一帜。它集成物理引擎、高级材质渲染以及粒子系统等前沿技术,是打造专业级应用的首选方案,如互动营销、教育模拟和训练平台。开发者可以依托其完备的功能体系,轻松实现复杂的交互场景和高端的视觉效果,为用户提供震撼人心的沉浸式体验。

Cesium.js 专注于地理空间数据的三维可视化与分析,在 GIS 分析、实时地球观测和航空航天领域扮演着不可或缺的角色。该引擎库支持多源数据集成,确保全球范围地理信息的精准展示和交互式探索。在军事模拟、航空导航等专业场景

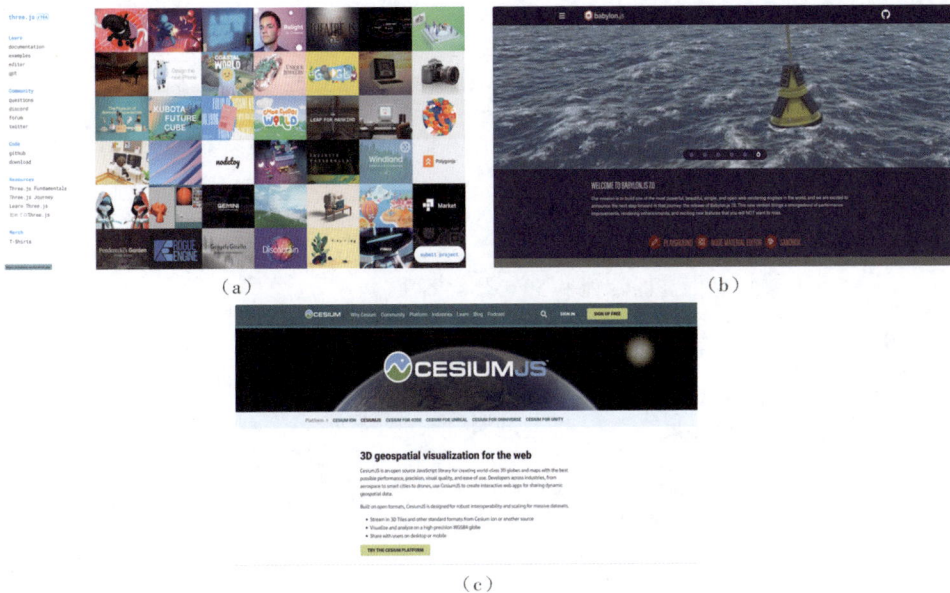

图 4.6　Web 3D 可视化引擎

(a) Three.js；(b) Babylon.js；(c) Cesium.js

的广泛应用,充分展示 Cesium.js 在处理复杂地理空间数据方面的强大实力和广泛适用性。

（3）Native 3D 与 Web 3D 的对比

Native 3D 和 Web 3D 引擎是数字空间的主要可视化工具,选择合适的引擎应考虑项目特定需求、预期功能和用户交互复杂度。Native 3D 引擎以其优异的图形处理能力和对高性能硬件资源的充分利用而著称,特别适用于复杂的仿真任务和高精度交互,如高端工程仿真和实时操作系统。然而,使用 Native 3D 引擎需要面对高昂的开发成本、专业技术门槛以及相对复杂的应用安装和更新流程。

Web 3D 引擎通过浏览器展示三维视觉内容,其主要优势在于跨平台兼容性和便捷的访问方式,用户无须安装软件即可享受三维体验,从而显著提升应用的普及度和快速部署能力。虽然在图形渲染精度和响应速度方面略逊于 Native 3D 引擎,但 Web 3D 引擎仍能提供足够的性能,满足大部分非极端互动需求的项目要求。

应根据项目的性能需求、目标用户特征、预算限制以及期望的用户体验选择合适的数字孪生平台可视化引擎。例如,针对工业级应用,选择 Native 3D 引擎可以获得更高的性能和精确度;而对于追求广泛用户参与和快速部署的项目,Web 3D 引擎则更为适宜。表 4.1 提供了两者指标上的详细对比分析。

表 4.1　Native 3D 与 Web 3D 的对比

	Native 3D	Web 3D
项目需求	项目需要高度精确和复杂的模拟,如精细的机械操作模拟或复杂的环境变化模拟	项目需要广泛推广和易于访问,可以直接通过网络浏览器访问 3D 内容,无须安装软件
性能与图形质量	利用本地安装的软件运行,可以直接访问系统的硬件资源,如 GPU 加速,从而提供更高的性能和更复杂的图形渲染能力。Native 3D 引擎特别适合需要高端图形表现和实时性能的应用,如高级游戏、详尽的模拟和专业级视觉效果	通过浏览器运行,主要依赖 WebGL 等技术实现图形渲染。虽然 Web 3D 的性能和图形质量近年来有显著提升,但通常不如 Native 3D 引擎,尤其是在处理非常高质量的图形和极端计算任务时
跨平台与访问性	通常需要针对不同的操作系统开发不同的版本,如 Windows、macOS 或 Linux,安装过程可能较为复杂	基于浏览器的特性,提供极高的跨平台性和易访问性。用户无须下载和安装软件即可访问 3D 内容,对于教育、营销和在线协作工具特别有利
开发与维护	开发周期可能较长,需要处理更多的系统兼容性和优化问题,但能提供更加强大和稳定的应用性能	开发更快,可以利用现有的 Web 技术栈和工具,易于迭代和更新。然而,对于复杂的 3D 应用,可能需要更多的性能优化和兼容性调整
应用场景	非常适合游戏开发、高级模拟和任何需要高度交互性及图形处理能力的应用	适用于需要广泛分享和易于访问的应用,如在线展示、教育应用和简单的游戏
用户体验	应用通常提供更流畅和高级的用户交互体验,适合那些需要高频率输入和复杂交互的应用	依赖网络环境和浏览器性能,可能影响用户体验,特别是在带宽或处理能力有限的设备上

(4) WebGL 与 WebGPU 的对比

WebGL 与 WebGPU 作为 Web 3D 技术体系的两大核心路径,各具独特的技术理念与应用潜能,为开发者提供多元化的选择空间。尽管二者同为网页三维图形渲染技术,但它们在发展目标与性能特性方面呈现出显著差异。

WebGL 作为基于 OpenGL ES 规范的 JavaScript API,自 2011 年起在网页图形领域逐渐应用,以无需插件的方式提供强大的交互式 2D/3D 图形生成能力。它通过充分利用 GPU 加速机制,为游戏开发、数据可视化和艺术展览等多个领域注入强大动力。对 WebGL 广泛支持的浏览器和活跃的开发者社区共同推动了 Web 3D 应用生态的繁荣发展。然而,随着技术迭代和用户需求的升级,WebGL 在性能表现和功能拓展方面逐渐显露出一些局限性,特别是在处理高负载图形和复杂计算场景时,其性能瓶颈日益显现。

WebGPU 的出现旨在弥补 WebGL 的不足。它构建了一个现代化、安全且高性能的 GPU 访问接口。WebGPU 采用更底层的 GPU 控制机制和高效的并行计算模型,显著提升了图形处理效率和计算能力,适用于高性能图形渲染和复杂计算任务[10]。相比 WebGL,WebGPU 不仅在性能上有质的提升,还在安全性和功能性上有显著进展,为未来的网页图形和计算应用奠定了坚实的技术基础。

表 4.2 对比了 WebGL 和 WebGPU 的技术特性、性能表现及应用领域。

表 4.2　WebGL 与 WebGPU 的对比

	WebGL	WebGPU
技术特性	基于 OpenGL ES 规范的 JavaScript API。提供在网页中进行交互式 2D 和 3D 图形生成的能力。充分利用 GPU 加速,支持高性能图形渲染	现代化、安全和强大的 GPU 访问接口。设计理念聚焦于高性能图形渲染和复杂计算任务。引入更底层的 GPU 控制机制和高效的并行计算模型
性能表现	在低至中等负载的图形处理和数据可视化场景中表现优异。具有广泛的浏览器兼容性和活跃的开发者社区支持	在高负载图形处理和复杂计算场景中表现出色,显著提升图形处理效率和计算能力。提供比 WebGL 更优化和更高效的性能表现
应用领域	游戏开发:适用于简单到中等复杂度的游戏开发; 数据可视化:用于在浏览器中展示和交互大规模数据集; 艺术展览和互动媒体:支持在网页中创建艺术作品和展示	高性能游戏开发:支持复杂的实时图形渲染和物理模拟; 科学计算和数据科学:用于执行大规模数据分析和复杂的计算任务; 虚拟现实和增强现实:提供更真实和流畅的虚拟体验

2. 二维图表引擎

二维图表引擎是数字孪生平台的可视化工具之一,通过将抽象数据转化为直观的视觉表达,有效促进数据的可视化和用户对数据本质的深入理解[11]。主流的二维图表引擎如 ECharts.js、D3.js 和 Google Charts(图 4.7),以其独特的技术优势,广泛应用于数据可视化领域,支持折线图、柱形图、饼图以及区域图、堆积图和雷达图等高级可视化选项,满足多样化的数据展示需求。

二维图表引擎具备灵活的定制能力,允许用户根据应用设计风格定制图表外观,展现出优异的适应性和可塑性。它的特性包括实时数据更新,帮助用户即时追踪数据波动,提升数据监控的时效性和准确性。此外,引擎还提供鼠标悬停提示、缩放操作、单击事件响应和数据钻取等交互功能,支持用户深入挖掘数据内涵,进一步增强数据可视化在信息传达方面的价值。

ECharts.js 是百度开发的开源可视化库,专为处理大规模数据集和创建复杂图表而设计。它支持多种图表类型,包括折线图、柱形图、饼图、散点图和地理数据

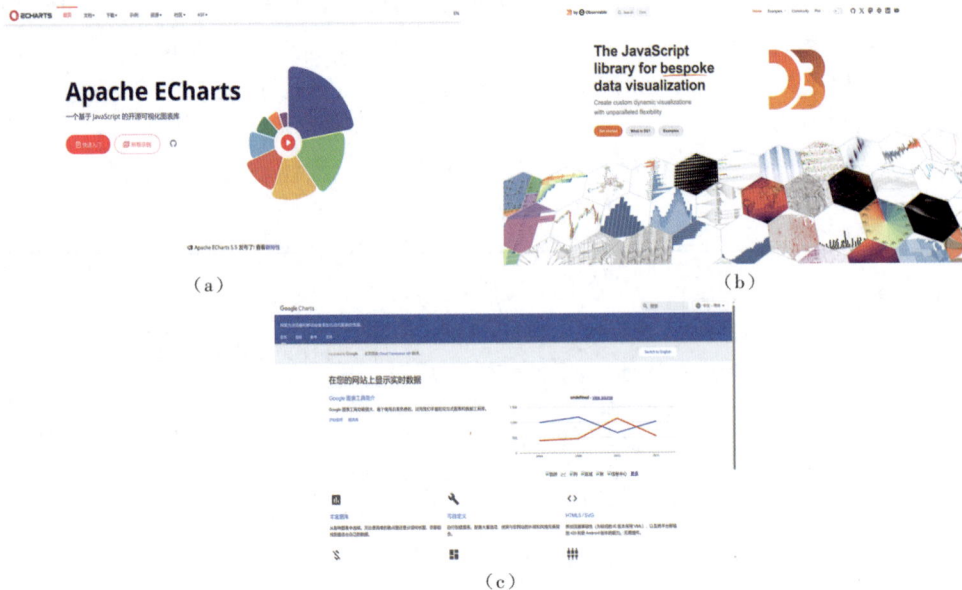

（a）

（b）

（c）

图 4.7　Chart 2D 可视化引擎

（a）ECharts.js；（b）D3.js；（c）Google Charts

可视化。ECharts.js 以其丰富的功能和易于配置著称，开发者可以快速创建美观且具有强交互性的图表。其高性能使之成为设备监控和性能分析等需要实时数据显示和动态交互的首选工具。

D3.js 由 Mike Bostock 开发，是一款低层次的可视化工具库，允许直接操作基于 Web 的文档。其强大之处在于优秀的数据绑定能力，能够将复杂数据集与 SVG 元素直接关联，实现高度复杂和定制化的视觉呈现。D3.js 特别适用于需要精细控制的项目，如复杂的数据交互、动态数据更新和自定义动画。

Google Charts 提供了丰富的图表库，与 Google 的其他云服务（如 Google Sheets 和 Google Data Studio）无缝集成。其优势在于简洁的 API 和快速集成能力，使开发者能够轻松实现各种标准图表，并快速部署到 Web 应用中。Google Charts 支持条形图、线图、区域图、饼图、散点图等多种类型，同时提供动态数据加载、图表事件和动画等高级功能，非常适合创建交互式用户仪表板。

4.1.4　平台功能集成

在数字孪生平台开发中，通常由多个团队独立开发各自的子功能，然后通过预定义的应用程序编程接口（API）和标准化接口无缝集成，以形成一个统一协同工作的系统[12]。这些平台不仅涵盖模块的集成，还可能涉及硬件设备和其他功能单元。核心功能集成是通过精心设计的接口和协议,保持各组成部分的特性,促进不同模块之间的高效协作和可靠数据交换,从而实现平台层面的复杂任务处理以及灵活性和性能的提升。地下空间数字孪生平台通常应集成以下四大功能。

1. 数据管理

数据管理涉及从地下空间环境中的物理设备和传感器采集多元化的数据源,随后进行整合、存储和共享。其重点在于实施数据集成与治理策略,旨在维护数据的可获取性、完整性和实时性,以确保平台能够可靠地支持信息资源,实现高效的数据利用。主要涵盖以下四个方面。

(1) 数据采集:利用物联网(IoT)设备、传感器、现场设备以及现有信息系统获取实时和历史数据。

(2) 数据整合:包括清洗、标准化和转换三个关键步骤。清洗阶段用于删除无效、错误或重复的数据,以确保数据质量。标准化用于统一来自不同源的数据格式和标准,确保一致性和可比性。转换阶段用于将数据转换成适合分析和存储的格式,以便集成到统一的分析平台中进行全面的数据利用。

(3) 数据存储:根据性能和可扩展性需求可选择关系数据库、非关系数据库、时间序列数据库或分布式文件系统。同时,实施有效的数据备份和恢复策略,以确保数据的安全性和持久性。

(4) 数据共享:通过开发 API 和接口实现内部和外部系统对数据的安全访问和使用。利用先进的数据访问控制和身份验证机制,以确保数据的安全性和合规性。

2. 模型构建

在数字孪生平台的构建与应用中,集成物理模型、行为模型和环境模型是关键技术路径,用于实现预测分析、性能优化和决策支持,从而为地下空间的建设和运维提供全面的仿真与管理支持。

(1) 物理模型构建与应用:基于地下空间设施的特性和运行原理,物理模型利用数学公式和算法精确模拟设备在多种工况下的动态行为。例如,在地铁系统中,物理模型能详细描述列车运行轨迹、通风和排水系统的性能,支持运维团队在实际运营中评估设备性能、预测潜在故障,并制定前瞻性的维护策略,从而提升系统的可靠性和经济性。

(2) 行为模型的模拟与优化:行为模型专注于仿真地下空间内的人机交互模式和操作流程。通过综合历史数据和实时信息分析,行为模型预测人流密度、设备使用频率以及紧急情况下的人员疏散行为,以优化空间布局和提升应急管理效率。这些预测结果不仅确保地下空间运营的安全性和流畅性,还能结合数据分析和机器学习算法,进一步优化运营策略,推动地下空间资源的高效利用和管理效能的全面提升。

(3)环境模型的监控与调控:环境模型专注于地下空间微气候的管理,以确保舒适且健康的环境。通过精细化模拟和监控温度、湿度、空气质量和噪声水平,环境模型确保地下空间符合人体舒适度标准和安全规范。特别是在人员密集的地铁站台等区域,环境模型能够动态预测和调控空气质量、温湿度,并及时调整通风和空调系统,优化环境状态,提升乘客满意度和整体运营效能。

3. 平行推演

平行推演需要综合实时数据与预设的物理模型、行为模型及环境模型,通过预测分析、知识推理和模拟仿真三大核心功能,深度理解和精准预测地下空间的未来趋势,如图4.8所示。平行推演能够根据输入的数据和参数执行预设的模型,广泛模拟和预测从简单物理效应到复杂系统行为[13]。其强大功能使其成为决策支持和策略规划的工具,特别适用于需要实时或近实时决策支持的环境,如地下空间紧急应急系统和智慧运维系统。

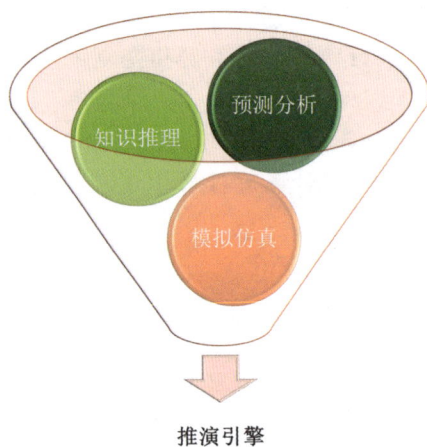

图4.8 平行推演引擎组件

(1)预测分析

预测分析利用历史和实时数据,结合先进的统计和机器学习模型,深入挖掘数据背后的规律和趋势[14]。这种基于数据驱动的分析不仅能预测未来的发展动态,还能敏锐识别潜在的异常状况,支持相关部门提前规划应对策略。

在地下交通系统中,预测分析通过分析历史交通数据和实时路况、天气等因素,预测交通流量,优化交通疏导,提高出行效率。对于地下管道系统,通过深度学习分析设备运行数据,识别潜在的故障先兆,指导维护团队重点检查,

有效预防事故,确保系统稳定运行。此外,预测分析在地下构筑结构健康监测、能源消耗预测和紧急响应等方面也发挥作用,帮助决策者准确预测问题,及时制定解决方案,确保地下空间的安全性、高效性,推动可持续发展。

(2)知识推理

知识推理作为数字孪生技术的智力引擎,从既有知识库出发,通过逻辑思维推演出新颖的见解与决策[15]。其核心包括逻辑推理和非逻辑推理:逻辑推理严格遵循逻辑框架,基于确凿无疑的前提进行推导;非逻辑推理则利用概率论和模糊逻辑

处理不确定性信息,以提供灵活多样的解决方案。

在地下空间运维中,知识推理不仅能预测和预防设备故障,还能洞察故障演变的潜在趋势,显著提升决策支持系统的效能和智能化程度。其任务涵盖判断逻辑公式的可满足性,分类整合新信息并提取关键信息,以及将抽象的知识模型映射至具体情境,实现理论向实践的转化。这使得数字孪生技术具备广泛跨领域应用的潜力,特别是在复杂系统如地下空间的系统运维中。

(3) 模拟仿真

仿真工具提供执行复杂计算的能力,包括时间序列分析、系统动态仿真和优化算法等,使得模型能够在受控环境下模拟未来事件或潜在操作场景,为工程师和决策者提供评估决策、系统优化的平台。

数字孪生仿真主要分为硬件仿真、软件仿真和行为仿真三个类别。硬件仿真复现硬件设备的功能和性能,用于测试和验证;软件仿真基于数学模型和算法预测系统行为;行为仿真关注个体或集体在特定环境中的行为反应和决策过程,有助于理解社会动态和用户交互。

这三种仿真方式相互补充,共同形成一个全面的视角,用于观察、分析和预测实体及其系统的潜在情景。通过模拟物理和社会交互,决策者和研究人员能够深入理解系统运行机制,从而作出更为精准的决策。

4. 实时可视化

实时可视化是通过将数字空间、物理空间和社会空间的实时数据流无缝集成,将复杂数据转化为直观易懂的可视化界面。这使得用户能够即时洞察物理资产的状态与性能,显著增强操作的实时响应能力和透明度,提升管理效率与决策质量。实时可视化的核心在于高效的数据处理和直观的展示技术,确保数据即时传输、精准分析和清晰呈现。

数据流处理:利用数据流处理引擎高效接收、处理和分析来自传感器、设备、平行推演系统等多源实时数据流。平台能即时解析和理解数据,快速识别关键事件、趋势和异常模式,为可视化工具提供实时响应设备状态、系统性能甚至安全威胁,确保地下空间的运行状态及时可视化。

可视化工具:通过图表、仪表盘、地图以及 3D 模型等直观展示方式,将复杂数据转化为易于理解的视觉信息,帮助用户快速洞察数据背后的趋势与模式,增强对操作环境的全面认知。设计可视化工具时,需充分考虑用户体验与交互需求,支持用户通过简单的点击、拖动等操作,深入探索数据细节,进行历史对比分析,实现数据的多维度、多层次探索。

用户界面:用户界面设计旨在创造直观且易操作的环境,满足不同用户角色的需求,并允许灵活设定访问权限。设计应允许用户自定义显示内容和布局,确保界面能够适应多样化的监控要求和个人工作习惯,从而提升工作效率和用户满意度。界面还应支持实时反馈和交互,如设置警报阈值、管理通知,并执行相应的响应措施。

4.1.5　平台未来扩展

为确保地下空间数字孪生平台有效应对业务扩展和技术演进,设计必须充分考虑扩展性。这包括处理增长的数据量和支持更多并发用户,同时能够灵活集成新系统和设备,以应对多样化的管理需求。扩展性还应允许平台根据具体需求快速定制和扩展,以响应项目需求和技术变化。通过新增功能或优化现有功能,平台能够降低成本、提高资源利用效率,并支持按需调整资源配置,确保未来可持续发展。

1. 模块化设计

模块化设计的优势不仅在于简化系统的维护和更新,还能更好地扩展以适应技术环境和项目需求的变化。将平台划分为多个独立的功能模块使得每个模块都能够独立开发、测试和部署,可显著提升开发效率和灵活性。此外,模块化设计可降低系统的复杂性,使整体系统更易于理解和管理。模块化设计还为系统的未来发展提供更大的空间和可持续性。在引入新功能或技术时,可以通过添加新模块或替换现有模块来实现,而无须对整个系统进行重大修改,为系统结构带来更为稳健和可靠的基础。

2. 插件系统

在数字孪生平台中引入插件系统能够显著提升灵活性和定制性,允许开发者根据特定的业务需求和技术要求轻松集成各种第三方组件和功能。例如,开发者可以通过插件系统集成各种数据处理工具、机器学习算法或其他定制功能模块,从而拓展平台的功能和服务,这不仅使得平台能够更好地适应不断变化的业务环境和技术趋势,还为用户提供更丰富和个性化的解决方案。

3. API 和接口

API 和接口实现数字孪生平台与其他系统之间的无缝集成,其设计应简单易懂,同时支持广泛的技术标准和协议,确保开发者能够在各种环境和平台之间实现数据和服务的互操作性。例如,开放式 API 和接口使开发者能够轻松将平台集成到现有的企业系统中,或者实现不同平台之间的数据传输和共享。

4. 容器化部署

容器化部署(如 Docker 和 Kubernetes)是通过封装应用程序及其依赖项到轻

量级、可移植的容器中,确保从开发到生产环境的一致性,消除环境差异带来的不确定性[16]。容器化技术能有效隔离和优化资源,为每个应用创建独立的运行环境,降低资源消耗,实现快速部署和灵活扩展。在数字孪生平台中,容器化部署可优化后端服务架构的弹性和可扩展性,简化跨地域和跨云环境的部署与管理,为平台的高效运行和业务连续性提供支持。利用 Kubernetes 等容器编排工具,实现容器集群的自动化管理和资源调度,进一步提升平台的运维效率和资源利用效率。

4.2　环境配置与开发技术

标准化的开发技术选择和环境配置可确保数字孪生平台在开发、测试和生产环境中的一致性,减少项目差异可能带来的问题,显著提升开发团队的效率并缩短项目周期。此外,还可简化系统的管理与维护工作,特别是在处理大规模或多项目时,可确保稳定可靠的开发环境[17]。开发技术的选择涉及适合项目需求的编程语言、框架、库和数据库技术,以高效实现项目目标。环境配置包括开发工具、语言环境、依赖管理和数据库设置等,以为项目提供稳定的基础。在选择合适的技术和配置时,需要综合考虑技术的适用性、性能和可靠性,同时也要考虑团队的技术熟练度,以减少学习曲线。优选易于未来扩展和维护的技术有助于有效应对需求变化,确保项目的长期发展,图 4.9 为数字孪生平台的开发技术选择与环境配置路径。

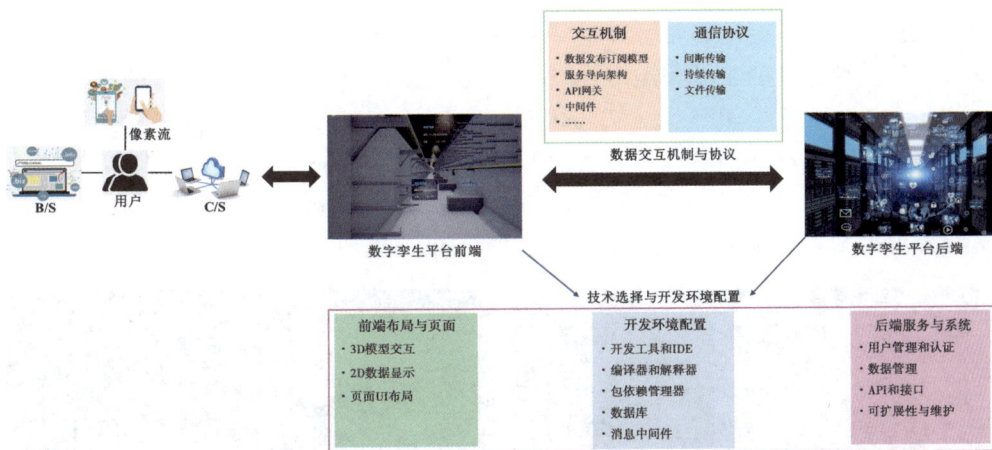

图 4.9　数字孪生平台的开发技术选择与环境配置路径

4.2.1　开发环境配置

开发环境配置是数字孪生平台开发流程中的基础步骤,旨在为特定项目准备和优化平台与硬件资源,确保开发者能够在高效稳定的编码环境下工作。配置过程包括安装必要的 IDE、编译器、数据库等核心组件,并设置项目所需的库和依赖项。根据操作系统平台(如 Windows、Linux、macOS)和编程语言(如 Java、Python、C++)的特性进行定制化调整,以满足具体的项目开发需求。图 4.10 是数字孪生平台常用的开发环境配置。

图 4.10 开发环境配置

1. 集成开发环境(IDE)

IDE 将多种开发工具整合到统一的应用程序中,极大地简化了开发过程,为开发人员提供综合性的工具来编写、测试和调试代码。例如,由微软开发的轻量级但功能强大的源代码编辑器——Visual Studio Code(VS Code),支持多种操作系统(如 Windows、macOS 和 Linux)上的开发。选择合适的 IDE 能显著提高开发效率,并有助于更好地组织和管理复杂的软件项目。VS Code 因其高度可定制性、丰富的扩展库和快速轻便的特性而深受开发者喜爱,如图 4.11 所示。

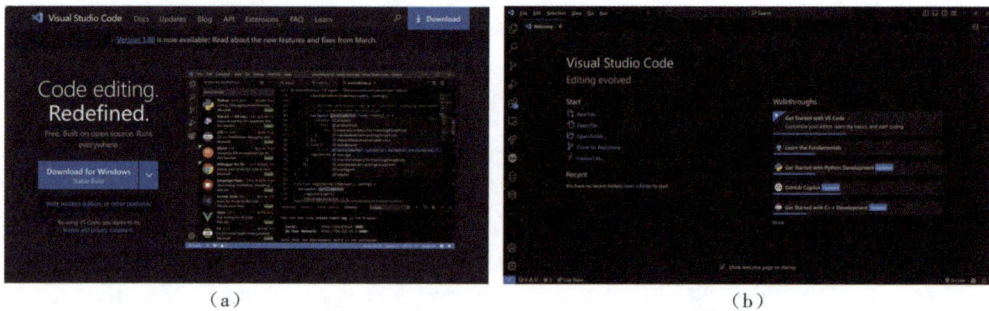

(a)　　　　　　　　　　　　　　　(b)

图 4.11 Visual Studio Code

(a)Visual Studio Code 软件下载;(b)Visual Studio Code 工作界面

2. 编译器和解释器

编译器和解释器是两种常见的程序语言处理系统,它们在将高级语言代码转换成机器执行代码的方式上有根本区别。

编译器是将高级编程语言编写的源代码转换为机器语言或可执行文件的软件工具,其功能包括词法分析、语法分析、语义分析、生成中间代码、优化和生成目标代码。编译后的程序能直接由计算机硬件执行,因此具备较快的执行速度。一旦编译完成,同一程序可多次执行而无须重新编译,同时编译器能进行更多的代码优化,提升程序的运行效率。然而,编译过程可能耗时,且调试不如解释执行语言方便,且生成的代码可能不易跨平台,需编译器专门支持不同平台的代码生成。

解释器是一种软件工具,直接执行源代码指令,通常通过逐行读取源代码并即时解释执行。与编译器不同,解释器不生成独立的机器语言文件,而是在程序运行时动态解释代码。解释器的优点包括无须编译过程,简化程序的测试和调试,开发者可以即时看到执行结果,适用于教学和快速原型开发,能够快速展示代码效果。解释器也更易实现跨平台运行,只需为不同操作系统开发相应的解释器版本。然而,解释器通常比编译器生成的程序执行效率低,因为每次运行都需要重新解释源代码,可能会消耗较多的系统资源,特别是对于需要大量计算的程序。

在实际应用中,可以采用多种编程语言结合构建数据孪生平台,包括 C++、C、Python、TypeScript、Java、C♯ 等(图 4.12)。不同编程语言的运行方式各有特点,例如,C 和 C++ 主要通过编译器处理代码,而 Python 和 JavaScript 等语言则主要依赖解释器。Java 和 C♯ 则采用编译与解释/即时编译(JIT 编译)的混合方式。深入了解编译器和解释器的特性有助于开发者根据项目需求选择合适的编程语言和开发工具,从而优化开发效率和程序性能。接下来将介绍构建数字孪生平台时使用的两种主要编程语言:Python 和 TypeScript。

Python 自 1991 年由 Guido van Rossum 首次发布以来,因其清晰的语法和高度的可读性而广受欢迎。支持多种编程范式,包括面向对象、命令式、函数式和过程式编程,使用极为灵活。作为一种解释型语言,Python 允许开发者编写平台独立的代码在不同操作系统上运行,其解释器和标准库在主流平台上可免费使用并提供开源代码。Python 易于学习和使用,已成为全球初学者、学术界和工业界广泛采用的首选编程语言之一。在数据科学、机器学习、深度学习和 Web 开发等领域尤为流行,这得益于 NumPy、Pandas、TensorFlow、PyTorch、Django 等强大的库和框架支持。

TypeScript 由微软开发并维护,是 JavaScript 的超集,添加了可选的静态类型检查和最新的 ECMAScript 功能,旨在提高 JavaScript 代码的可维护性和可操作

（a）

（b）

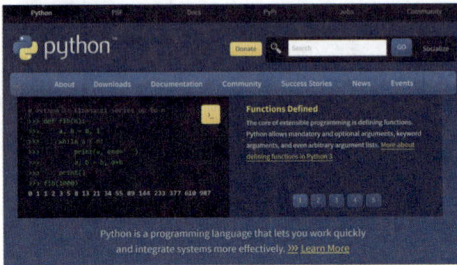

（c）

（d）

（e）

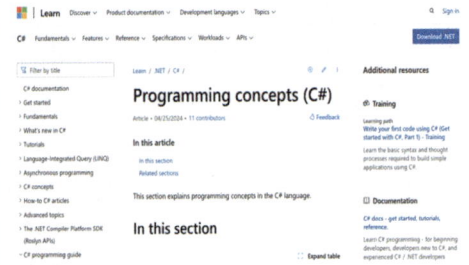

（f）

图 4.12　C++、C、Python、TypeScript、Java、C♯

（a）C++；（b）C；（c）Python；（d）TypeScript；（e）Java；（f）C♯

性,特别适用于大型应用的开发。自 2012 年首次发布以来,TypeScript 在前端和全栈开发中广受欢迎,常用于构建大型单页应用(SPA),结合 Angular、Vue.js 或 React 等前端框架,显著提升开发效率和应用性能。在 Node.js 环境下,TypeScript 的静态类型系统提供更强的类型安全和代码组织能力。在跨平台应用开发中,通过 Electron 或 NativeScript 等框架,支持开发者创建可在多种操作系统上运行的桌面和移动应用,展现出其灵活性和跨平台能力。由于其能提升代码质量和开发效率,TypeScript 被广泛应用于现代 Web 开发以及许多组织和开源项目中。

3. 包依赖管理器

包依赖管理器是为简化和自动化软件项目中包的安装与管理而设计的工具。在软件开发中,应用程序通常依赖多个不同的库和模块。使用包依赖管理器,开发者可以轻松定义、安装、升级和配置这些库和模块之间的依赖关系,确保项目中使用的外部库版本一致且相互兼容。其功能包括依赖解析和自动解决依赖冲突、从远程仓库下载并安装所需的包及其依赖项、管理包版本并支持版本锁定与升级、为不同项目创建隔离环境以防止依赖冲突,并与其他开发工具及持续集成系统集成,以提高开发效率。这些工具使得开发者能够集中精力在功能开发上,而不是手动管理每个依赖库,从而显著简化复杂应用的开发过程。常用的包依赖管理器包括NPM 和 Anaconda,如图 4.13 所示。

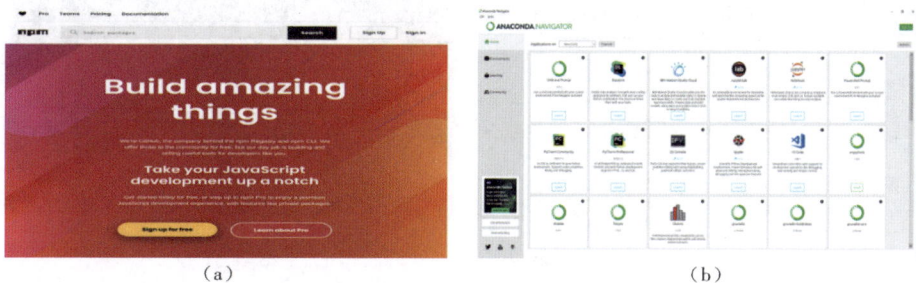

图 4.13　NPM 和 Anaconda

(a) NPM;(b) Anaconda

node 包管理器(node package manager,NPM)是专为 JavaScript(TypeScript)环境设计的包管理和分发工具,用于 Node.js 应用开发。作为全球最大的软件注册处,NPM 允许开发者分享和使用他人编写的代码,并能便捷地管理项目中的依赖关系。其简单易用且功能强大的特性使得 NPM 成为 Node.js 和现代前端JavaScript 框架开发者的首选包管理工具之一,为他们提供丰富的资源和工具,助力开发者构建更加强大和可靠的应用程序。

Anaconda 是集成一套预配置的科学计算和数据分析相关的库,专为科学计算而设计的 Python 发行版。用户能够快速启动项目而无须花费大量时间进行环境配置。Anaconda 由 Anaconda Inc. 提供,支持跨平台使用,包括 Windows、macOS和 Linux,旨在为需要进行大规模数据处理和分析的科研人员、数据科学家和教育者提供便利。Anaconda 的简化环境设置过程,让用户能够更专注于解决问题,而不是烦琐的配置工作。

4. 数据库

数据库是用于系统性存储、检索、管理和操作数据的解决方案,通过结构化方式组织数据,并通过软件应用程序实现高效访问。它广泛应用于地下城市建设、地下资源开发和设施管理等领域。数据库类型多样,包括关系数据库(如 Oracle、MySQL、SQL Server,用于表格数据和 SQL 语言操作)、非关系数据库(如 MongoDB、DynamoDB,用于处理非结构化或半结构化数据)、分布式数据库(如 Apache Hadoop,用于优化多地数据存储和处理)、内存数据库(如 Redis、SAP HANA,用于快速内存数据处理)、时间序列数据库(如 InfluxDB,用于专门处理时间变化数据)。图 4.14 所示为构建数字孪生平台时使用的 4 种常用的数据库。

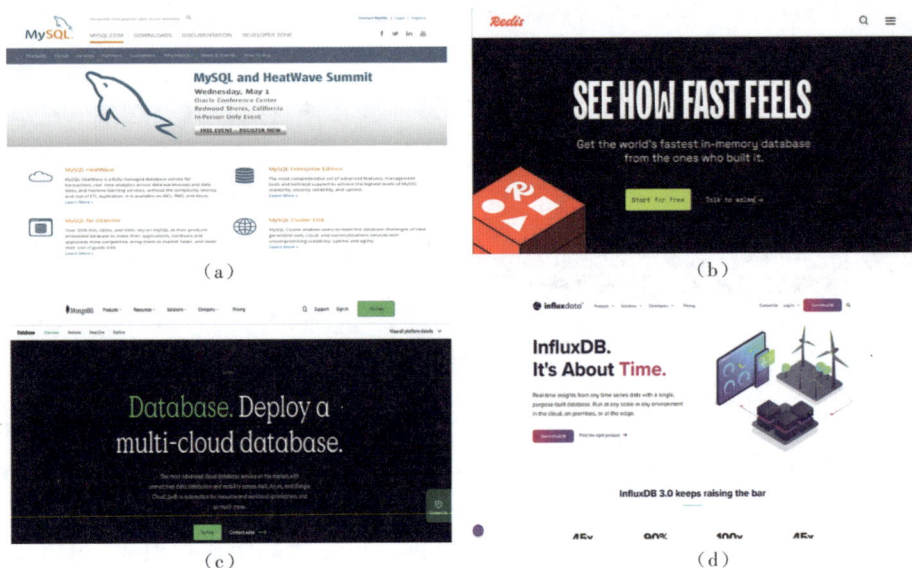

图 4.14　MySQL、Redis、MongoDB 和 InfluxDB
(a) MySQL;(b) Redis;(c) MongoDB;(d) InfluxDB

MySQL 是一种广泛采用的开源关系数据库管理系统(RDBMS),使用结构化查询语言(SQL)来管理数据。作为关系数据库,MySQL 将数据以预定义的表格格式存储,特别适用于 Web 应用程序,可提供高效、稳定和易用的数据存储解决方案。它常用于开发动态网页和 Web 应用程序,并作为 LAMP(Linux,Apache,MySQL,PHP/Python/Perl)技术栈的关键组件之一。

Redis 是一个用 ANSI C 语言编写的高性能开源数据库,支持将数据存储在内存或持久化到磁盘,并可通过网络访问。作为高性能键值存储数据库,Redis 提供多语言 API 和多种数据结构支持,如字符串、列表、集合、有序集合、哈希表、位图、超级日志和地理空间索引。由于数据存储在内存中,Redis 具有极高的读写速度,特别适用于缓存系统和实时应用,如提升 Web 应用性能、减少数据库访问次数、实现快速响应的队列系统、计数器和数据过期功能等场景。

MongoDB 是一种流行的开源 NoSQL 数据库,以其灵活的文档模型、高性能、高可用性和易扩展性而著称。它使用类似 JSON 的 BSON 格式存储数据,支持丰富的数据类型和深层嵌套的文档结构。MongoDB 广泛用于内容管理系统、大数据应用、实时分析和处理等需要高灵活性和快速迭代的领域。其易于扩展和维护的特性使之成为后端服务的理想数据库解决方案,特别适合用于构建现代化、规模化的互联网应用,能够有效应对数据模式频繁变更和快速应用迭代的需求。

InfluxDB 是一个开源的时间序列数据库,专为快速高效存储和查询与时间相关的数据而设计。它支持快速的数据写入和复杂的数据查询,提供丰富的聚合功能和灵活的时间窗口查询,使用户能迅速分析和理解数据趋势。InfluxDB 广泛应用于监控系统性能、网络流量、传感器数据以及工业设备监控等领域。其高效的时间序列数据处理能力使之成为处理实时数据和大规模数据的理想选择。

5. 消息中间件

消息中间件通过异步消息实现应用程序或系统组件之间的通信,无须直接建立连接,从而显著增强整个应用的可扩展性和弹性。其主要功能包括消息的暂存、转发和分发,支持负载均衡、容错和消息持久化。引入消息中间件使得数字孪生平台能够提升架构的灵活性和响应能力,更好地适应快速变化的项目和技术环境。例如,消息中间件能够将消息均匀分配给多个处理节点,提高处理效率和系统响应速度。在处理过程中发生故障时,它可以重新分配任务或保持消息直到安全处理为止。此外,消息中间件支持事务处理,确保消息传递过程的准确性和一致性,并提供消息加密、认证和访问控制等安全措施,以保障消息传输的安全性。

常见的消息中间件解决方案如 RabbitMQ、Apache Kafka、ActiveMQ 和 RocketMQ 等(图 4.15),专为支持高吞吐量的数据传输而设计,适用于日志收集、实时分析和大数据处理等关键场景。在数字孪生平台开发实践中,消息中间件被广泛采用,特别是在支持事件驱动架构方面发挥作用,尤其适用于微服务或分布式系统。中间件通过提供可靠的消息传递机制,促进不同服务间的高效通信和协作,并在业务流程的协调和管理中确保数据在不同业务单元间的正确流转。

6. 前后端框架

前后端框架用于简化和加速数字孪生平台的开发流程。它们为客户端(前端)和服务器(后端)提供结构、API、接口和工具集,帮助开发者专注于业务逻辑的实现,无须从零开始构建每个基础组件。在现代 Web 开发实践中,前后端框架通常

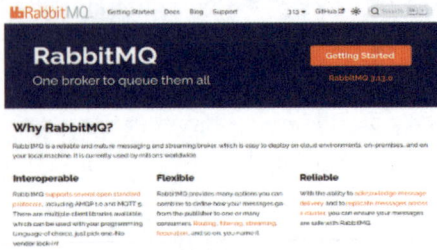

（a）

（b）

（c）

（d）

图 4.15　RabbitMQ、Apache Kafka、ActiveMQ 和 RocketMQ

（a）RabbitMQ；（b）Apache Kafka；（c）ActiveMQ；（d）RocketMQ

结合使用，构建完整的端到端应用程序[18]。这种分离的架构允许开发者在各自领域内选择最合适的工具和技术，从而提升应用的性能、可扩展性和可维护性。前端框架如 React、Angular 或 Vue.js 专注于构建用户界面和交互，利用组件化开发和虚拟 DOM 技术；后端框架如 Express、Django、Spring Boot 或 Flask 则处理数据存储、业务逻辑和安全性等服务器端任务。

（1）前端框架

前端框架旨在简化网页开发和提升用户体验，通过工具和库构建交互式、动态的界面[19]。它们包含模板引擎、数据绑定、路由管理和组件化功能，使开发者专注于优化用户界面和体验，无须重新编写底层代码。前端框架的响应式和声明式编程模型可以显著提高开发效率，帮助开发者应对界面动态性和复杂性，构建出功能丰富的 Web 应用程序。

前端框架通常与前端 UI 组件库结合使用，以简化和加速交互式 Web 界面的开发过程。UI 组件库提供预设计的界面元素，如按钮、导航栏、模态窗口和表单控件，同时提供辅助工具，帮助开发者快速实现网格布局、响应式设计和用户输入验证等功能。通过使用前端 UI 组件库，开发者能够快速构建出美观且高响应性的用户界面，简化开发流程，保持界面的一致性和专业性，使得开发人员可以集中精力于业务逻辑和用户体验的优化。

常用的前端框架包括：

① React：通过使用 JSX 和虚拟 DOM 优化大规模应用的性能，提供组件化开

发和强大的生态系统支持。

② Angular：提供双向数据绑定和依赖注入等特性，适合开发复杂的单页应用，具备强大的类型检查和模块化能力。

③ Svelte：通过在编译阶段消除运行时负担，提供更优的加载和执行速度，使得开发更加高效和轻量。

④ Vue.js：易用且灵活，支持从简单动态交互到完整单页应用的开发，具有渐进式框架的特性，可以逐步引入和使用其功能。

常用的前端 UI 组件库包括：

① Bootstrap：流行的响应式前端 UI 组件库，支持移动优先的 Web 开发，提供丰富的预制组件和强大的布局系统。

② Material-UI：基于 Google 的 Material Design 理念，为 React 应用程序提供丰富的视觉效果和动画组件库，简化符合一致设计语言的应用开发。

③ Semantic UI：注重自然语言的界面设计，提供直观且丰富的界面元素，并易于使用和扩展。

④ Ant Design：专注于企业级产品设计，为 React 提供完整的 UI 组件库，特别适用于开发复杂的企业级应用界面。

⑤ Element UI：一套为开发者、设计师和产品经理准备的基于 Vue 2.0 的桌面端组件库，现已经发展成 Element Plus，支持基于 Vue 3.0 的桌面端组件库，主要面向设计师和开发者的组件库。

下面介绍的是本书用于开发数字孪生平台的前端框架（Vue.js）和 UI 组件库（Element Plus）。

Vue.js（图 4.16）是一款备受欢迎的前端框架，由尤雨溪（Evan You）于 2014 年发布。专为构建用户界面而设计，特别适用于开发单页应用（SPA）。其核心库专注于视图层，易于学习和集成到现有项目中，同时能与其他库和项目无缝整合。Vue.js 凭借其易用性、灵活性和强大的功能集，在前端开发领域广受欢迎并拥有强大的社区支持。

Element Plus（图 4.17）是基于 Vue 3.0 的全功能前端 UI 组件库，继承自 Vue 2.0 的 Element UI。它完全支持 Vue 3.0 的组合式 API，提供丰富的界面组件，显著简化构建和维护大型企业级前端应用的过程。Element Plus 包含多种布局和导航组件，如表格、对话框、下拉菜单、选项卡和滑块等，所有组件都可以通过简单的 API 进行配置和调用。Element Plus 注重细节和用户体验，提供高质量的动画效果、响应式交互和可访问性支持。它特别适用于希望在 Vue 3.0 项目中快速实现功能丰富、美观界面的开发者，其广泛的组件库和高度的定制性使得它成为构建现代、响应式和功能丰富网页应用的理想选择。

图 4.16   Vue.js

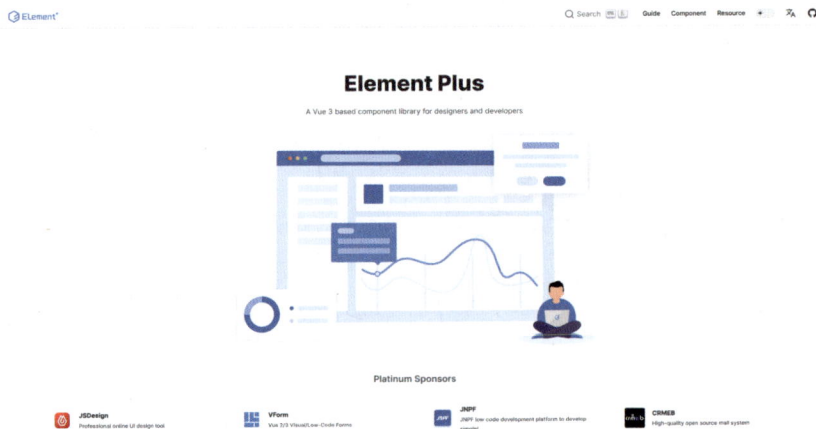

图 4.17   Element Plus

（2）后端框架

后端框架旨在简化服务器端软件开发，提升效率并加速 Web 应用的开发流程。它提供丰富的库和模块，处理常见的后端任务如路由、数据库交互、会话管理和安全性措施。开发者通过使用后端框架可避免重复编写基础代码，能够专注于业务逻辑的实现，快速部署高效、安全的 Web 应用[20]。后端框架常用功能包括：

① 路由机制：允许将用户请求映射到具体的处理函数，确保不同 URL 路径能够触发相应的控制器方法。

② 数据库抽象层：通过对象关系映射（ORM）简化数据库操作，使开发者能够使用面向对象的方式进行数据库查询，同时减少 SQL 注入的风险。

③ 模板渲染：动态生成 HTML 响应，使得服务器端能够生成动态网页内容。

④ 会话和状态管理：提供强大的会话和状态管理功能，支持复杂的用户交互和数据持久性，确保用户数据在多个请求间的一致性和安全性。

⑤ 安全性控制：集成多种安全功能，如输入验证、身份认证、权限管理等，帮助开发者构建安全的 Web 应用。

常用的后端框架包括 Django、Express、Spring Boot、Flask 和 Ruby on Rails。

① Django：使用 Python 编写的高级框架，提供全套功能，并内置用于内容管理的后台系统。

② Express：基于 Node.js 的灵活框架，擅长处理高并发请求，适合构建轻量级的 Web 应用。

③ Spring Boot：基于 Java，优化企业级应用的开发流程，支持广泛的 Java 生态系统。

④ Flask：轻量级的选择，适合小型项目和微服务架构。

⑤ Ruby on Rails：推崇"约定优于配置"的原则，使得开发快速且高效。

以上框架中的 Flask(图 4.18)是 Armin Ronacher 开发的轻量级 Python Web 应用框架，采用"微核心"设计哲学，保持核心功能简洁，通过扩展提供灵活性和可扩展性。Flask 适用于小到中型项目、原型和微服务的构建。它提供基本的路由、模板渲染和会话管理工具，但不默认包含数据库抽象层或复杂功能，可以通过集成扩展或自定义开发来实现。Flask 支持通过 Python 装饰器设置 URL 和视图的映射，并使用 Jinja2 作为模板引擎进行动态渲染，其开发服务器和调试器易于启用和使用，大幅简化了开发和测试阶段的复杂性。

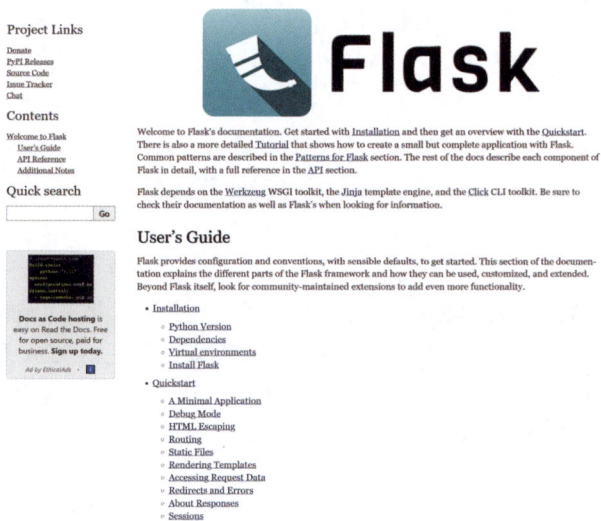

图 4.18　Flask

4.2.2　前端布局界面

数字孪生平台的前端布局直接影响用户的交互体验和操作效率。有效的设计不仅考虑界面的美观性和直观性,还确保信息清晰呈现且易于访问[21]。为了满足用户习惯和实际需求,设计直观的导航系统至关重要,以便用户能够快速找到所需的功能或数据。考虑到数字孪生平台可能涉及复杂的数据视图和交互,前端布局应灵活,可适应多种内容展示方式,包括实时数据流、图表和 3D 模型展示,具体如图 4.19 所示。

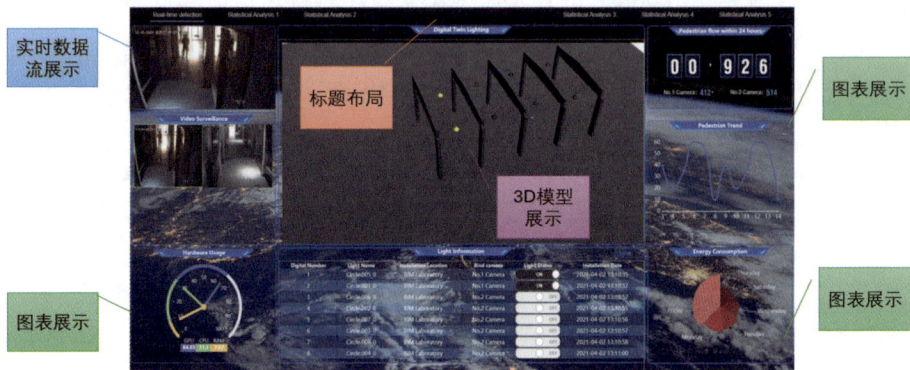

图 4.19　前端布局界面

界面设计需要在美观与功能性之间取得平衡。除了吸引人的视觉元素如颜色、图标和字体,优秀的设计还应强调可用性[22]。响应式设计确保平台在不同设备上(如桌面、平板和手机)提供良好的用户体验。用户交互元素如按钮、滑块和输入框应设计大而明显,易于操作。高级功能如拖放、缩放或旋转视图应直观,并配有指导或提示,帮助用户更有效地使用平台。数字孪生平台前端布局应专注于优化用户体验,通过直观、响应式和功能性的设计来支持复杂的数据交互和视图展示,例如,3D 模型交互和 2D 数据显示,使用户能够高效地与系统交互。

1. 3D 模型交互

3D 模型交互通过直观且动态的方式展示和分析现实世界的物理对象和系统。相较于传统的二维图表或静态图像,它允许用户以更直观的方式观察和理解物体的结构、形状和空间布局。通过旋转、放大和缩小等操作,用户可以全面了解物体的特征和属性,从多个角度深入探索模型,帮助他们深入了解其运作和性能。在数字孪生平台中使用 3D 模型交互主要有以下优势。

① 直观可视化:3D 模型可提供高度直观的视觉表示,使用户能以类似现实世界的方式查看和分析虚拟副本。通过 3D 交互模型,用户可以从多个角度检查设备或系

统的部件,识别潜在的问题区域,并模拟各种情况,以预测可能的故障或性能下降。

② 数据集成:3D 模型能够实时显示来自各种传感器的数据,使操作员能即时观察到任何变化或异常的影响,例如,温度、压力和其他操作参数可以直接在 3D 模型上显示。为数据提供动态和上下文相关的解释方式。

③ 远程操作:通过与 3D 模型交互,用户能在远程位置查看和控制设备或系统;特别适用于难以到达或危险的环境,如地下或高空设备。

④ 辅助决策:通过与 3D 模型的交互,提供全面场景,帮助平台分析数据和模拟结果,决策者可以更准确地评估设备的设计和运行方案,测试不同配置的影响,从而作出更为充分的决策。

3D 模型交互功能显著增强用户参与度和理解能力,提供精确的模拟和预测能力,支持复杂的决策过程[23]。这使得数字孪生在优化设计、提高运营效率和减少停机时间方面成为强大工具,特别在地下空间应用领域(如地下工程和设施管理)。以下是实现基于 Three.js 可视化引擎的数字孪生 3D 模型交互的三个步骤。

① 创建场景:首先,在 Three.js 中初始化基本场景,包括设置渲染器、摄像机和场景对象。其次,添加环境光和定向光等光源,以实现逼真的光照效果。再次,使用 Three.js 的几何体构造函数创建所需的几何体,如立方体、球体和圆柱体,并为它们添加适当的材质以定义外观和质感。最后,通过添加动画效果来增强场景的交互性和视觉吸引力。图 4.20 展示了如何创建场景并添加一个盒子。根据项目需求,可以进一步扩展场景。例如,增加细节和纹理、实现交互式控件和按钮,或集成物理引擎以模拟真实世界的物理效应,从而丰富数字孪生平台的功能和用户体验。

② 模型加载:在数字孪生平台和其他 3D 应用中,加载 3D 模型是常见需求。Three.js 支持多种格式,如.glTF、.FBX 和.OBJ 等,其中.glTF 格式因其高效的传输和加载能力而被广泛应用。加载.glTF 格式的 3D 模型能有效展示现实世界的物理对象和系统,如图 4.21 所示。通过 Three.js,开发者能轻松加载并调整 3D 模型的摄像机位置、尺寸及其他参数,定制场景以满足用户需求。例如,调整摄像机位置改变观察角度,调整模型尺寸适应布局,或调整光照、材质等参数以增强场景的视觉效果和真实感。

③ 模型交互:使用 Three.js 构建 3D 模型交互,用户可以通过鼠标或触摸操作直接与 3D 模型互动,如更改属性高亮(图 4.22)。在实现与 3D 模型交互时,首先,需要考虑性能优化,特别是在移动设备上。为确保交互操作不会显著降低性能,可采用简化模型复杂度、优化渲染过程和选择合适的渲染技术等策略。其次,交互设计应当直观易用,降低用户的学习成本。通过设计简洁清晰的交互界面和操作流程,使用户能够自然地与 3D 模型互动,提升用户满意度和使用体验。最后,响应式设计的应用应确保在各种屏幕尺寸和设备上都能提供良好的交互体验,可适配不

同屏幕尺寸和设备分辨率,保证交互元素的可访问性和易用性,以满足用户的广泛需求。

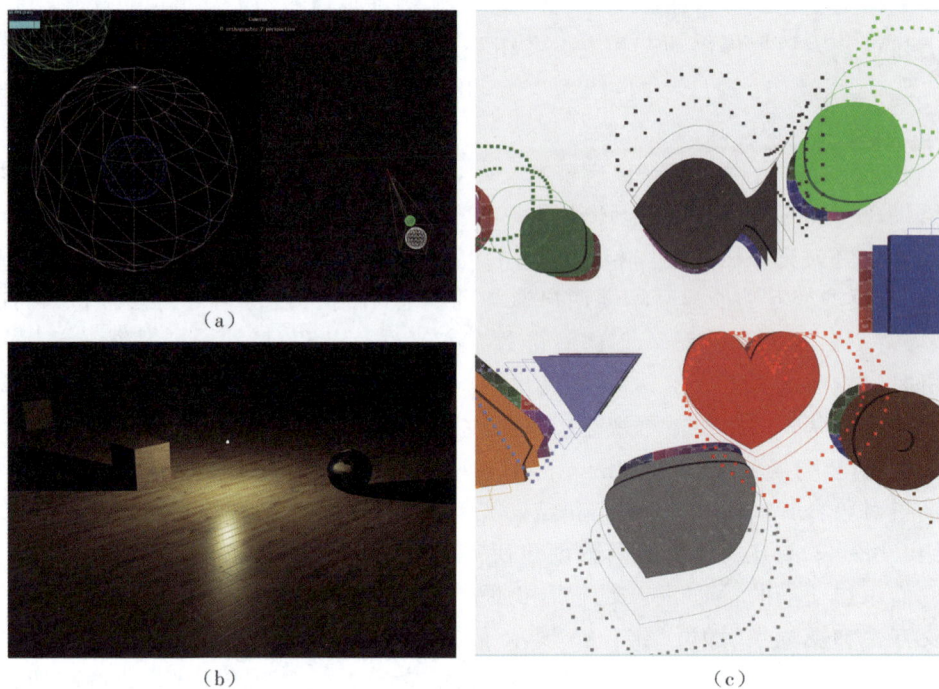

图 4.20　创建场景元素

(a) 摄像机类型:正交、透视;(b) 光源类型:环境光、点光、定向光;(c) 几何体类型:立方体、球体、圆柱体、曲面体

图 4.21　模型加载

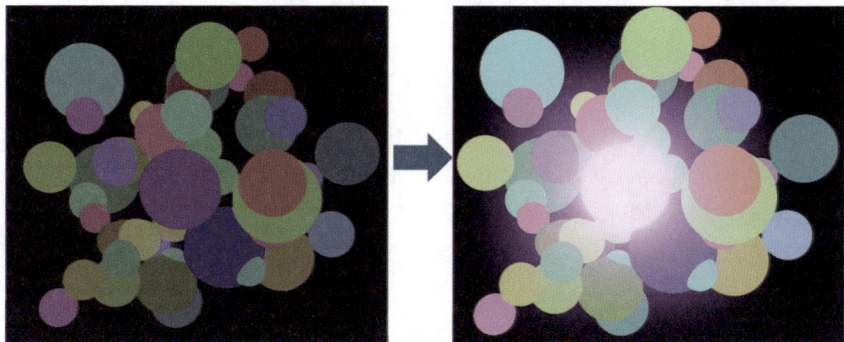

图 4.22　模型交互更改属性高亮

2. 2D 数据显示

数字孪生平台通过精确创建物理实体的虚拟副本,并实时同步数据,极大地增强复杂系统的监控和管理能力。2D 数据显示将庞大复杂的数据转化为直观的图表和仪表盘,以易于理解和快速解读的方式展示关键指标和趋势。决策者可以准确把握局势并迅速做出反应,同时通过图表、趋势线和热图等形式提供统一的视觉语言,简化数据的理解,使不同背景的人员能够轻松地共同分析和理解数据。在数字孪生平台中使用 2D 数据显示主要有以下优势。

① 简化数据表达:通过 2D 数据显示,将复杂数据转化为图表、仪表盘等视觉形式,使用户能快速理解数据含义,无须处理原始数据(图 4.23)。

图 4.23　仪表盘数据监控

② 多维数据整合:数字孪生涉及大量来自传感器、操作日志和系统状态的数据,需要整合不同来源和类型的数据,如实时、历史、计划和环境数据。将这些信息整合在一个或多个视图中,为用户提供全面的数据视角。

③ 辅助决策:通过 2D 图表展示设备的历史和实时数据,用户能更轻松地识

别趋势、异常和模式,从而更早地诊断潜在的问题。

利用 Echart.js 可视化引擎实现数据显示具有多重优势。它提供丰富的图表类型和视觉效果,满足不同场景下的数据展示需求,并通过数据驱动的方式简化图表的更新和定制过程。平台可以实时采集和展示地下空间的参数数据,如地下水位、管道流量和设施状态,使用户随时获取实时数据。地下空间的复杂数据通过地图、剖面图等形式直观展示,帮助用户快速理解管线的结构和布局。同时,利用图表和热力图展示地质构造、水位变化等多维数据,全面了解地下空间的特征和变化趋势(图 4.24,图 4.25)。

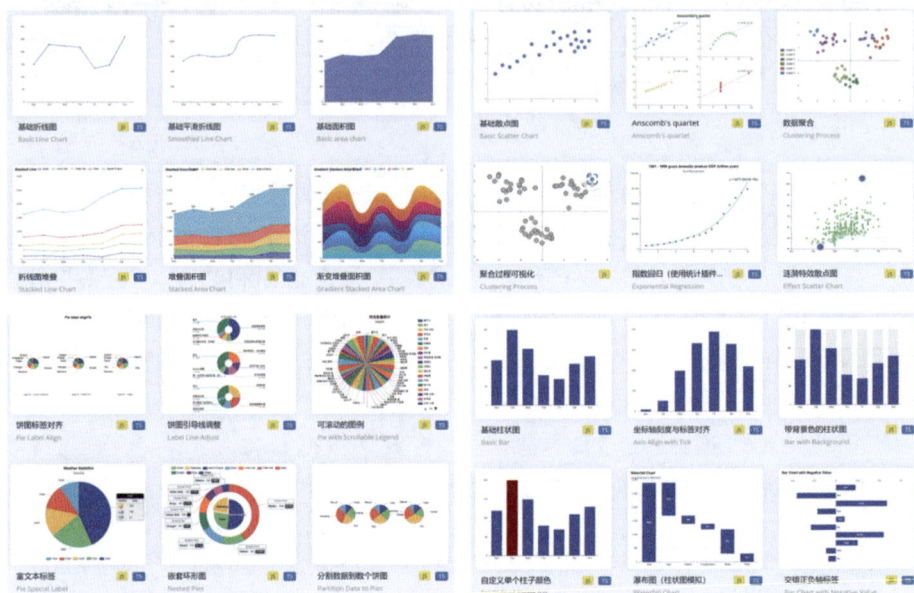

图 4.24　常用数据可视化图

3. 页面 UI 布局

良好的页面 UI 布局不仅提升数字孪生平台的用户体验,还直接影响用户与平台的交互效率。合适的 UI 布局能减少用户的认知负荷,使其更轻松地理解和操作平台。在设计数字孪生平台时,UI 布局不仅应综合考虑用户的使用习惯、行为模式和不同群体的需求与偏好,还需要注意布局结构信息展示和页面整洁度,确保用户快速定位功能,避免混乱或困惑。此外,应采用响应式 UI 设计,使平台能在各种设备上提供一致的优秀体验,包括计算机、平板电脑和手机,满足不同场景下的用户需求。页面 UI 布局设计会让平台使用时有以下优势。

① 良好的用户交互和体验:前端 UI 布局直接影响用户的交互质量和整体体验。清晰、直观的布局可简化导航,有助于用户快速找到功能,减少操作错误。

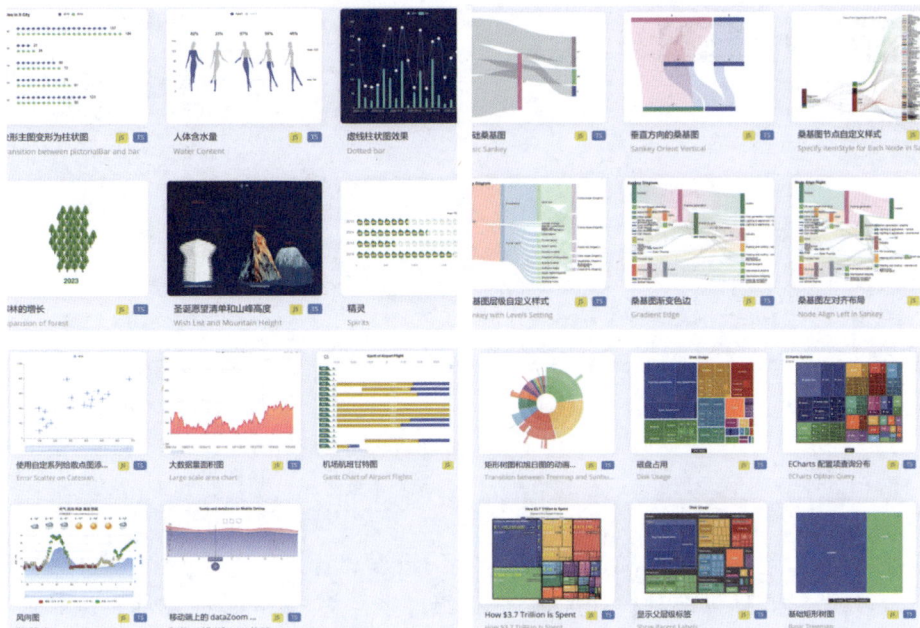

图 4.25　高级数据可视化图

　　② 增强数据可视化：通过合理的 UI 布局，确保图表、图形和监控仪表板位置合适、尺寸适当，优化信息呈现方式，帮助用户深入理解和准确解读数据。

　　③ 支持多任务处理：采用多窗口视图或可拖动的分区，有效利用屏幕空间，帮助用户轻松管理监控、分析和配置等多种任务和功能。

　　④ 兼容和响应不同设备：响应式的 UI 布局设计能够自动适应不同的屏幕大小和设备类型，包括计算机、平板电脑和手机，确保用户在任何设备上都能享受良好的交互和使用体验。

　　Element Plus 是基于 Vue 3.0 的前端 UI 组件库，旨在简化前端页面布局开发并提升用户体验。它提供丰富的 UI 组件，如按钮、表单、表格、对话框和菜单，满足数字孪生平台的各种功能和界面需求。具备统一的设计风格和易于定制的特性，支持响应式设计，自动适配不同设备，提供灵活的布局系统和简单的 API，以及高度的可定制性，满足项目的特定需求。以下是基于 Element Plus 实现 UI 布局的五个关键方面。

　　① 基础布局：主要包括布局、容器、色彩、边框、图标、按钮和滚动条等元素，如图 4.26 所示。其中，布局组件如 Row 和 Col 基于栅格系统提供灵活的网页布局功能，支持响应式适配，使页面在不同设备上都能呈现良好的效果；容器组件包括 Container、Header、Aside、Main 和 Footer，帮助构建完整的页面结构，包含顶部、侧边栏、主内容区和底部等；色彩管理功能通过预定义的色彩体系确保界面的统一

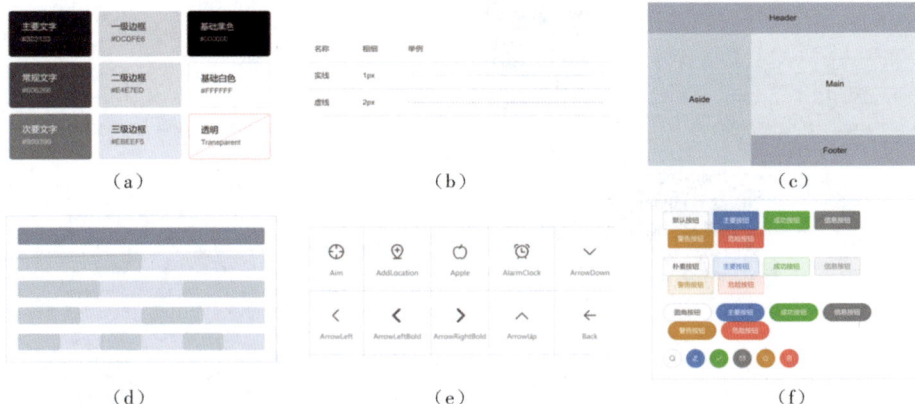

图 4.26　基础布局

(a) 色彩管理；(b) 边框样式；(c) 布局组件；(d) 滚动条组件；(e) 图标组件；(f) 按钮组件

性和视觉美感,包括主色调和辅助色在文字、边框和背景中的应用;边框样式可通过类名轻松添加,提供多种样式选择;图标组件多样化,适应多种视觉表达需求;按钮组件包含多种尺寸、类型和带图标的按钮,支持加载状态等特性;滚动条组件替代浏览器默认滚动条,允许自定义样式以改善用户的滚动体验。

　　② 表单布局:主要包括选择框、输入框、选择器、开关、文件上传等,便于收集和提交用户数据,如图 4.27 所示。选择框,允许用户进行多项选择;输入框,用于接收用户输入的文本信息,如姓名和地址;选择器,常见于下拉菜单形式,让用户从多个选项中选取一个;开关,用于激活或关闭特定功能;滑块,适合于调整数值,如音量或亮度;文件上传,允许用户上传本地文件如照片或文档。综合应用表单组件不仅使表单功能全面,还通过直观的布局和适当的输入验证,提高数据处理的效率和准确性,极大地增强用户的交互体验。

　　③ 数据布局:主要包括表格、标签、进度条、分页、头像以及树形控件,确保用户可以轻松理解和管理数据,如图 4.28 所示。表格,用于结构化展示大量信息,并配备排序、搜索和分页功能以提升操作效率;标签,允许内容的分区展示,帮助用户轻松切换查看不同数据集或视图;进度条,提供任务完成的直观视觉反馈;分页,帮助处理大量数据,避免一次性加载所有内容,提高页面响应速度;头像,增加个性化元素和视觉吸引力,常见于用户资料和评论部分;树形控件,以层次结构展示信息,适用于文件目录或组织架构等。综合应用数据布局不仅提高数据的可视性和可操作性,还通过有效的布局和设计增强用户体验和页面的功能性,确保用户在互动时能快速找到所需信息并高效执行操作。

　　④ 提示布局:主要包括警告、加载指示器、消息提示、消息弹出框、通知,通过多样的视觉元素向用户传达必要的信息和反馈,如图 4.29 所示。警告,以醒目的

图 4.27　表单布局

（a）文件上传；（b）滑块；（c）开关；（d）选择器；（e）输入框

图 4.28　数据布局

（a）头像；（b）进度条；（c）表格；（d）标签；（e）分页；（f）树形控件

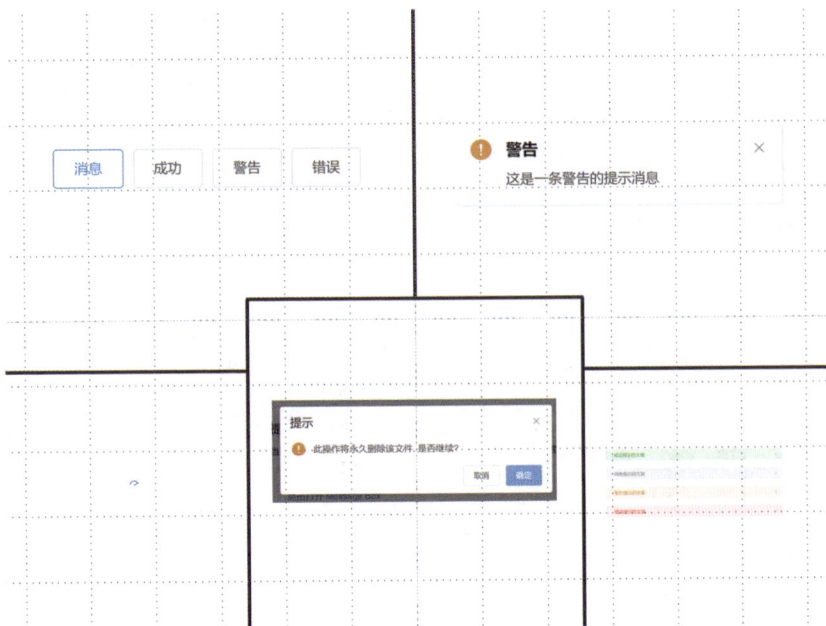

图 4.29　提示布局

颜色和图标突出显示,迅速抓住用户的注意力以提醒他们注意错误或重要的安全信息;加载指示器,如旋转的圆形图标或进度条,有效减少用户在等待过程中的焦虑,通过动画显示应用正在处理请求;消息提示,也称为 Toasts,以轻便的方式在屏幕角落显示短暂信息,无须用户干预即自动消失,适用于不需打断用户当前活动的通知;消息弹出框,或称 Modals,通过弹出窗口要求用户中断当前操作以响应某些情况,可能包含确认信息、输入表单或其他关键信息;通知,为用户提供应用更新、操作成功或其他重要消息,通常比 Toasts 显示时间长,含有更复杂的互动性。综合应用提示布局不仅确保信息的及时传递,也增强用户对应用状态的明确认识。

⑤ 导航布局:主要包括菜单、固钉、面包屑、页头、步骤条,确保用户可以顺畅且直观地浏览和操作应用或网站,如图 4.30 所示。菜单,作为主导航工具,它通过各种形式如水平顶部菜单、垂直侧边菜单或下拉菜单来组织和展示不同的页面和功能,使用户能够轻松访问所需部分;固钉,一种用户界面行为,使得某些元素(如菜单或按钮)在滚动时能固定在视口的特定位置,从而提升导航的可见性和易用性;面包屑,通过显示从主页到当前页面的链接序列,帮助用户理解他们在网站的位置,并能快速地回到任何之前的层级;页头,常设于页面顶部,集成品牌标识、导航菜单、搜索栏等关键元素,是用户首次接触的部分,对于形成强烈的品牌印象和提供有效导航至关重要;步骤条,它在需要用户分步完成的任务或流程中指明当前步骤及其在整个过程中的位置,增强任务的可理解性和操作的直观性。综合应用

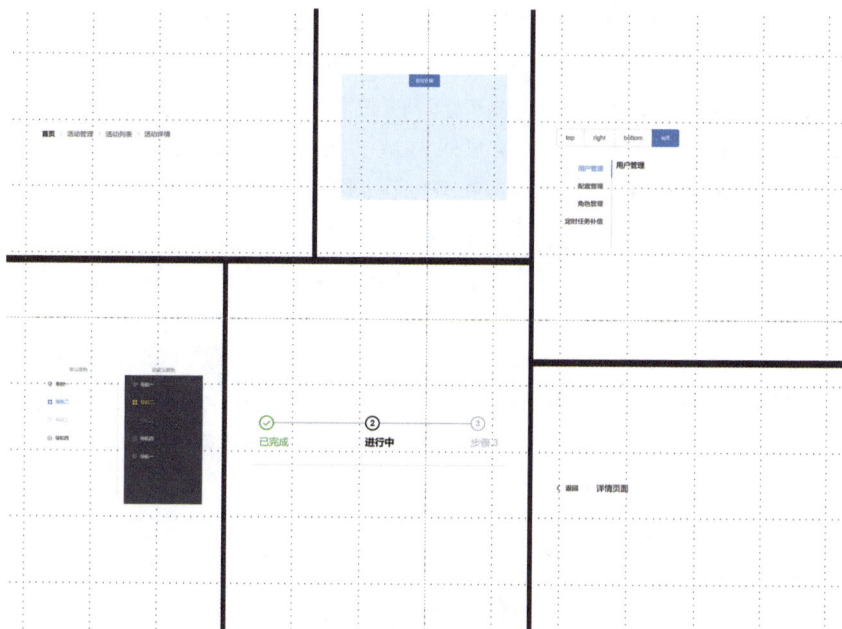

图 4.30 导航布局

导航布局不仅优化信息结构和用户浏览体验,而且可显著提升网站或应用的整体用户满意度。

4.2.3 后端服务系统

数字孪生平台的后端服务负责安全的访问控制、数据管理,并支持与前端用户界面和外部系统的交互[22]。为保证性能和稳定性,后端服务应采用高效的数据处理技术,并提供 API 和接口,以支持前端应用和第三方系统的集成,确保数据和服务的无缝对接。

1. 用户管理和认证

用户管理和认证确保只有经过授权的用户才可以访问数字孪生平台,以提高安全性,并为合法用户提供必要的数据和功能访问。以下是用户管理和认证的五个关键方面。

① 用户注册与管理:注册过程通常要求用户提供基本信息,并通过验证步骤(如电子邮件确认)完成注册。在管理用户方面,涉及添加、删除、编辑用户信息以及监控用户活动。平台管理员可通过管理界面管理用户账户,如重置密码和更新权限。

② 角色和权限控制:新用户通常被分配到特定的角色权限,决定他们可以访

问哪些数据和执行哪些操作,通过细粒度的访问控制确保每个用户只能进行与其角色相关的操作,从而提升系统的安全性和管理的灵活性。

③ 认证与授权:认证是验证用户身份的过程,常见的方式包括用户名和密码验证,并包括设置最小长度、复杂性要求和账户锁定策略。授权则是在认证成功后,基于用户的角色和相关权限决定其可以访问哪些资源的过程。

④ 单点登录(SSO)和集成:提供单点登录功能,使用户可以使用统一的凭据访问多个相关系统或服务,同时支持与外部系统的集成,确保数据和功能的无缝交互。

⑤ 审计与监控:平台需记录和监控用户活动,包括登录、重要数据访问及关键操作,以支持安全审计。此功能可以追踪和分析用户行为,及时采取安全措施和应对策略。

2. 数据管理

在数字孪生平台中,数据管理涵盖数据的融合、存储、处理、安全和审计。有效的数据管理可确保准确获取来自多个数据源的信息,建立稳固可靠的存储系统,提升数据的安全性、质量和利用率,支持平台的运营优化和智能决策。以下是实施有效数据管理的五个关键方面。

① 数据融合:整合来自多个数据源的数据,如传感器数据、操作记录、平行推演数据和外部数据源,确保平台数据统一处理和存储。

② 数据存储:选择合适的云存储服务,提供可扩展性、冗余性和高可用性,包括数据库和文件系统。

③ 数据处理:保证数据的准确性、完整性和可靠性,包括验证、清洗、去重和规范化处理过程。

④ 数据安全:实施数据加密存储和传输,严格的访问控制保护敏感数据,定期备份以防止数据丢失。

⑤ 数据审计:记录数据访问和操作,帮助监测异常行为并及时响应安全事件。

3. API 和接口

在数字孪生平台中,API 和接口是连接各子系统的关键桥梁,支持复杂的数据访问和用户交互[24]。它们定义平台组件之间的通信方式,使开发者能够高效、灵活地构建功能强大且易于维护的平台。主要用途包括以下内容。

① 数据集成:API 和接口远程配置、控制和监测连接的设备和传感器,实现设备状态的实时监控和管理。它们还允许安全地从多种源(如 IoT 设备、数据库、其他系统)接入数据,实现数据的实时更新和同步。

② 数据交互:API 和接口支持创建用户友好的前端应用,使最终用户能够通

过网页或移动应用与数字空间进行交互,确保不同的平台组件能够无缝集成和协同工作,从而提升平台的整体功能和用户体验。

③ 模块化和解耦:API 和接口帮助实现模块化设计,减少组件间的耦合,增强系统的可维护性和可扩展性。它们促进功能的复用,加速开发效率,并简化系统的维护工作。

4.2.4　数据交互机制

数字孪生平台的数据处理流程相当复杂,涉及多个子系统,用来模拟、监控和预测物理实体的状态。为实现这些目标,须设计并实施适用于特定应用场景和需求的传输通道,以支持内部组件间的数据高效传输,促进高效的数据共享与协同工作[25]。这种多端数据传输机制不仅涵盖了多种技术和方法,用于不同设备或系统间的数据通信,还包括了复杂的实时通信策略,以确保数据的一致性和及时性(图 4.31)。

图 4.31　常用数据交互机制

1. 数据发布/订阅模型

数据发布/订阅模型是一种高效的数据交互范式,通过解耦数据生产者和消费者的关系,在复杂系统中实现灵活的数据流管理和优化。数据生产者,如传感器、数据采集系统或其他数据源,将数据发布到一个中介系统,如消息队列或事件总线,而不是直接发送给特定的消费者。这使得生产者可以专注于数据生成和发布,无须关注数据的最终使用方。消费者通过订阅感兴趣的数据主题,从中介系统获取符合其需求的数据。一旦中介系统接收到匹配的数据,即会自动将数据推送给相应的订阅者。

数据发布/订阅模型的优势在于其灵活性和扩展性。它允许系统在不影响其他组件的情况下轻松添加或移除数据生产者和消费者。该模型支持多种数据流交互模式,包括一对多、多对一和多对多,满足复杂系统中不同的数据交互需求。

通过数据发布/订阅模型,系统能够有效地管理数据流,提高数据处理效率,并支持系统的快速扩展和模块化设计。因此,数据发布/订阅模型成为实现大规模、高效和灵活数据交互及处理的理想选择。

2. 服务导向架构

服务导向架构(service-oriented architecture,SOA)将复杂的应用程序拆分为独立的服务单元,每个服务单元通过明确定义的接口和协议向外部提供特定的业务功能。SOA 支持松耦合、可重用和组件化的软件开发理念,其中每个服务专注于执行特定的业务功能,并通过良好定义的接口与其他服务进行交互。

SOA 支持多种通信协议,包括简单对象访问协议(SOAP)和表现层状态转移(REST)。SOAP 是基于 XML 的消息传送协议,具备严格的服务接口定义和复杂的事务控制,适用于需要高度结构化和安全性的业务通信。相比之下,REST 利用现有的 Web 技术和 HTTP 协议实现服务,提供了更为简洁和灵活的方式来访问和操作网络资源,特别适合于公共 API 和 Web 服务的实现。

3. API 网关

API 网关作为系统的统一入口,负责处理从客户端到后端服务的所有数据请求,并通过请求路由将请求精确导向适当的服务端点。它简化了客户端的逻辑,避免直接与多个服务交互所带来的复杂性。同时,API 网关使得后端服务的重构更加灵活,不会对客户端造成影响。

API 网关通过聚合多个服务的调用结果来优化性能,减少客户端与服务器之间的交互次数,降低网络延迟,显著改善用户体验。在安全性方面,API 网关集成身份验证、授权和防护措施,为整个系统提供安全保障,有效防止潜在的安全威胁。此外,API 网关通过响应缓存减少对后端服务的重复请求,降低服务负载,提升响应速度。它还具备负载均衡功能,能自动分配请求到后端多个服务实例,确保系统的负载均衡,增强系统负载处理能力和系统的可用性。

4. 中间件和消息队列

中间件和消息队列在复杂网络环境和高负载条件下确保数据安全和可靠传输。中间件通过将消息发送到队列中,解耦消息发送者与接收者的直接通信。消息队列负责将消息可靠地传递给一个或多个接收者,允许系统各部分独立扩展和维护,从而显著增强了系统的灵活性和可扩展性。

消息队列还支持异步数据处理,使发送者在发送消息后可以继续其他处理任务,而不必等待消息处理完成,进一步提升应用程序的响应性能和整体效率。例如,Web 应用可以即时响应用户请求,而后台处理逻辑则可以异步执行。中间件和消息队列在构建高效、可扩展的微服务架构中尤为重要。消息队列还提供高级功能如持久化、消息排序、延迟消息和事务处理,进一步增强其应用的灵活性和可靠性。

5. 数据同步与一致性

数据同步与一致性机制确保分布式系统中多个组件或副本之间的数据完整性与准确性。为实现系统目标,通常采用数据库复制技术、分布式数据库系统,以及一致性协议(如 Raft 或 Paxos)等方法。

数据库复制技术允许将数据从一个数据库服务器复制到一个或多个数据库服务器,从而提高数据的可用性和容错能力,同时分散数据查询的负载。即使在某个节点发生故障时,其他节点仍然能够提供服务,增加系统的稳定性和可靠性。

分布式数据库系统专注于在多个物理位置分布存储和管理数据,其内建的同步机制确保数据在不同位置的一致性,特别适用于地理分布广泛的组织,因为它允许数据在靠近用户的地点进行处理,减少延迟并提高响应速度。

一致性协议如 Raft 和 Paxos 主要用于处理多个节点之间的一致性问题,确保即使在部分节点无法通信或出现故障的情况下,系统整体仍能达成一致的决策。Raft 和 Paxos 通过节点间的信息交换和共识达成,有效地管理和维护全局状态的一致性。

6. 直接连接与点对点通信

直接连接与点对点通信允许系统组件直接交换数据,无须通过任何中介或中间件,从而显著减少通信路径和处理时间,最小化延迟,提高系统的响应速度和实时性。这种通信方式在需要低延迟和高效率的实时控制系统中得到广泛应用,如工业自动化控制、车辆通信系统,以及其他需要快速响应的应用场景。

点对点通信简化了系统的网络结构,减少了在数据传输过程中可能出现的错误和丢包现象,从而增强了数据传输的可靠性。新增组件可以直接与现有系统建立连接,无须复杂的配置和中介服务,进一步提升了实时控制系统的整体性能,并增强了系统的可扩展性和灵活性。

4.2.5 数据通信协议

通信协议为不同系统组件间的数据交换提供了规范和标准[26]。数据交互机制确保数据能够顺利地从一个终端传输到另一个或多个终端,而通信协议则是实现这一机制的核心。在复杂的平台中,涉及从传感器数据收集到用户界面展示的多个环节,通信协议不仅定义数据包的结构和传输方式,还确保数据传输的安全性、可靠性和效率[27]。例如,传感器采集的数据需要通过可靠的传输通道及时送达处理单元,以便进行实时分析和反馈。同时,用户界面通过协议从后台获取最新的数据更新,展示实时状态并支持用户交互。

在选择适当的通信协议时,需综合考虑数据类型、传输速度要求、系统可扩展性和安全需求等因素[28]。正确的协议选择可以显著提高数据处理效率、降低延迟,并增强数据交互的安全性。此外,选择和实现协议时还需考虑未来的扩展性,以应对不断变化的技术和业务需求(图 4.32)。

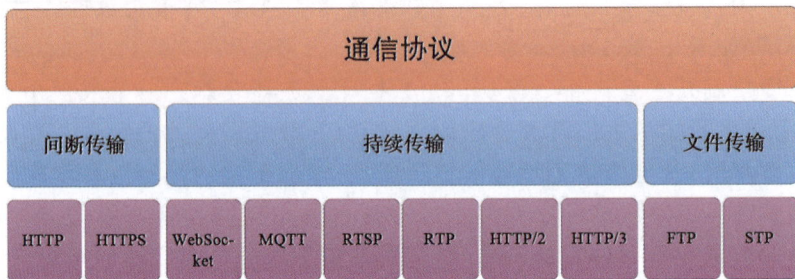

图 4.32 常用数据通信协议

1. 间断传输协议

间断传输协议专门处理非连续或不定时的数据传输,特别适用于带宽受限或网络不稳定的环境。其设计初衷是确保即使出现数据传输中断或不连续情况,数据源和接收端仍能有效同步,保证数据可靠传递。通过按需分配带宽和处理能力,间断传输协议有效降低系统资源的持续占用,减少不必要的数据流和能耗。

该类协议通常采用"请求/响应"模式实现系统或应用间的交互。客户端向服务器发送请求,服务器处理后返回响应,确保客户端在发送请求后等待并接收服务器响应,再继续执行其他操作。HTTP 和 HTTPS 是请求/响应协议的典型例子,广泛应用于 Web 应用中。

除了请求/响应模式,间断传输协议还包括事件驱动通信和批处理操作。事件驱动通信在特定事件发生时传输数据,如传感器检测到特定条件时发送数据。批处理操作定期处理累积的数据,如每日定时处理交易记录或日志文件。用户交互触发和定时任务也是常见的间断传输场景。

2. 持续传输协议

持续传输协议是支持连续、实时数据流的通信协议,广泛应用于需要实时更新和传输大量数据的场景,如视频流、在线游戏、实时监控系统和其他快速响应的应用。此类协议提供多层次的功能,能够满足从简单文本数据传输到复杂多媒体应用的各种需求。选择适当的协议通常取决于应用的具体需求,包括数据的实时性、网络条件和系统架构,使得复杂的分布式系统能够在高负载条件下依然高效运行,确保数据在多个节点之间无缝流动,从而提升系统的整体性能和可靠性。

常见的持续传输协议有多种。例如,WebSocket 支持建立一个持久的双向通信连接,使得数据可以实时传输而无须每次重新建立连接;MQTT 是一种轻量级的消息传送协议,特别适用于物联网环境中的设备通信;RTSP 和 RTP 通常用于流媒体的控制与传输,尤其是在视频和音频的低延迟传输中有着广泛应用;HTTP/2 和 HTTP/3 通过多路复用技术来提升数据传输的效率,允许多个数据流在单一连接上并行进行。

3. 文件传输协议

文件传输协议适用于需要处理大规模数据集或批量数据的情况下,涉及跨不同系统或组件之间的数据交换,以及从数据采集到数据处理再到数据展示的完整流程。传统的文件传输协议如 FTP(文件传送协议)已经广泛用于此类任务。FTP允许用户通过网络在主机之间传输文件,支持批量上传和下载,提供简单有效的文件传输机制。然而,FTP 存在数据不加密的安全隐患,尤其对于敏感数据或个人信息的传输。

为解决此问题,安全文件传送协议(SFTP)应运而生。SFTP 利用 SSH(安全外壳协议)对数据进行加密,确保传输过程中数据的机密性和安全性,有效防止数据被窃听或篡改的风险,因此成为处理敏感数据的首选协议之一。除了 SFTP,还有 FTPS(FTP Secure)作为另一种安全的文件传输选项。FTPS 通过 SSL/TLS 加密 FTP 连接,结合传统 FTP 的特点,提供更高级别的安全性和灵活性。

参考文献

[1] 王爱丽,陈桢,孙喜利,等. 铁路数字孪生生态共享服务平台架构及功能研究[J]. 中国铁路,2023(1):133-139.

[2] LEE A, LEE K W, KIM K H, et al. A Geospatial platform to manage large-scale individual mobility for an urban digital twin platform[J]. Remote Sensing,2022,14(3):723.

[3] PANAROTTO M, ISAKSSON O, VIAL V. Cost-efficient digital twins for design space exploration:A modular platform approach[J]. Computers in Industry,2023,145:103813.

[4] 刘勇,倪灿帮,孟凡红. 基于微服务技术的黑龙江水利数字孪生平台框架与性能研究[J]. 水利科学与寒区工程,2023,6(3):56-60.

[5] 姜杰,霍宇翔,张颢曦,等. 基于数字孪生的智能钻探服务平台架构[J]. 煤田地质与勘探,2023,51(9):129-137.

[6] 王宸,过洁,郭延文. 基于流式路径追踪的实时真实感渲染技术[J]. 中兴通讯技术,2024,30(51):1-9.

[7] 顾巍巍，王瑾，陈飞，等. 基于UE引擎的数字孪生大坝安全监测系统[J]. 水利规划与设计，2024(5)：75-77，120.

[8] 陈俊文，董一夫，赵欣宇，等. 基于Web 3D技术的电缆隧道监控平台开发[J]. 网络安全和信息化，2024(3)：88-90.

[9] SUI L. Spatial intelligent design and innovation for indoor environment‐visualization and analysis of web3D technology[J]. Applied Mathematics and Nonlinear Sciences，2024，9(1)：20241399.

[10] 付功云，杨喆，王烨，等. WebGPU概述及建筑工程行业应用分析[J]. 土木建筑工程信息技术，2024，16(3)：52-59.

[11] 滕明星，张恒，李超. ECharts多端图表引擎在变形监测数据可视化中的应用[J]. 北京测绘，2024，38(3)：318-324.

[12] 蔡睿晔，崔彬，洪晓斌，等. 半潜运载装备智能船舶功能设计[J]. 机电工程技术，2023，52(5)：7-11，45.

[13] 周芳，毛少杰，吴云超，等. 实时态势数据驱动的平行仿真推演方法[J]. 中国电子科学研究院学报，2020，15(4)：323-328.

[14] 马建勇，马术文，张海柱，等. 面向数字孪生的构架裂纹扩展寿命预测建模分析方法[J]. 机械设计与研究，2023，39(5)：172-177.

[15] 张仲维，陈涛，贾旭东，等. 一种大规模推理用文本知识数据集的构建方法[J]. 五邑大学学报(自然科学版)，2024，38(3)：38-47.

[16] 高月红，张吉，严靖炜，等. 基于微服务架构的数字孪生仿真平台设计方法[J]. 信息通信技术与政策，2023(11)：81-90.

[17] 蒋道霞，秦媛媛，何玉林. 基于"线下＋线上"的大数据编程环境构建实践[J]. 职业教育(中旬刊)，2020，19(23)：66-68.

[18] 曲锦旭. 前后端分离模式在Java开发中的应用研究[J]. 信息与电脑(理论版)，2024(8)：19-21.

[19] 苏芝，栾泳立. 基于Umi框架的机舱智能监控系统前端软件设计与实现[J]. 上海船舶运输科学研究所学报，2024，47(1)：40-48.

[20] 方阿丽. Web开发主流框架技术研究[J]. 无线互联科技，2021，18(8)：64-65，96.

[21] 李娟丽. 响应式布局在Web前端开发中的使用[J]. 网络安全技术与应用，2022(6)：43-45.

[22] 罗雪. 浅析响应式布局在Web前端开发中的应用：以教育型官网为例[J]. 艺术科技，2017，30(12)：109.

[23] WÜTHRICH C A. An analysis and a model of 3D interaction methods and devices for virtual reality[M]//Design，Specification and Verification of Interactive Systems '99. Vienna：Springer Vienna，1999：18-29.

[24] 马振芸. API接口测试方法总结与综述[J]. 数字技术与应用，2024，42(1)：10-13.

[25] 苏江文，黄晓光，张垚，等. 基于云计算的人工智能运行平台和边缘终端交互机制研究与应用[J]. 机械设计与制造工程，2023，52(8)：130-134.

［26］AL-SARAWI S，ANBAR M，ALIEYAN K，et al. Internet of Things（IoT）communication protocols：Review［C］//2017 8th International Conference on Information Technology（ICIT）. Amman，Jordan. IEEE，2017：685-690.

［27］郭钰玲. 工业互联网通信协议与安全策略研究［J］. 长江信息通信，2024，37（6）：163-165.

［28］薛羽娜，曹翠珍，许港. 基于 TCP 通信协议与区块链的财务信息数据共享方法［J］. 现代传输，2024（3）：55-58.

下　篇

实践篇

第 5 章

复杂地层大直径盾构掘进平行推演技术及应用

随着隧道直径的增加,盾构隧道掘进过程中遭遇复杂地层的概率更大,施工面临隧道开挖面稳定难控、刀具损伤剧烈、盾构机姿态调整困难、地层及环境扰动大等挑战,亟须应用数字孪生技术,在施工过程中针对相关问题开展平行推演分析,提高建造过程风险预测和掘进参数智能调控的能力。本章针对大直径盾构工法在复杂地层面临的典型问题,介绍了软土格栅加固地层盾构开挖面稳定性评估、强变异地层盾构滚刀磨损预测和软土地层盾构掘进姿态智能分析等平行推演技术,并结合实际工程进行验证。

5.1 背景与需求分析

随着区域经济一体化和城市群战略的提出,城市间的公路、铁路隧道工程数量快速增加。在隧道开挖工程中,由于采用大直径盾构工法施工具有不占用地面空间、施工效率高、环境影响小等优点,大直径盾构工法逐渐成为实际工程建设的重要选择。截至 2023 年底,国内开工修建的大直径盾构隧道(直径 10m 以上)工程累计已超百项,典型工程如表 5.1[1-2]所示。相较于常规直径盾构隧道工程,大直径盾构扰动范围增大,遭遇复杂地层以及穿越地中障碍物的概率增加,施工过程面临软土地层开挖面稳定难控、软硬交互地层盾构切削机制不明、大直径盾构掘进姿态难测、地层和隧道结构相互作用复杂等核心难题[3]。在掘进过程中,由于周围存在复杂的地质和水文环境条件,稍有不慎容易导致盾构参数控制不当、掘进系统失效,酿成建(构)筑物损毁、交通瘫痪、人员伤亡等重大事故。

近年来,由盾构掘进施工引发的重大事故为数不少[4]。2014 年,杭州地铁 4 号线某区间由于河床渗水引起隧道开挖面失稳(图 5.1(a)),厦门翔安海底隧道工程、南京纬三路过江通道工程都曾发生过开挖面主被动失稳破坏。2018 年 1 月,广州地铁 21 号线苏元至水西区间左线在盾构机换刀作业过程中突发塌方(图 5.1(b)),3 名作业人员被困失联,由于空间狭小,地质条件异常复杂,最终不幸遇难。2018 年 2 月,佛山地铁 2 号线盾构姿态调整控制不及时导致盾尾密封失效,进而引起大量水土涌入隧道,导致路面塌陷(图 5.1(c)),事故造成 11 人死亡、8 人受伤、1 人失联,直接经济损失约 5323.8 万元。这一系列事故表明,在复杂地层敏感环境区域,盾构法施工仍面临诸多难题和巨大风险。

针对复杂地层盾构隧道建造过程中的关键技术难题,本章提出了相关的平行推演及预测技术,包括软土格栅加固地层盾构开挖面稳定性评估、强变异地层盾构滚刀磨损预测和软土地层盾构掘进姿态智能分析等,并结合实际工程现场数据对相关技术进行验证和分析,以期为相关难题提供有效的解决方案。

表 5.1　国内典型大直径盾构隧道统计

序号	名称	竣工(计划)年份	刀盘直径/m	外径/m	长度/m
1	上海黄浦江打浦路隧道	1970	10.22	10.00	1322.00
2	上海黄浦江延安东路隧道	1987	11.30	11.00	1476.00
3	上海复兴东路隧道	2004	11.22	11.00	1214.00×2
4	上海长江隧道	2009	15.43	15.00	7476.00×2
5	南京长江隧道	2009	14.93	14.50	3022.00×2
6	上海打浦路隧道复线工程	2010	11.36	11.00	1322.00
7	广深港高铁狮子洋隧道	2011	11.18	10.80	9277.00
8	汕头海湾隧道	2020	东线 15.01 西线 15.03	14.50	东线 3047.50 西线 3045.75
9	济南济泺路黄河隧道	2021	15.76	15.20	2520.00×2
10	深圳妈湾跨海通道	2023	右线 15.53 左线 15.55	15.00	右线 2063.00 左线 2060.00
11	南京建宁西路过江通道工程	2023	15.07	14.50	2349.00
12	武汉两湖隧道	2024	12.17	11.80	430.00×2
13	珠海横琴-杧洲隧道	2024	15.01	14.50	978.00×2
14	广州海珠湾隧道	2024	15.07	15.50	2077.00×2
15	深圳春风隧道	2024	15.80	15.20	3603.00
16	珠海兴业快线南延段主线隧道	2025	15.76	15.20	1740.00

图 5.1　盾构隧道施工事故

(a) 杭州地铁 4 号线事故;(b) 广州地铁 21 号线事故;(c) 佛山地铁 2 号线事故

5.2　软土格栅加固地层盾构开挖面稳定性评估

我国有较大比例的在建大直径盾构隧道工程位于粤港澳大湾区、长江三角洲地区和环渤海湾地区,这些地区天然软土广泛分布,土体的天然含水率高、压缩系数大、触变性强,给施工过程开挖面的稳定控制带来极大挑战。部分工程会采取加固方式改善地层条件,以提高开挖面的稳定性,但软土加固地层的盾构开挖面稳定性评估目前仍缺少相关理论支撑。

本节以珠海横琴-杜洲跨海域隧道工程作为背景,研究软土加固地层盾构开挖面稳定性评估技术。工程采用格栅三轴搅拌桩加固海域超软土地层,桩径为850mm,桩间距为600mm,桩与桩之间处于咬合状态,如图5.2所示。盾构掘进过程中,开挖面与加固桩的水平距离是变化的,因此将着重针对不同距离条件下的开挖面失稳演化机制进行探究。另外,为方便研究,将三轴搅拌桩形成的完整体等效为格栅墙,如图5.2(b)的红色虚线方框所示。

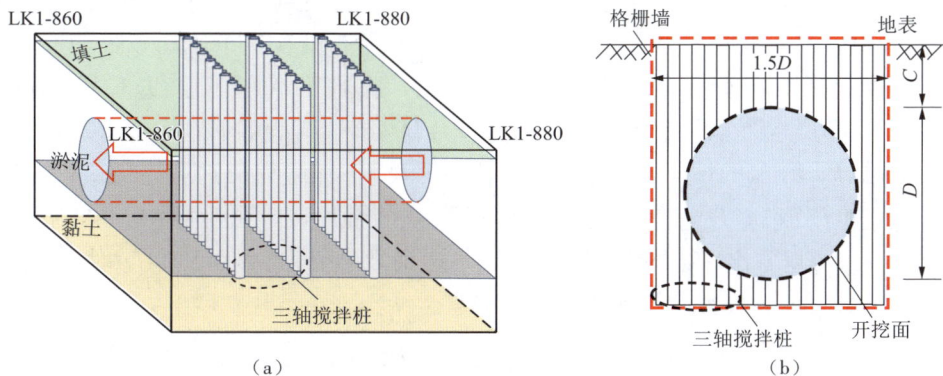

图 5.2　格栅加固布置图

(a) 主视图;(b) 剖面图

5.2.1　格栅加固开挖面失稳规律数值模拟研究

采用 PLAXIS 3D 建立数值分析模型。基于对称性,采用半模型(图5.3)来研究开挖面失稳破坏机制。盾构隧道沿 Y 轴掘进,直径 D 为15m,深度 C 为7.5m,开挖面与格栅墙之间的距离 L 为研究的主要变量。模型地表为自由边界,4 个侧面在法向上固定,底面为完全固定;模型尺寸足够大,以避免边界效应。模型共包含 62 823 个单元和 92 139 个节点。

本研究采用应力控制法,研究维持隧道开挖面稳定所需的极限支护应力[5]。该方法是逐步降低隧道开挖面的支护应力,直到开挖面发生主动破坏为止。

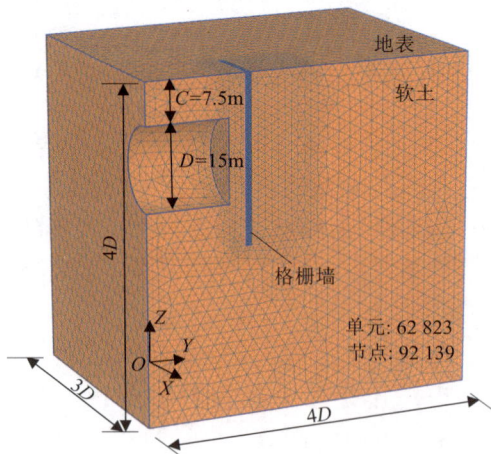

图 5.3　开挖面数值分析模型——半模型

图 5.4(a)为不同 L 条件下，开挖面支护应力随中心点水平位移变化的演化曲线。从图中可以看出，随着支护应力的减小开挖面的水平位移增大，当曲线的斜率趋近于零时，相应的支护应力为主动极限支护应力 P_c。不同 L 值下主动极限支护应力的变化如图 5.4(b)所示，其可分为三个阶段：阶段 Ⅰ($0.00D \leqslant L < 0.20D$)、阶段 Ⅱ($0.20D \leqslant L < 0.40D$)和阶段 Ⅲ($0.40D \leqslant L \leqslant 1.00D$)。当 $0.00D \leqslant L < 0.20D$ 时，P_c 随 L 的增加而线性减少；当 $0.20D \leqslant L < 0.40D$ 时，P_c 随 L 的增加而线性增加；当 $0.40D \leqslant L \leqslant 1.00D$ 时，随着 L 的增加，P_c 逐渐增大，而增加速率逐渐减小。可以看出，当 $L = 0.20D$ 时，P_c 达到最小值；当 $L = 1.00D$ 时，隧道开挖面的极限支护应力与未加固的基本相同。

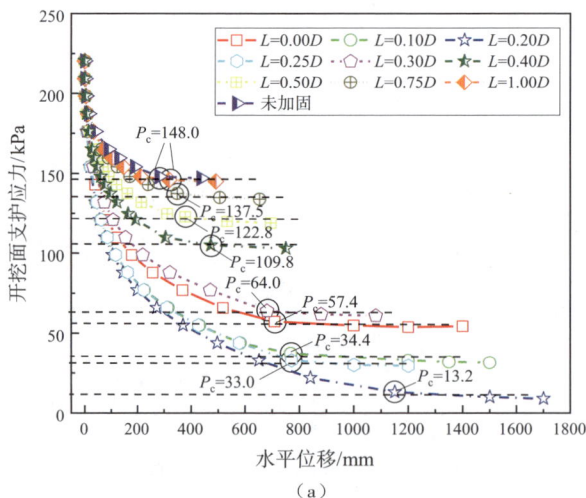

(a)

图 5.4　极限支护应力 P_c 的确定

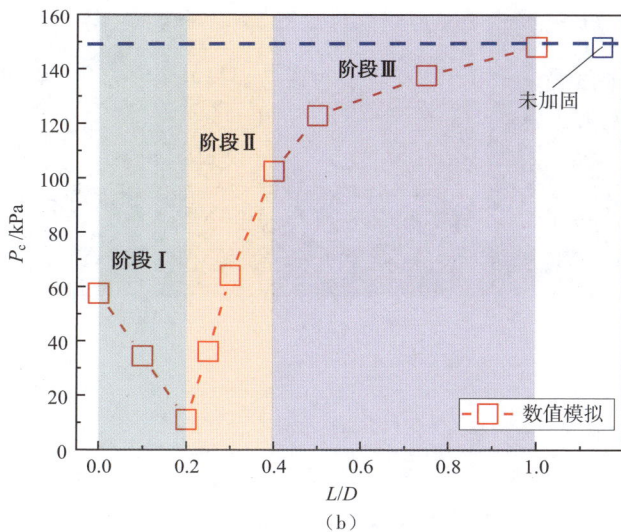

（b）

图 5.4　（续）

（a）支护应力与水平位移的关系；（b）极限支护应力（P_c）与标准化距离（L/D）的关系

为阐明格栅墙距离 L 对开挖面失稳演化机制的影响，图 5.5 给出了开挖面破坏时地层剪应变云图。为方便阐述，将格栅墙右侧区域标记为"区域 Ⅰ"，格栅墙左侧区域标记为"区域 Ⅱ"。

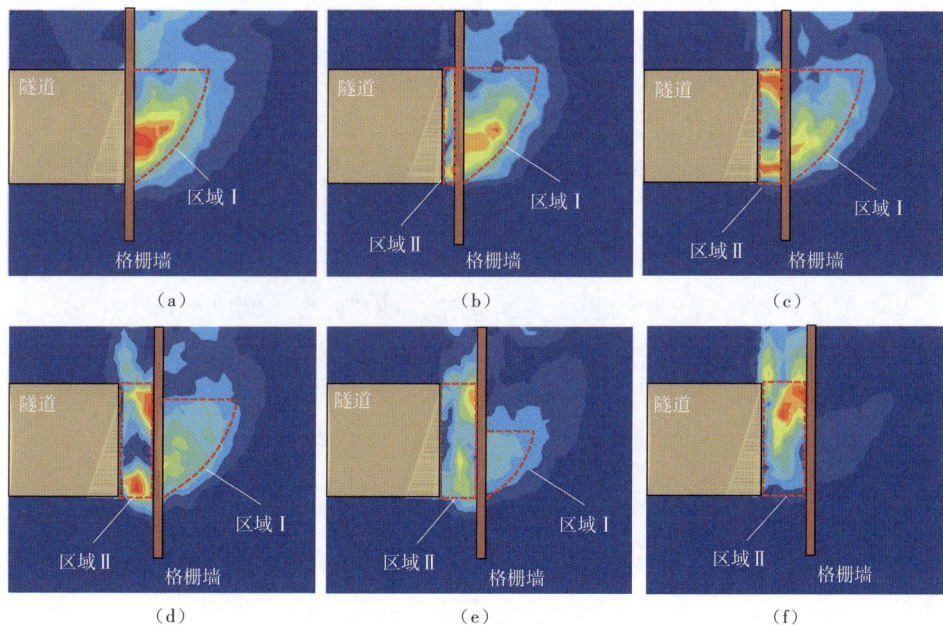

图 5.5　地层剪切应变云图

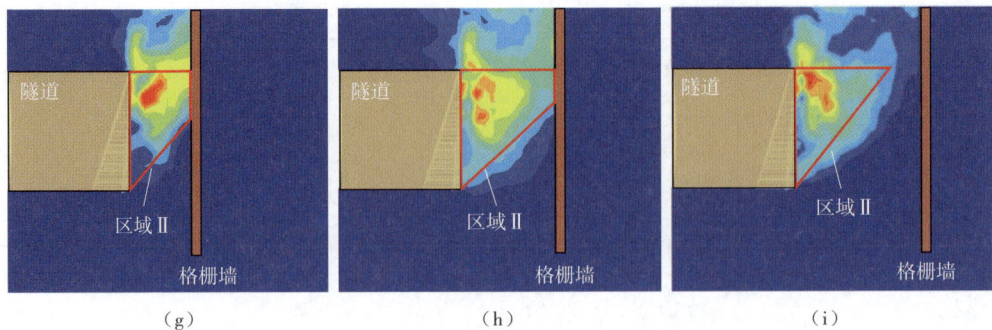

<table>
<tr><td>（g）</td><td>（h）</td><td>（i）</td></tr>
</table>

图 5.5 （续）

(a) $L=0.00D$；(b) $L=0.10D$；(c) $L=0.20D$；(d) $L=0.25D$；(e) $L=0.30D$；(f) $L=0.40D$；
(g) $L=0.50D$；(h) $L=0.75D$；(i) $L=1.00D$

如图 5.5(a)～(c)所示，当 $0.00D \leqslant L < 0.20D$ 时，随着 L 的增加，"Ⅱ区"的剪切区逐渐伸展，而"Ⅰ区"的剪切区变化不大，说明当 L 较小时，格栅墙的"阻挡"效应并不明显。当开挖面发生破坏时，剪切区穿透格栅墙，并延伸至隧道拱顶，该破坏模式称为"穿透型破坏"。

如图 5.5(d)～(f)所示，当 $0.20D \leqslant L < 0.40D$ 时，随着 L 的增加，"Ⅰ区"的剪切高度和宽度逐渐变窄。当 $L=0.40D$ 时，"Ⅰ区"的剪切区基本消失，随后在"Ⅱ区"形成一个矩形剪切区。因此，当 L 较大时，剪切区不能完全穿透格栅墙，此破坏模式称为"半穿透型破坏"。

如图 5.5(g)～(i)所示，当 $0.40D \leqslant L \leqslant 1.00D$ 时，随着 L 的增加，"Ⅱ区"的剪切区发生变化，靠近开挖面一侧的破坏高度保持不变，而靠近格栅墙一侧的破坏高度逐渐下降，"Ⅱ区"的剪切区形状由矩形转变为三角形。当开挖面发生破坏时，剪切区都未能穿透格栅墙，此破坏模式称为"非穿透型破坏"。

5.2.2 格栅加固开挖面稳定性理论评估模型

基于极限平衡法的开挖面稳定分析理论被业界广泛采用[6-7]。根据图 5.5 揭示的开挖面主动失稳时剪切区演化规律，确定了"穿透型破坏""半穿透型破坏"和"非穿透型破坏"三种破坏模式，本节基于极限平衡法建立相应的理论分析模型，并推导计算主动极限支护应力的解析式。

1）"穿透型破坏"理论模型

如图 5.6(a)所示，该模型类似经典的对数螺旋-棱镜模型，一共包括三个部分：棱镜区（垂直下降区）、对数螺旋区（旋转区）和矩形区（水平抗剪切区）。开挖面横截面如图 5.6(b)所示，圆形开挖面简化等效为具有相同面积和高度的矩形，以往的研究表明，此简化方法预测的极限支护应力与模型试验和数值模拟得到的结果基本一致[8-9]。隧道开挖面纵截面如图 5.6(c)所示，图中，D 为隧道直径，C 为隧道顶上方的覆盖层厚度。以 O 点为原点，建立极坐标系，Y 轴和 Z 轴分别平行于水平方向和垂直方向，X 轴垂直于 OYZ 平面。破坏区简化为两部分：矩形区和对数螺旋区（从 A 点出现，在 F 点结束，中心在 O 点）。以中心点 O 为参考点，可以基于各力对 O 点的力矩平衡得到极限支护应力 P_c 的解析解。极坐标系中对数螺旋的解析公式为

$$R(\alpha) = R_1 \cdot e^{\alpha \tan\varphi} \tag{5.1}$$

式中：R_1 为对数螺旋的半径；α 为 R 与 R_1 之间的夹角；R_1 为 $\alpha = 0$ 处的起始半径；φ 为内摩擦角。

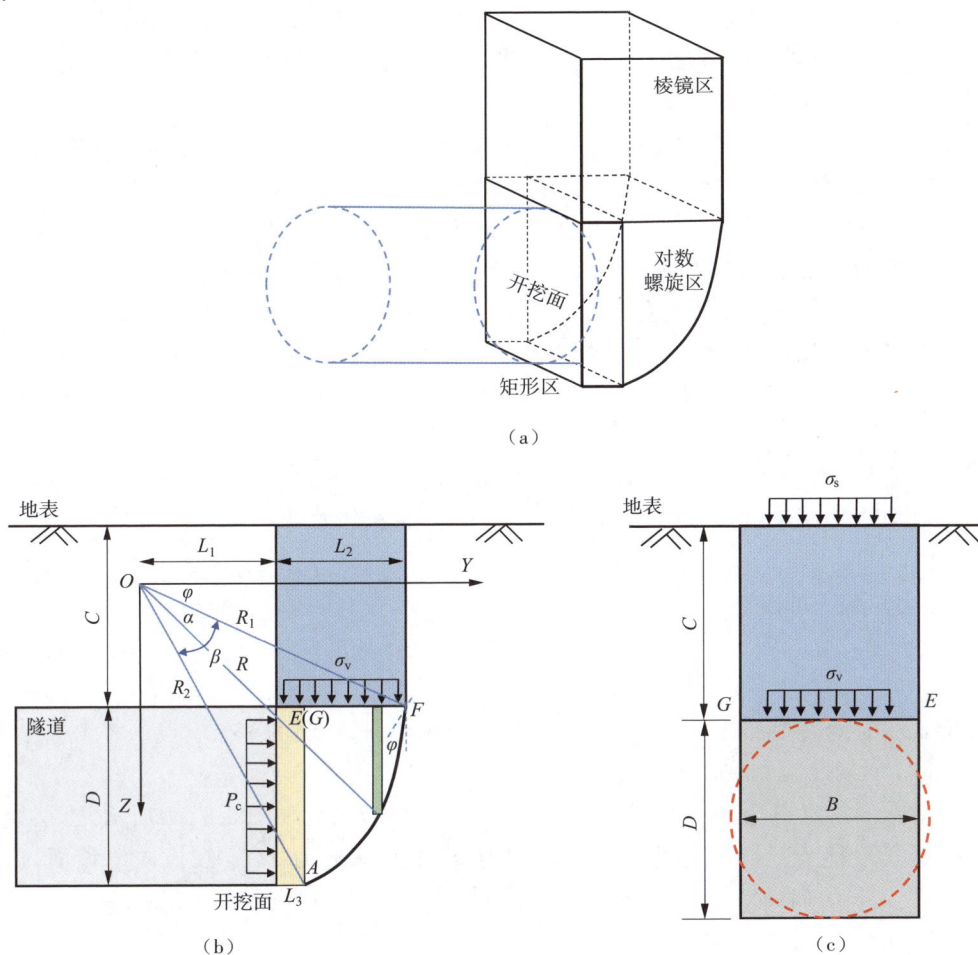

（a）

（b）

（c）

图 5.6　"穿透型破坏"对数螺旋-棱镜模型

（a）主视图；（b）横截面；（c）纵截面

根据图 5.6(c)所示的几何关系,可得到以下方程:

$$R_2 \sin(\varphi + \beta) - R_1 \sin\varphi = D \tag{5.2}$$

根据式(5.1),R_2 为 $\alpha = \beta$ 处的起始半径,β 为 R_1 和 R_2 形成的夹角。因此,图 5.6(b)中的 R_1、L_1、L_2 可表示为

$$R_1 = D/[e^{\beta \cdot \tan\varphi} \sin(\varphi + \beta) - \sin\varphi] \tag{5.3}$$

$$L_1 = R_1 e^{\beta \cdot \tan\varphi} \cos(\varphi + \beta) - L_3 \tag{5.4}$$

$$L_2 = R_1 \cos\varphi - L_1 \tag{5.5}$$

式中:L_1 为点 O 和 E 之间的水平距离;L_2 为点 E 和 F 之间的水平距离;L_3 为矩形区域宽度。

根据之前的研究,对数螺旋的任意径向线的法线与相应的螺旋切线之间的夹角为 φ,点 F 切线垂直于隧道拱顶水平线 EF,因此线 OF 的法线与点 F 切线的夹角为 φ[10]。

作用于中心点 O 的力矩由 8 个部分组成:①垂直土压力作用于隧道顶线的力矩 M_v;②对数螺旋区重力力矩 $M_{w,1}$;③对数螺旋区滑动面的法向力和剪切力的合成力矩 $M_{NT,1}$;④两个垂直滑面剪切力的力矩 $2M_{TS,1}$;⑤矩形区重力力矩 $M_{w,2}$;⑥矩形区域底面的法向力和剪切力的合成力矩 $M_{NT,2}$;⑦矩形区两个侧面剪切力力矩 $2M_{TS,1}$;⑧作用于隧道开挖面上 P_c 的力矩 M_P。在极限平衡状态下,为了保持隧道开挖面的稳定性,模型在 O 点的力矩平衡可以表示为

$$M_v + M_{w,1} + M_{w,2} = M_{NT,1} + 2M_{TS,1} + M_{NT,2} + 2M_{TS,2} + M_P \tag{5.6}$$

(1)计算 M_v

对于软土地层浅埋盾构隧道,采用全覆土压力理论计算土压力,而不考虑地层土拱效应。作用于隧道顶线上的垂直土压力 σ_v 可表示如下:

$$\sigma_v = \sigma_s + \gamma C \tag{5.7}$$

因此,力矩 M_v 可以表示为

$$M_v = \sigma_v B L_2 (R_1 \cos\varphi - L_2/2) \tag{5.8}$$

$$B = \pi D/4 \tag{5.9}$$

式中:σ_s 为地表附加压力;γ 为土的重度;B 为隧道开挖面的等效宽度。

(2)计算 $M_{w,1}$,$M_{NT,1}$,$M_{TS,1}$

对数螺旋区分为 n 个土层微单元,第 j 个土层微单元如图 5.7(a)所示,土层微单元受其重量 $W_{j,1}$,垂直土压力 σ_v,剪切力 $T_{sj,1}$ 和法向力 $N_{sj,1}$ 在横向滑移面,剪切力 $T_{j,1}$ 和法向力 $N_{j,1}$ 以及相邻土层微单元之间的相互作用力 F_j 和 F_{j+1}。

首先,第 j 个土层微单元的土重计算如下:

$$W_j = \gamma h_j B l_j \cos\theta_j \tag{5.10}$$

根据图 5.7(a)中的几何关系,其他参数为

$$\theta_j = \pi/2 - \alpha \tag{5.11}$$

$$h_j = R\sin(\alpha + \varphi) - R_1\sin\varphi \tag{5.12}$$

$$l_j = (R/\cos\varphi)\mathrm{d}\alpha \tag{5.13}$$

$$R = R_1 \mathrm{e}^{\alpha \cdot \tan\varphi} \tag{5.14}$$

式中：h_j 为第一块土层微单元的高度；θ_j 为切片底部切线方向与水平方向的夹角；l_j 为第 j 块土层微单元底部的长度；R 和 α 为第一块土层微单元底部中心点的半径和夹角，分别用极坐标表示。

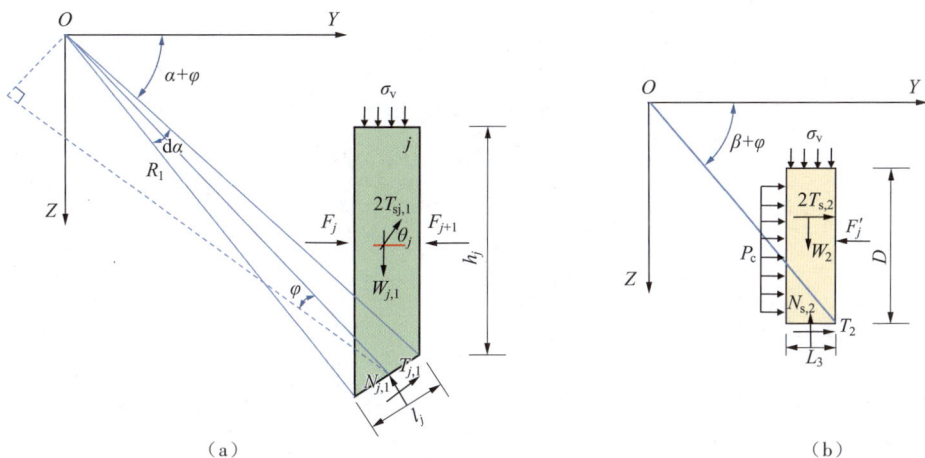

图 5.7　全穿透模型受力分析

（a）第 j 个土层微单元；（b）水平抗剪矩形区域

第 j 个土层微单元到 O 点的重力力矩为

$$\mathrm{d}M_{\mathrm{w},1} = \{\gamma BR_1^3 \mathrm{e}^{2\alpha \cdot \tan\varphi}[\mathrm{e}^{\alpha \cdot \tan\varphi}\sin(\alpha + \varphi) - \sin\varphi]\cos(\alpha + \varphi)\sin\alpha/\cos\varphi\}\mathrm{d}\alpha \tag{5.15}$$

因此，整体对数螺旋区对 O 点的重力力矩为

$$M_{\mathrm{w},1} = \gamma BR_1^3/\cos\varphi \int_0^\beta \mathrm{e}^{2\alpha \cdot \tan\varphi}[\mathrm{e}^{\alpha \cdot \tan\varphi}\sin(\alpha + \varphi) - \sin\varphi]\cos(\alpha + \varphi)\sin\alpha\,\mathrm{d}\alpha \tag{5.16}$$

其次，在对对数螺旋表面产生剪切力 $T_{j,1}$ 和法向力 $N_{j,1}$ 进行分析，根据第 j 个土层的竖向力平衡，可得

$$\sigma_{\mathrm{v}}l_j\cos(\theta_j) + W_j = N_{j,1}\cos(\theta_j) + T_{j,1}\sin(\theta_j) + 2T_{\mathrm{sj},1}\sin(\theta_j) \tag{5.17}$$

因此，$T_{j,1}$，$T_{\mathrm{sj},1}$ 以及 $N_{\mathrm{sj},1}$ 为

$$T_{j,1} = cBl_j + N_{j,1}\tan\varphi \tag{5.18}$$

$$T_{\mathrm{sj},1} = ch_jl_j\cos\theta_j + N_{\mathrm{sj},1}\tan\varphi \tag{5.19}$$

$$N_{\mathrm{sj},1} = K_0(\sigma_{\mathrm{v}} + \gamma h_j/2)h_jl_j\cos\theta_j \tag{5.20}$$

$$K_0 = 1 - \sin\varphi \tag{5.21}$$

式中：c 为土层的黏聚力；K_0 为侧向土压力系数。

将式(5.10)，式(5.18)～式(5.21)代入式(5.17)，可得

$$N_{j,1} = \frac{\sigma_v l_j \cos\theta_j + Bl_j(\gamma h_j \cos\theta_j - c\sin\theta_j)}{\cos\theta_j + \tan\varphi\sin\theta_j} -$$
$$\frac{2\{ch_j l_j \cos\theta_j + [K_0(\sigma_v + \gamma h_j/2)h_j l_j \cos\theta_j]\tan\varphi\}\sin\theta_j}{\cos\theta_j + \tan\varphi\sin\theta} \quad (5.22)$$

$$T_{j,1} = cBl_j + \frac{\sigma_v l_j \cos\theta_j + Bl_j(\gamma h_j \cos\theta_j - c\sin\theta_j)}{\cos\theta_j + \tan\varphi\sin\theta_j} -$$
$$\frac{2\{ch_j l_j \cos\theta_j + [K_0(\sigma_v + \gamma h_j/2)h_j l_j \cos\theta_j]\tan\varphi\}\sin\theta_j}{\cos\theta_j + \tan\varphi\sin\theta_j}\tan\varphi \quad (5.23)$$

$$T_{sj,1} = ch_j l_j \cos\theta_j + K_0(\sigma_v + \gamma h_j/2)h_j l_j \cos\theta_j \tan\varphi \quad (5.24)$$

根据图 5.7(b)中的几何关系，对数螺旋区关于 O 点的法向力和剪切力的力矩为

$$dM_{NT,1} = T_{j,1}R\cos\varphi - N_{j,1}R\sin\varphi = cBl_j R\cos\varphi = cBR_1^2 e^{2\alpha \cdot \tan\varphi}d\alpha \quad (5.25)$$

$$M_{NT,1} = cBR_1^2 \int_0^\beta e^{2\alpha \cdot \tan\varphi}d\alpha \quad (5.26)$$

$$dM_{TS,1} = [(2c + K_0(2\sigma_v + \gamma h_j)\tan\varphi)h_j R_1 e^{\alpha\tan\varphi}\sin^2\alpha(R_1\sin\varphi + h_j/2)/\cos\varphi]d\alpha \quad (5.27)$$

$$M_{TS,1} = R_1/\cos\varphi \int_0^\beta (R_1\sin\varphi + h_j/2)(2c + K_0(2\sigma_v + \gamma h_j)\tan\varphi)h_j e^{\alpha\tan\varphi}\sin^2\alpha\, d\alpha \quad (5.28)$$

(3) 计算 $M_{w,2}$、$M_{NT,2}$ 以及 $M_{TS,2}$

如图 5.7(b)所示，矩形区受其重量 W_2、垂直土压力 σ_v、侧面剪力 $T_{s,2}$ 和法向力 $N_{s,2}$、底面剪力 T_2 和法向力 N_2、左侧相互作用力 F_j'、隧道开挖面支护应力 P_c 的影响。根据矩形区的竖向力平衡，可得

$$N_2 = W_2 + \sigma_v BL_3 \quad (5.29)$$

因此，T_2、$N_{s,2}$、$T_{s,2}$ 以及 W_2 可表示为

$$T_2 = cBL_3 + N_2\tan\varphi = cBL_3 + (W_2 + \sigma_v BL_3)\tan\varphi \quad (5.30)$$

$$N_{s,2} = (\sigma_v + D\gamma/2)DL_3 K_0 \quad (5.31)$$

$$T_{s,2} = cDL_3 + N_{s,2}\tan\varphi = cDL_3 + (\sigma_v + D\gamma/2)DL_3 K_0\tan\varphi \quad (5.32)$$

$$W_2 = BDL_3\gamma \quad (5.33)$$

式中：L_3 是矩形区域底部的长度。

根据图 5.8(b)所示的几何关系，矩形区不同力对 O 点的力矩为

$$M_{w,2} = W_2[R_2\cos(\varphi+\beta) - L_3/2] = BDL_3\gamma[R_2\cos(\varphi+\beta) - L_3/2] \quad (5.34)$$

$$M_{NT,2} = BL_3 R_2\sin(\varphi+\beta)[c + (D\gamma + \sigma_v)\tan\varphi] +$$
$$BL_3(D\gamma + \sigma_v)[R_2\cos(\varphi+\beta) - L_3/2] \quad (5.35)$$

$$M_{TS,2} = [2cDL_3 + (2\sigma_v + D\gamma)DL_3K_0\tan\varphi](R_2\sin(\varphi+\beta) - D/2) \qquad (5.36)$$

（4）极限开挖面支护应力 P_c

开挖面支护应力相对于 O 点的力矩为

$$M_p = (R_1\sin\varphi + D/2)BDP_c \qquad (5.37)$$

最后，P_c 计算如下：

$$P_c = \frac{(M_v + M_{w,1} + M_{w,2}) - (M_{NT,1} + 2M_{TS,1} + M_{NT,2} + 2M_{TS,2})}{(R_1\sin\varphi + D/2)BD} \qquad (5.38)$$

2）"半穿透型破坏"理论模型

同样，采用极限平衡法建立了"半穿透型破坏"理论模型，如图 5.8(a)所示。半穿透模型与全穿透模型的不同之处在于：①棱镜区分为两部分，左右两侧高度不同；②对数螺旋区高度小于隧道直径。对数螺旋的横截面如图 5.8(b)所示。图中 D' 表示对数螺旋区的高度，C' 表示对数螺旋区上方覆盖层的厚度，可以通过矩形区域的静力平衡方程来确定 P_c。

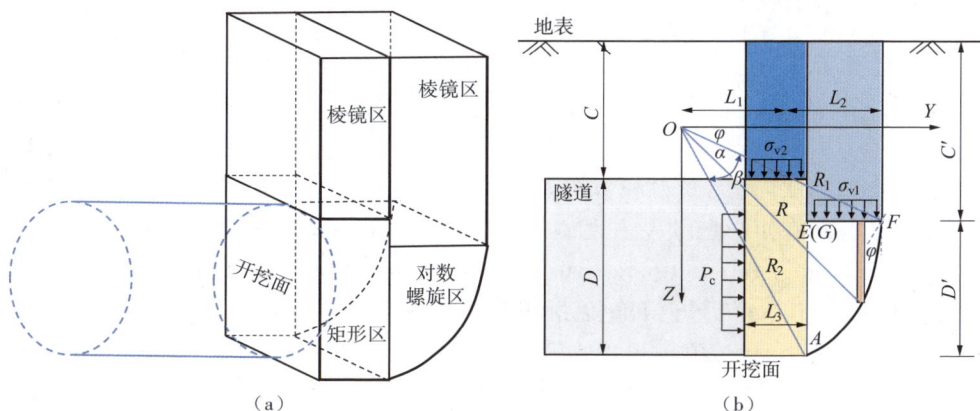

图 5.8 "半穿透型破坏"对数螺旋-棱镜模型

(a) 主视图；(b) 纵向截面

（1）计算 F_1

如图 5.9(a)所示，F_1 可以用 O 点的力矩平衡来确定，作用于 O 点的力矩由 5 个部分组成：①作用于对数螺旋区顶部的垂直土压力的力矩 $M_{v,1}$；②对数螺旋区重力力矩 $M_{w,1}$；③对数螺旋滑动面法向力和剪切力的合成力矩 $M_{NT,1}$；④两个垂直滑动面剪切力的力矩 $2M_{TS,1}$；⑤对数螺旋区左表面极限压力的力矩 M_F。因此，对数螺旋对点 O 的力矩平衡条件可以表示为

$$M_{v,1} + M_{w,1} = M_{NT,1} + 2M_{TS,1} + M_F \qquad (5.39)$$

将 D 改为 D'，C 改为 C'，然后将参数代入方程，可确定力 F_1，计算如下：

$$F_1 = \frac{(M_v + M_{w,1}) - (M_{NT,1} + 2M_{TS,1})}{R_1\sin\varphi + D'/2} \qquad (5.40)$$

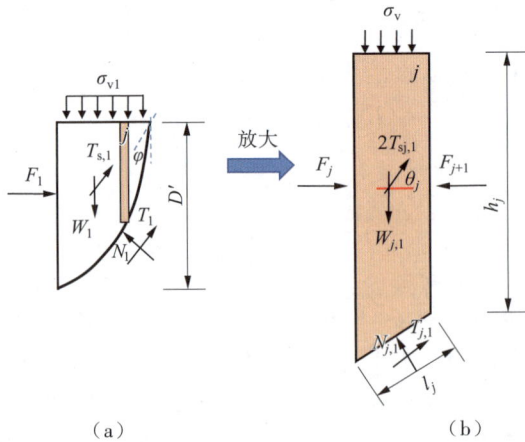

图 5.9　对数螺旋区受力分析
(a) 纵向截面；(b) 第 j 个土层微单元

（2）计算 P_c

为了计算 P_c，通过矩形区域的静力平衡进行求解。如图 5.10 所示，作用在矩形区域上的力由 8 个部分组成：①由对数螺旋区滑移产生的反作用力 F'_1；②分布在矩形区上部的法向力 $N_{sp,1}$ 和剪切力 $T_{sp,1}$（图 5.10（b））；③正向力 $2N_{sp,2}$ 和剪切力 $2T_{sp,2}$ 分布在矩形区的左右两侧；④作用于矩形区顶部的垂直土压力的应力 $\sigma_{v,2}$；⑤矩形区重力 W_2；⑥矩形区底面的法向力 N_2 和剪切力 T_2；⑦矩形区两个侧面的剪切力 $2T_{s,2}$；⑧隧道开挖面的极限支护应力 P_c。

根据竖向力平衡，该方程可以表示为

$$N_2 + T_{sp,1} + T_{sp,2} = W_2 + \sigma_{v,2} B L_3 \tag{5.41}$$

因此，$N_{sp,1}$，$T_{sp,1}$，$2N_{sp,2}$ 以及 $2T_{sp,2}$ 可以表示为

$$N_{sp,1} = [C + (D - D')/2](D - D')B\gamma K_0 \tag{5.42}$$

$$T_{sp,1} = cB(D - D') + [C + (D - D')/2](D - D')B\gamma K_0 \tag{5.43}$$

$$2N_{sp,2} = [C + (D - D') + D'/2](B - B')D'\gamma K_0 \tag{5.44}$$

$$2T_{sp,2} = c(B - B')D' + [C + (D - D') + D'/2](B - B')D'\gamma K_0 \tag{5.45}$$

$$W_2 = BDL_3\gamma \tag{5.46}$$

$$B' = \pi D'/4 \tag{5.47}$$

将式（5.43）、式（5.45）以及式（5.46）代入式（5.41），可以得到

$$
\begin{aligned}
N_2 &= W_2 + \sigma_{v,2} B L_3 - T_{sp,1} - T_{sp,2} \\
&= BDL_3\gamma + \sigma_{v,2} B L_3 - \{cB(D - D') + [C + (D - D')/2](D - D')B\gamma K_0\} - \\
&\quad \{c(B - B')D' + [C + (D - D') + D'/2](B - B')D'\gamma K_0\}
\end{aligned} \tag{5.48}
$$

式中：B' 是对数螺旋区的等效宽度。

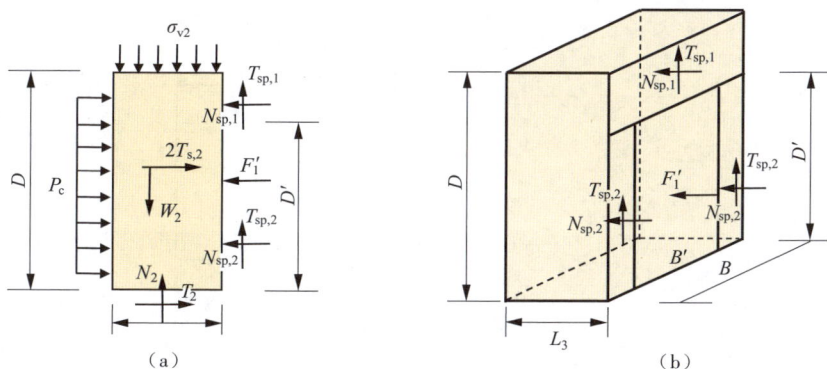

图 5.10　矩形区受力分析

（a）水平抗剪区；（b）侧向应力分布

矩形区水平力的平衡可以表示为

$$BDP_c + T_2 + 2T_{s,2} = F_1' + N_{sp,1} + 2N_{sp,2} \tag{5.49}$$

然后，T_2、$2N_{s,2}$ 以及 $2T_{s,2}$ 可以表示如下：

$$
\begin{aligned}
T_2 &= cBL_3 + N_2 \tan\varphi \\
&= cBL_3 + (BDL_3\gamma + \sigma_{v,2}BL_3 - \{cB(D-D') + \\
&\quad [C+(D-D')/2](D-D')B\gamma K_0\} - \{c(B-B')D' + \\
&\quad [C+(D-D')+D'/2](B-B')D'\gamma K_0\})\tan\varphi
\end{aligned} \tag{5.50}
$$

$$2N_{s,2} = (2\sigma_{v,1} + D\gamma)DL_3 K_0 \tag{5.51}$$

$$2T_{s,2} = 2cDL_3 + 2N_{s,2}\tan\varphi = cDL_3 + (2\sigma_v + D\gamma)DL_3 K_0 \tan\varphi \tag{5.52}$$

最后，P_c 可以通过式（5.53）计算得到：

$$P_c = \frac{(F_1' + N_{sp,1} + 2N_{sp,2}) - (T_2 + 2T_{s,2})}{BD} \tag{5.53}$$

3）"非穿透型破坏"理论模型

同样地，采用极限平衡法建立了"非穿透型破坏"的理论模型，如图 5.11(a) 所示。该模型的纵截面如图 5.11(b) 所示，其中 L_3 为格栅墙间距，L' 为楔形梯形部分右侧的失效高度。通过楔形体的水平和垂直方向静力平衡来确定开挖面的极限支护应力 P_c。

（1）计算 $T_{s,4}$

楔形物的三角形截面如图 5.11(c) 所示，其中三角形顶部到第 j 条土带的距离为 z，第 j 条土带长度为 L_z，三角形边坡倾角为 θ，压力 σ_v 作用于隧道顶部。

基于图 5.11(c) 中的几何关系，L_z 可以表示为

$$\tan\theta = \frac{D - L' - z}{L_z} \tag{5.54}$$

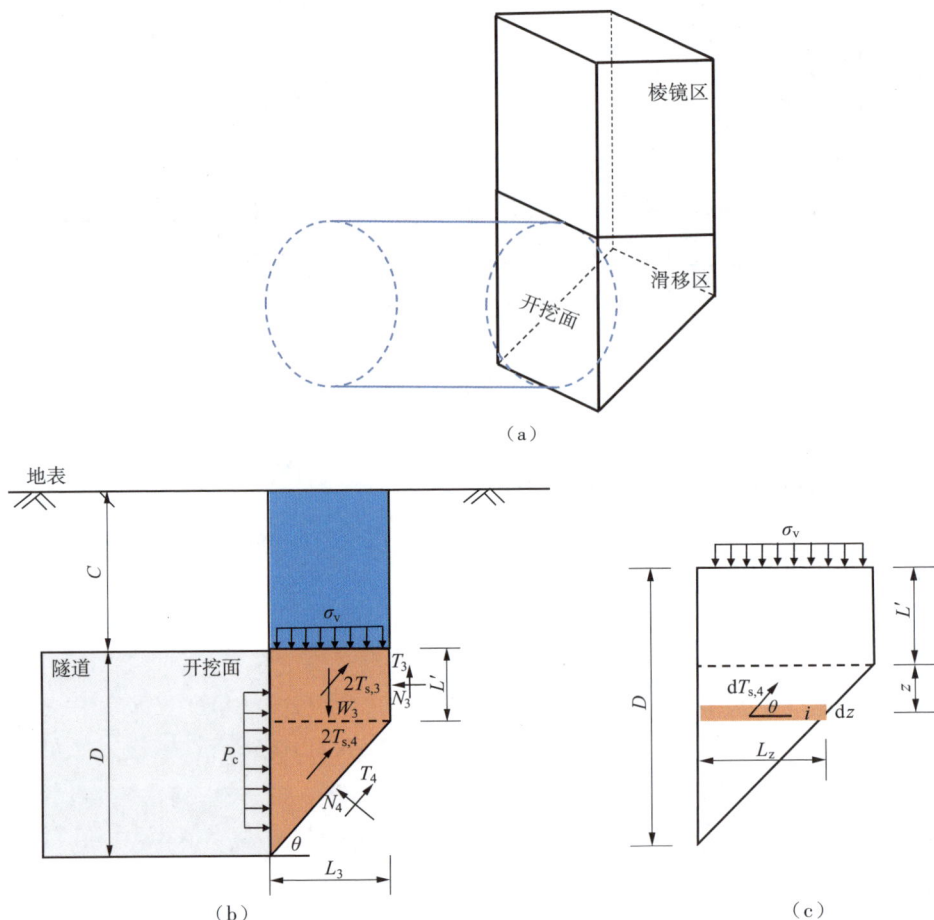

图 5.11 "非穿透型破坏"对数螺旋-棱镜模型
(a) 主视图；(b) 纵向截面；(c) 土层微单元

$$L_z = \frac{D - L' - z}{\tan\theta} \tag{5.55}$$

因此，$T_{s,4}$ 可以通过下式计算得到：

$$dN_{s,4} = [(L' + z)\gamma + \sigma_v]L_z K_0 dz \tag{5.56}$$

$$dT_{s,4} = cL_z dz + dN_{s,4}\tan\theta \tag{5.57}$$

$$2T_{s,4} = 2\int_0^{D'-L'} dT_{s,4} = 2\int_0^{D'-L'}\{cL_z + [(L' + z)\gamma + \sigma_v]L_z K_0\tan\theta\}dz \tag{5.58}$$

（2）计算 P_c

如图 5.11(b)所示，作用于楔形体上的力由七个部分组成：①分布在楔形体左

侧的法向力 N_3 和剪切力 T_3；②楔形体底面的法向力 N_4 和剪切力 T_4；③垂直土压力的应力 σ_v；④楔形体重力 W_3；⑤两个矩形横截面上的剪切力 $2T_{s,3}$；⑥两个三角形横截面上的剪切力 $2T_{s,4}$；⑦隧道开挖面的支护应力 P_c。

根据图 5.11(b)中所示的几何关系,竖向力平衡可以表示为

$$BL\sigma_v + W = T_3 + N_4\cos\theta + (T_4 + 2T_{s,3} + 2T_{s,4})\sin\theta \tag{5.59}$$

然后,T_3,T_4 以及 $2T_{s,3}$ 可以通过下式计算得到:

$$N_3 = (C + L'/2)\gamma BL'K_0 \tag{5.60}$$

$$T_3 = cBL_2 + N_3\tan\theta = cBL_2 + (C + L'/2)\gamma BL'K_0\tan\theta \tag{5.61}$$

$$T_4 = cB\frac{D-L'}{\cos\theta} + N_4\tan\theta \tag{5.62}$$

$$N_{s,3} = (\sigma_v + \gamma L'/2)LL'K_0 \tag{5.63}$$

$$2T_{s,3} = 2(cLL' + N_{s,3}\tan\theta) = 2cLL' + (2\sigma_v + \gamma L_2)LL'K_0\tan\theta \tag{5.64}$$

$$W_3 = \frac{1}{2}(D + L')\gamma BL \tag{5.65}$$

$$B = \pi D/4 \tag{5.66}$$

将式(5.60)～式(5.66)代入式(5.59),计算得

$$N_4 = \left\{\left[\sigma_v + \frac{1}{2}\gamma(D+L')\right]BL - \left[cBL' + \left(C+\frac{L'}{2}\right)\gamma BL'K_0\tan\theta\right] + 2\sigma_v L_1 L'K_0\tan\theta + \right.$$
$$\left. \gamma L'^2 L_1 K_0\tan\theta - 2cL_1L' - 2T_{s,4} - cB(D-L')\tan\theta\right\}\Big/(\cos\theta + \tan\theta\sin\theta) \tag{5.67}$$

另外,水平力平衡方程可以表示为

$$BDP_c + (2T_{s,3} + 2T_{s,4} + T_4)\cos\theta = N_4\sin\theta + N_3 \tag{5.68}$$

基于式(5.68),P_c 可以计算为

$$P_c = \frac{(N_4\sin\theta + N_3) - (2T_{s,3} + 2T_{s,4} + T_4)\cos\theta}{BD'} \tag{5.69}$$

4) 理论模型验证

将理论模型的预测结果与数值结果进行对比验证。如表 5.2 所示,共研究了 10 种工况,分别为 $L/D = 0.00$、0.10、0.20、0.25、0.30、0.40、0.50、0.75、1.00 以及未加固地层,通过对比可知,理论模型预测与数值分析结果的差异均在 10% 以内。如图 5.12 所示,理论模型预测和数值模拟结果均显示 P_c 先是减小,然后增大,最后随着 L 的增加而趋于稳定;当 $L = 0.20D$ 时,隧道开挖面主动极限支护应力达到最小。因此,格栅间距选择 0.20D 较为合理。

表 5.2　理论模型预测结果与数值结果之间的差异

L/D	0.00	0.10	0.20	0.25	0.30	0.40	0.50	0.75	1.00	未加固地层
P_{c1}/kPa	57.4	34.4	13.2	33.0	64.0	109.8	122.8	137.5	148.0	148.2
P_{c2}/kPa	55.8	32.1	12.3	31.9	62.3	103.5	119.1	133.7	145.4	145.4
差异/%	2.8	5.9	7.1	3.4	2.7	5.9	3.1	2.8	1.8	1.8

注：P_{c1} = 数值结果；P_{c2} = 理论结果；差异 = $|P_{c1} - P_{c2}|/[0.5(P_{c1} + P_{c2})]$。

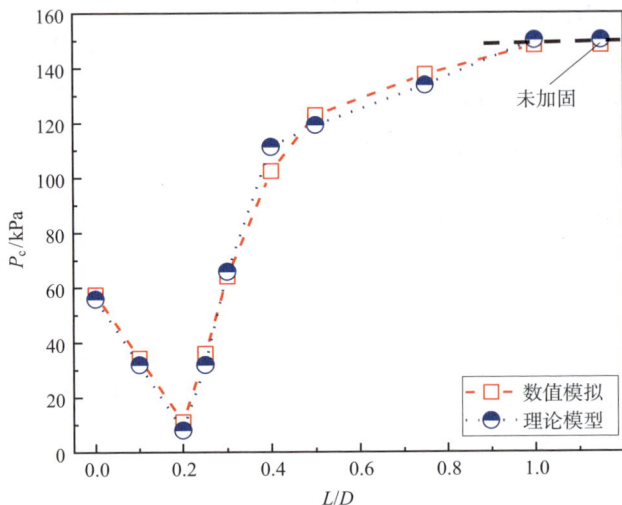

图 5.12　理论模型预测与数值结果的对比分析

　　类似地，可以建立被动失稳理论分析模型并得到被动极限支护应力的计算公式。限于篇幅，本书不再赘述，具体可参见文献[11]。

5.2.3　理论评估模型应用效果分析

　　利用理论评估模型对珠海横琴-杜洲隧道工程左线格栅加固段的主动极限支护应力和被动极限支护应力进行预测，并利用掘进过程中盾构仓内监测的压力进行验证，从而分析理论评估模型的有效性。

　　珠海横琴-杜洲隧道位于珠三角南部，穿越马骝洲水道。该项目由双曲线隧道组成，东隧道为 1995m，西隧道为 2032m，设计速度为 60km/h。场地标高在 −7.78m 至 4.06m，土层自上而下分布为素填土、淤泥、淤泥性黏土和砂岩。隧道采用直径 15m 的泥水平衡盾构机进行开挖，沿线的地层剖面如图 5.13 所示。淤泥层的有效黏聚力为 13.3kPa，有效内摩擦角为 13.1°，液性指数 I_L 大于 1.0（流塑状态),标准贯入试验值仅为 0.7。隧道最小覆土厚度仅为 0.50D,开挖面支护应力的可控范围较窄,很可能导致开挖过程中开挖面主动失稳或被动破坏。为保证盾构施工安全,本工程采用格栅布置的三轴搅拌桩对隧道周围土层进行加固,如图 5.13 所示。

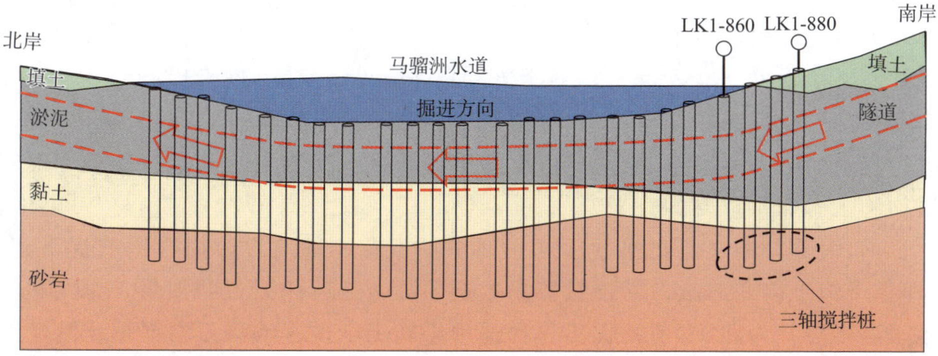

图 5.13　隧道掘进地质剖面图

利用主动和被动失稳理论分析模型可分别计算得到格栅加固段的主动极限支护应力和被动极限支护应力,结果如图 5.14 所示。图中,绿色虚线表示主动极限支护应力,红色虚线表示被动极限支护应力,蓝色虚线表示随隧道覆盖深度变化的静止土压力,黄色的圆圈表示盾构仓内的实际压力。从图中可知,盾构仓内压力变化范围为 170～280kPa,介于静止土压力和被动极限支护应力之间。根据以上数据,对于类似工程,盾构仓内压力可设置为:支护应力＝静止土压力＋(0.1～0.3)×(被动极限支护应力－主动极限支护应力)。

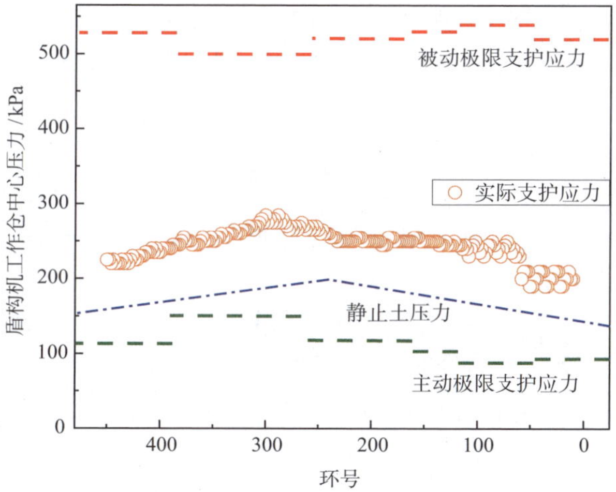

图 5.14　理论预测的极限支护应力与实际支护应力的对比

5.3 强变异地层盾构滚刀磨损预测

在盾构隧道掘进过程中,滚刀磨损不仅影响施工效率,还可能会影响施工安全。若磨损严重的滚刀未得到及时更换,会导致盾构掘进荷载异常、推进困难甚至导致其他零部件损坏的不良后果。因此,为避免出现这些情况,实际工程中常通过停机开仓来检查刀具磨损情况并更换超过允许磨损量的滚刀。但频繁停机开仓检查,不仅费时费力、存在安全隐患,还降低了施工效率、影响施工进度,所以对盾构掘进过程中的滚刀磨损量进行预测,根据预测结果选择恰当的开仓检查换刀时机,对盾构施工有非常重要的意义[12-14]。

目前,大部分的滚刀磨损量预测模型是基于有大量滚刀磨损数据前提下建立的,即基于施工前期的滚刀磨损量监测数据预测施工后期滚刀磨损量,通常只适用于施工后半段。为此,本节将提出一种适用于施工全过程的滚刀磨损量预测模型。

5.3.1 滚刀磨损预测方法构建思路

滚刀磨损过程复杂,影响滚刀磨损量的因素众多,考虑全部因素去推导滚刀磨损量预测模型不切实际且不实用。式(5.70)和式(5.71)是目前常用的磨损量计算公式,通过计算盾构掘进过程中滚刀的切削轨迹来确定滚刀的磨损量。

$$S = \frac{2\pi RNL}{V} \tag{5.70}$$

$$\delta = KS \tag{5.71}$$

式中:S 为滚刀切削距离;R 为滚刀安装半径;N 为刀盘转速;L 为盾构掘进距离;V 为盾构掘进速度;δ 为滚刀磨损量;K 为滚刀磨损系数。

同一切削轨迹布置多把滚刀时,滚刀间会有协同作用,磨损系数 K 值就会减小,考虑协同作用的前提下,滚刀磨损系数用式(5.72)计算[15]:

$$K_n = \frac{K}{n^{0.333}} \tag{5.72}$$

式中:K_n 为同一切削轨迹的 n 把滚刀的磨损系数;n 为同一切削轨迹上的滚刀数量。

式(5.70)和式(5.71)表明滚刀磨损量与切削距离、安装半径、转速成正比,与推进速度成反比。此外,滚刀磨损量与推力、扭矩之间也存在一定关系。据此,确定滚刀磨损量预测模型的构建思路如图5.15所示,即基于已完成掘进段的滚刀磨损量、刀盘转速、推进速度、推进距离、推力、扭矩及滚刀安装半径,推导建立滚刀磨损量预测公式,并随着盾构的继续掘进,不断扩充建立磨损量预测公式的数据库,更新磨损量预测公式。

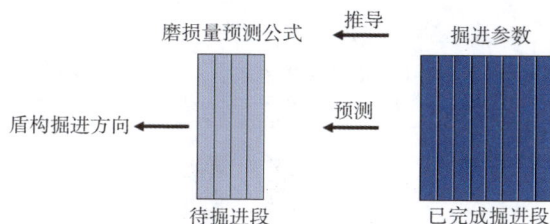

图 5.15　滚刀磨损量预测模型构建思路

5.3.2　滚刀磨损预测公式推导

图 5.16 为滚刀磨损量预测模型的详细推导过程,共包括 5 步。

步骤 1: 计算每把滚刀的单位推进距离磨损量。假设滚刀磨损系数在滚刀更换之前都不变,通过式(5.73)～式(5.76)对滚刀磨损量 δ_i 进行预处理。先通过式(5.73)计算获得不同安装半径滚刀每推进 1mm 时的切削轨迹长度 S_i,并用式(5.74)计算获得不同安装半径滚刀在该掘进区间的总切削轨迹长度 S_i',然后用式(5.75)计算不同安装半径滚刀的磨损系数 K_i,最后由式(5.76)计算获得不同安装半径滚刀的每环磨损量 δ_i。

$$S_i = \frac{2\pi R_i N_a L}{V_a} \tag{5.73}$$

$$S_i' = \sum S_i \tag{5.74}$$

$$K_i = \frac{\delta}{S_i'} \tag{5.75}$$

$$\delta_i = K_i S_i \tag{5.76}$$

式中: S_i 为不同安装半径滚刀的切削轨迹长度; R_i 为刀盘上每把滚刀的安装半径; N_a 为盾构单位推进距离的刀盘平均转速; L 为单位推进距离; V_a 为盾构单位推进距离的平均推进速度; S_i' 为不同安装半径滚刀在掘进区间内的总切削轨迹长度; K_i 为不同安装半径滚刀的磨损系数; δ 为不同安装半径滚刀磨损量; δ_i 为不同安装半径滚刀的单位推进距离磨损量。

步骤 2: 计算滚刀单位推进距离平均磨损量。在保证滚刀磨损量预测公式准确性的同时还需考虑实际应用性,每把滚刀都建立一条磨损量预测公式费时费力,所以为了保证预测公式的实际工程应用性,将所有滚刀的单位推进距离磨损量通过式(5.77)换算成单位推进距离平均磨损量 δ_a,以 δ_a 预测滚刀下一步的磨损量。

$$\delta_a = \frac{\sum \delta_i}{n} \tag{5.77}$$

盾构掘进方向

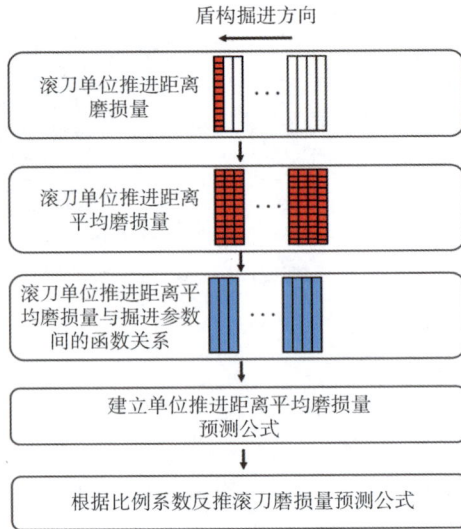

图 5.16   滚刀磨损量预测模型推导过程

式中：δ_a 为滚刀单位推进距离平均磨损量；n 为刀盘上的滚刀数量。

步骤 3：确定滚刀单位推进距离平均磨损量与掘进参数间的函数关系。建立滚刀磨损量预测公式前，需先建立滚刀单位距离平均磨损量预测公式。而建立滚刀平均磨损量预测公式，需先确定各掘进参数与滚刀平均磨损量间的函数关系。由于滚刀单位距离平均磨损量的计算已经考虑了滚刀安装半径、刀盘转速、推进速度和推进距离的影响，所以只需要确定滚刀平均磨损量与盾构推力和扭矩间的函数关系。

步骤 4：建立滚刀平均磨损量预测公式。因推力和扭矩数量级相差大，所以先对推力和扭矩进行归一化，然后通过拟合工具建立包含推力和扭矩的滚刀单位推进距离平均磨损量预测公式，即

$$\delta_a' = a\ln F + b\ln T \tag{5.78}$$

式中：δ_a' 为滚刀预测单位推进距离平均磨损量；F 为盾构推力；T 为盾构扭矩；a,b 为待求参数。

步骤 5：反推滚刀磨损量预测公式。确定滚刀单位推进距离平均磨损量预测公式后，通过式（5.79）~式（5.81）反推滚刀磨损量预测公式。具体为，先由式（5.79）确定单位推进距离不同安装半径滚刀磨损量占所有滚刀磨损量的比例系数，再由式（5.80）确定不同安装半径滚刀单位推进距离的预测磨损量，然后由式（5.81）计算获得滚刀磨损量预测值，汇总式（5.78）~式（5.81）得到滚刀磨损量预测公式（5.82）。

$$\alpha_i = \frac{\delta_i}{\sum \delta_i} \tag{5.79}$$

$$\delta_i' = \delta_a' n\alpha_i \tag{5.80}$$

$$\delta' = \sum \delta_i' \tag{5.81}$$

$$\delta' = \sum (a\ln F + b\ln T)n\alpha_i \tag{5.82}$$

式中：α_i 为不同安装半径滚刀磨损量占所有滚刀磨损量的比例的系数；δ_i' 为不同安装半径滚刀单位推进距离磨损量预测值；δ' 为不同安装半径滚刀磨损量预测值。

5.3.3　滚刀磨损预测效果分析

以珠海兴业快线超大直径盾构工程始发至 397 环区段施工数据为基础，对前述滚刀磨损预测方法进行验证。

1）实际工程数据统计分析

通过式（5.73）～式（5.77）计算获得各区间滚刀单位推进距离平均磨损量随掘进距离变化趋势（图 5.17）。

由图 5.17 可知，滚刀单位推进距离平均磨损量变化规律反映了不同的地质情况。始发至 128 环区间以软土为主，该区间滚刀单位推进距离平均磨损量变化趋势总体平稳，在 0.04～0.14mm 之间波动；129 环～174 环为砾质黏土，因该区间有大量初装旧刀，滚刀单位推进距离平均磨损量主要在 0.40～0.58mm 之间波动，且旧刀与地层接触面积大于新刀，刀盘整体受力不均匀，所以滚刀单位推进距离平均磨损量在掘进中段出现了 0.26～0.58mm 的波动，总体变化趋势平稳；175 环～259 环和 260 环～397 环区间地层软硬不均，滚刀单位推进距离平均磨损量变化呈现出三个阶段，分别为磨损较大的初期适应地层阶段、适应地层后的磨损平稳阶段及滚刀存在较大磨损后继续切削工作的磨损加剧阶段。当地层出现异常地质情况，如 175 环～259 环的孤石基岩区，则滚刀单位推进距离平均磨损量会出现突变。

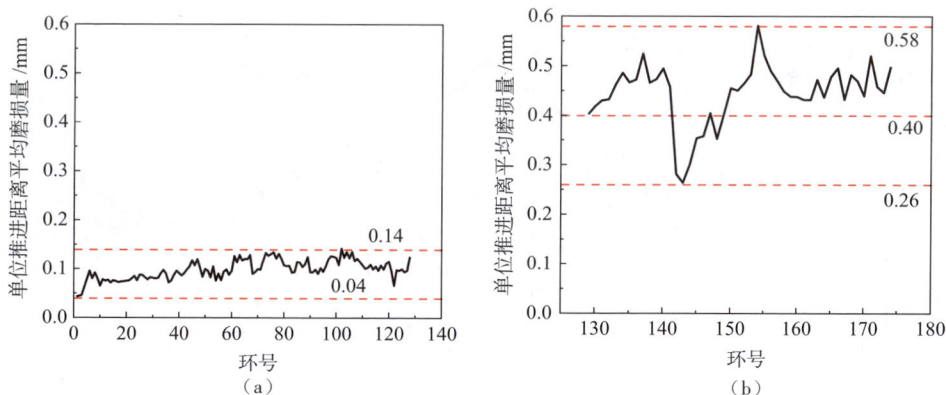

图 5.17　各区间滚刀单位推进距离平均磨损量

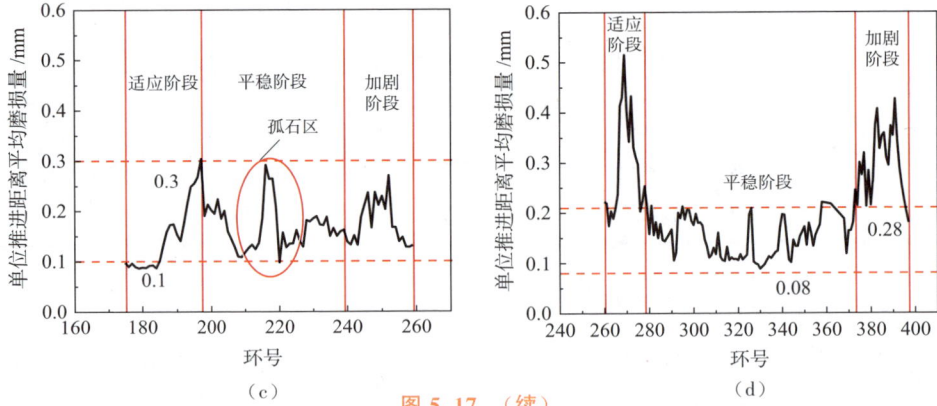

图 5.17 （续）

（a）始发至 128 环；（b）129 环～174 环；（c）175 环～259 环；（d）260 环～397 环

2）预测模型合理性验证

用已完成掘进段数据拟合公式预测下一掘进段滚刀每环平均磨损量，预测公式如表 5.3 所示，预测结果如图 5.18 所示。由图可知，随着参与建立预测公式的数据库不断扩大，预测值和实际值之间的相关性在不断增强，数据库为始发至 128 环时，R^2 为 0.70；数据库为始发至 174 环时，R^2 为 0.75；数据库为始发至 259 环时，R^2 为 0.82；用始发至 259 环数据拟合所得公式预测 260 环～397 环时，R^2 为 0.83，说明通过扩充数据库来优化公式可明显提升预测的准确性。

表 5.3　单位推进距离平均磨损量预测公式

掘进区间	单位推进距离平均磨损量预测公式
始发至 128 环	$0.989\ln F - 0.1128\ln T$
始发至 174 环	$1.1089\ln F - 0.1178\ln T$
始发至 259 环	$1.1278\ln F - 0.1208\ln T$

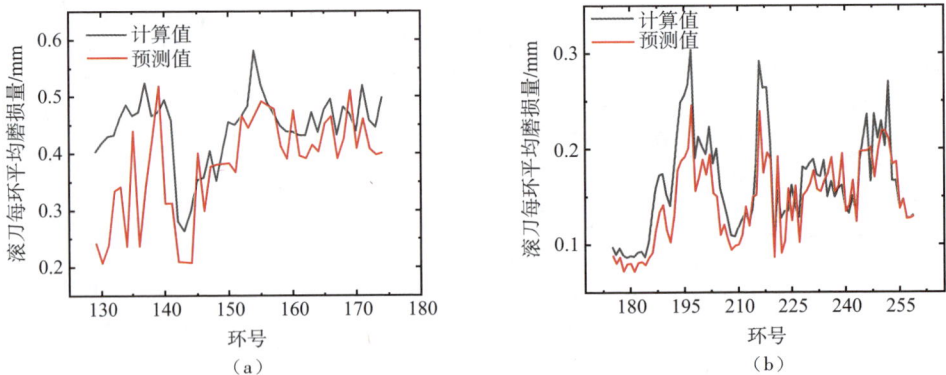

图 5.18　滚刀单位推进距离平均磨损量预测值和计算值对比

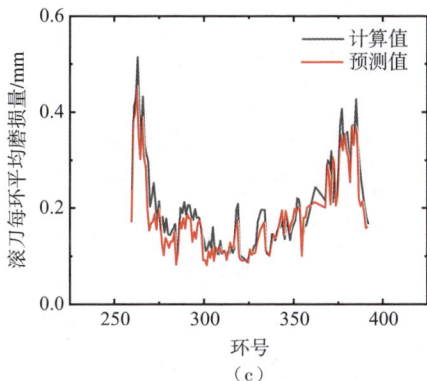

图 5.18　（续）

(a) 129 环～174 环；(b) 175 环～259 环；(c) 260 环～397 环

　　选取始发至 259 环区间段的滚刀单位掘进距离平均磨损量预测公式,通过式(5.82)反推获得滚刀磨损量预测值。图 5.19 所示为滚刀磨损量预测值和实测值的对比。由图 5.19 可知,滚刀磨损量预测模型所推导预测的滚刀磨损量预测值和实测值的 R^2 为 0.81,相关性较好,本研究推导建立的滚刀磨损量预测模型可为实际工程确定换刀时机和换刀区提供参考依据。

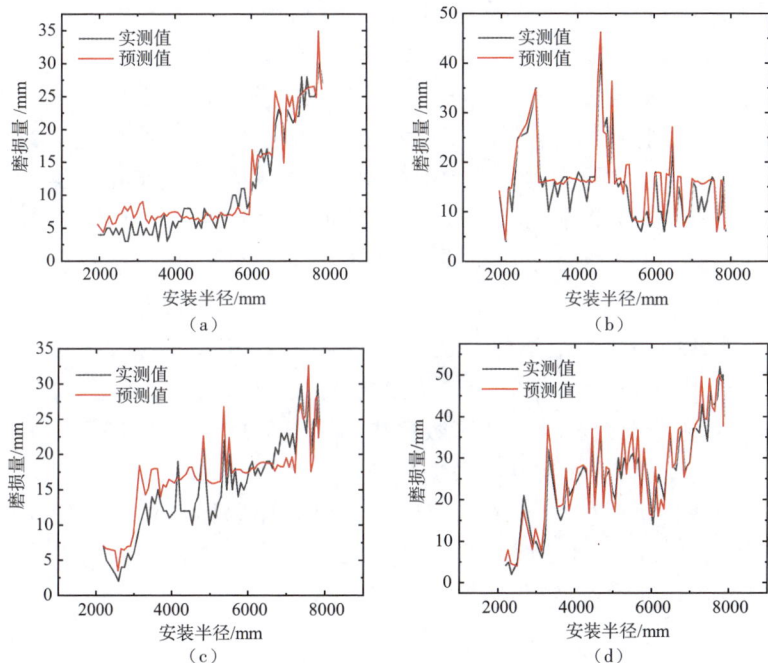

图 5.19　各区间不同安装半径滚刀磨损量预测值和实测值对比

(a) 始发至 128 环；(b) 129 环～174 环；(c) 175 环～259 环；(d) 260 环～397 环

5.4 软土地层盾构掘进姿态智能分析

在盾构掘进时,如果仅靠盾构司机凭经验进行盾构机的姿态控制,调姿将存在"有偏再纠"的滞后性和"少偏过纠"的不精确性,造成盾构掘进轴线严重偏离隧道设计轴线等后果。因此,盾构掘进的运动轨迹预测和姿态调控技术成为人们日益关注的研究热点[16]。另外,机器学习技术由于能够综合考虑盾构机几何参数、地质环境参数、盾构掘进参数等的影响,且具备自我更新机制和动态预测能力[17-18],对于解决盾构隧道掘进过程中存在的随机性和非线性问题具有较强的适用性[19-20],在盾构姿态预测和智能调控中的应用日趋广泛。

5.4.1 基于机器学习的盾构姿态预测方法

在隧道掘进过程中,影响盾构姿态的因素有很多,且它们之间存在复杂的联系,这使得常规的数学模型无法对盾构掘进姿态进行精确预测。运用机器学习中支持向量回归(support vector regression,SVR)算法,可以建立能够准确预测盾构隧道掘进姿态的数学模型。图5.20为基于主成分分析(principal component analysis,PCA)和支持向量回归算法的盾构姿态预测流程。该方法第一阶段是数据准备,即结合项目现场地质勘查报告、盾构机掘进系统和盾构设计选型,将现场数据分成地质参数、掘进参数和几何参数,利用这些参数描述盾构机所处的状态。第二阶段是数据预处理及主成分分析,主要包括消除停机数据和滤除噪声提高预测模型的精度,利用主成分分析进行数据降维。第三阶段是模型建立与执行,即建立基于主成分分析的支持向量回归(PCA-SVR)混合模型,将模型数据分为训练集和测试集,进行模型训练后,输入基于降噪后的参数预测盾构掘进姿态运动轨迹。

主成分分析法是一种通过分析原始数据集的协方差结构来减少不重要的维度,利用少数几个无关的综合指标来描述数据集的方法。这种方法通过将数据从一个坐标系统转换到另一个坐标系统,使得转换后的第一个坐标能够包含数据集中的最大方差,第二个坐标包含第二大的方差,以此类推,从而达到降维的目的。在这个过程中,主成分分析法保留了数据集的主要信息,同时忽略了那些对数据集方差贡献较小的维度,从而实现了数据的简化。

假设原始数据集 c 包含 m 个观测样本且每个样本都有 n 个特征,即矩阵 $c \in \boldsymbol{R}_{m \times n}$,那么基于矩阵 c 分析主成分的主要步骤如下。

(1)对矩阵 c 进行标准化,计算标准化矩阵 $\boldsymbol{S}_{ij}$,即

$$\boldsymbol{S}_{ij} = \frac{x_{ij} - \mu_j}{\sigma_j}, \quad 1 \leqslant i \leqslant m; 1 \leqslant j \leqslant n \tag{5.83}$$

式中:σ_j 和 μ_j 分别表示第 j 个变量的标准偏差和平均值。

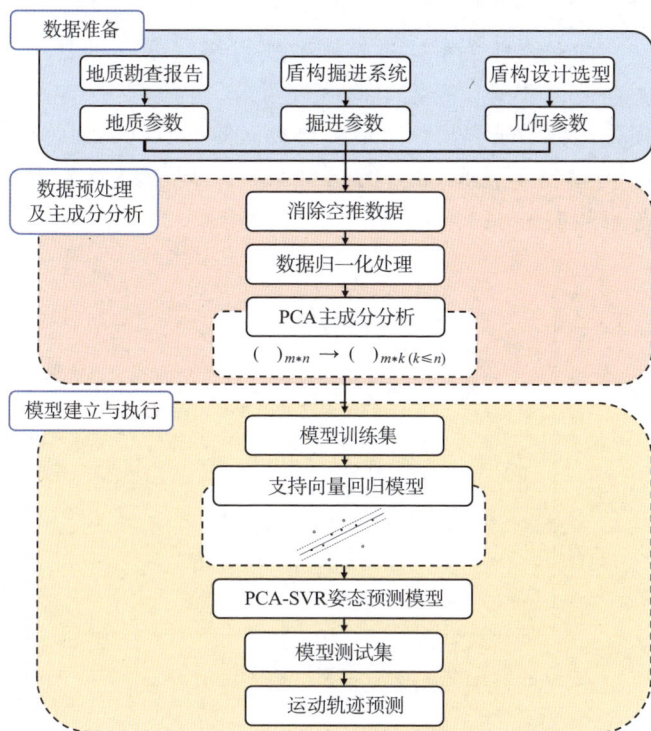

图 5.20　姿态预测流程

（2）对矩阵 $\boldsymbol{X}$ 的协方差矩阵 $\boldsymbol{C}$ 进行奇异值分解，确定协方差矩阵。

$$C = \frac{1}{m-1} SS^{\mathrm{T}} \tag{5.84}$$

（3）计算协方差矩阵 $\boldsymbol{C}$ 的特征值 $\lambda_1 \geqslant \lambda_2 \geqslant \cdots \geqslant \lambda_n$ 和对应的特征向量 P_1，$P_2, \cdots, P_n$。

（4）选择累积方差贡献率较高的主成分，以保留数据的主要信息。

$$\left\{ \min(k) \ \Big| \ \sum_{i=1}^{k} \lambda_i \Big/ \sum_{i=1}^{n} \lambda_i \geqslant T_{\mathrm{c}} \right\} \tag{5.85}$$

式中：$\sum_{i=1}^{k} \lambda_i \Big/ \sum_{i=1}^{n} \lambda_i$ 为前 k 个主成分的累积贡献率，T_c 为累积贡献率的阈值。

（5）构建降维后的数据集：

$$c' = \sum_{j=1}^{n} \alpha_{ij} \sqrt{\lambda_j} P_j \tag{5.86}$$

式中：c' 为降维后的数据集；α_{ij} 为满足标准正态分布的随机实数；n 为所选取的主成分的个数。

支持向量机是基于结构风险最小化理论和统计学习理论提出的一种机器学习

算法,该算法在解决小样本问题时具有很好的泛化能力。其基本原理是通过将输入变量在低维空间的非线性关系通过核函数映射至高维空间中,在高维空间中寻找一个最优分类面使得数据在高维空间线性可分。构建支持向量回归模型时,需要引入不敏感损失函数 ε 来寻找一个最优分类面使得所有的训练样本距离该分类面的误差最小。当模型算法的输出值(预测值)与对应的真实值之间的偏差在 $[-\varepsilon, \varepsilon]$ 时,则忽略其损失,否则将其计入损失,如图 5.21 所示。

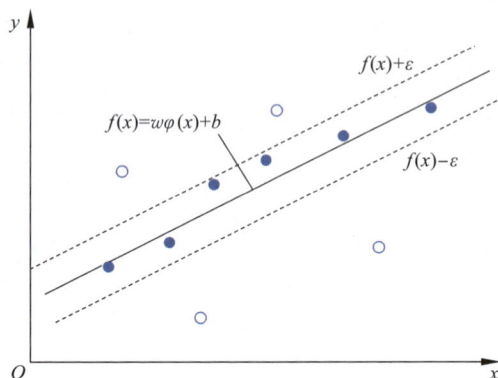

图 5.21 支持向量回归原理图

设含有 n 个训练样本 $\{x_i, y_i\}$($i=1,2,\cdots,n, x_i \in \mathbf{R}^n, y_i \in \mathbf{R}$),其中 x_i 为第 i 个样本的输入变量,y_i 是对应的输出参数。在高维空间中建立线性回归函数,通过非线性映射关系将样本投射到高维线性空间中:

$$f(x) = w\varphi(x) + b \tag{5.87}$$

式中:w 和 b 为待求解参数。

为寻找最优的 w 和 b,引入松弛变量 ξ_i 和 ξ_i^* 构造极小值目标函数,即

$$\min \frac{1}{2} \| w \|^2 + C \sum_{i=1}^{n} (\xi_i + \xi_i^*)$$

$$\text{s. t.} \begin{cases} y_i - w\varphi(x_i) - b \leqslant \varepsilon + \xi_i \\ -y_i + w\varphi(x_i) + b \leqslant \varepsilon + \xi_i^* \\ \xi_i \geqslant 0, \xi_i^* \geqslant 0 \\ i = 1, 2, \cdots, n \end{cases} \tag{5.88}$$

式中:C 为惩罚因子,C 越大表示对训练误差大于 ε 的样本惩罚越大;ε 反映了回归函数的误差要求,ε 越小表示回归函数的误差越小。

根据最优化理论转化为对偶问题,引入拉格朗日(Lagrange)函数和核函数 $k(x_i, x_j) = \varphi(x_i)\varphi(x_j)$ 进行求解:

$$\max_{\alpha,\alpha^*}\left[-\frac{1}{2}\sum_{i=1}^{n}\sum_{j=1}^{n}(\alpha_i-\alpha_i^*)(\alpha_j-\alpha_j^*)k(x_i,x_j)-\right.$$

$$\left.\sum_{i=1}^{n}(\alpha_i+\alpha_i^*)\varepsilon+\sum_{i=1}^{n}(\alpha_i-\alpha_i^*)y_i\right]$$

$$\text{s. t.}\begin{cases}\sum_{i=1}^{n}(\alpha_i-\alpha_i^*)=0\\[2mm]0\leqslant\alpha_i\leqslant C\\[2mm]0\leqslant\alpha_i^*\leqslant C\end{cases}\tag{5.89}$$

设求解上式得到的最优解为 $\alpha=[\alpha_1,\alpha_2,\cdots,\alpha_n]$，$\alpha^*=[\alpha_1^*,\alpha_2^*,\cdots,\alpha_n^*]$，则

$$w^*=\sum_{i=1}^{n}(\alpha_i-\alpha_i^*)\varphi(x_i)$$

$$b^*=\frac{1}{N_{\text{nsv}}}\left\{\sum_{0<\alpha_i<C}\left[y_i-\sum_{x_i\in\text{SV}}(\alpha_i-\alpha_i^*)k(x_i,x_j)-\varepsilon\right]+\right.$$

$$\left.\sum_{0<\alpha_i<C}\left[y_i-\sum_{x_j\in\text{SV}}(\alpha_i-\alpha_i^*)k(x_i,x_j)+\varepsilon\right]\right\}\tag{5.90}$$

式中：N_{nsv} 为支持向量个数；SV 为支持向量样本。

最终得到支持向量回归函数为

$$f(x)=\sum_{i=1}^{n}(\alpha_i-\alpha_i^*)k(x_i,x)+b^*\tag{5.91}$$

5.4.2　数据预处理和参数选择

1）数据预处理

盾构机自动采集系统以每隔 1 分钟记录一次的形式进行现场数据采集，包括盾构机工作和每环掘进后停机进行管片安装时段。因此，数据集包括大量在停机时采集的空数据。当掘进速度、刀盘扭矩、总推力和刀盘转速等参数中任意一个为零时，盾构机视为非停机状态。在数据预处理时，定义函数

$$Q=f(\text{AR})\cdot f(\text{TO})\cdot f(\text{TH})\cdot f(\text{CRS})\tag{5.92}$$

式中：AR 为掘进速度；TO 为刀盘扭矩；TH 为总推力；CRS 为刀盘转速。若变量值为零，则函数 $f(x)$ 的值为零，函数 Q 也为零，系统将把这部分数据删除。

此外，为了加速模型计算收敛，采用下式对数据进行归一化处理。

$$X_t^i=\frac{x_t^i-x_{\min}^i}{x_{\max}^i-x_{\min}^i}\tag{5.93}$$

式中：X_t^i 为第 i 个变量在 t 时刻的归一化数据；$x_{\min}^i$ 和 $x_{\max}^i$ 分别表示第 i 个变量的最小值和最大值；x_t^i 表示第 i 个变量在 t 时刻的数据。

2）参数选择

在掘进过程中，盾构机由激光导航系统定向，配置了莱卡全站仪进行测量，测得盾头水平偏差（FHD）、盾头垂直偏差（FVD）、盾尾水平偏差（BHD）、盾尾垂直偏差（BVD）、滚动角（Ω）、俯仰角（α）等参数（图 5.22）。通过其中的 FHD、FVD、Ω 和 α 可量化盾构机掘进姿态运动轨迹。如图 5.23 所示，当盾头或盾尾沿掘进方向在隧道设计轴线（DTA）右侧时，对应的水平偏差为正；当盾头或盾尾高于 DTA 时，对应的垂直偏差为正。系统选择这 4 个参数作为预测模型的输出参数。

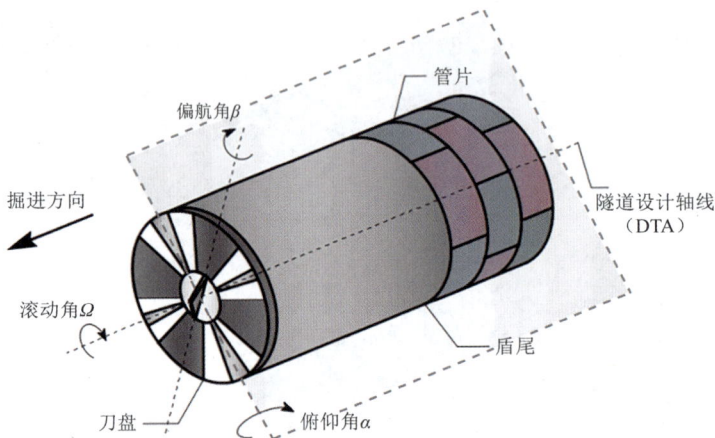

图 5.22　盾构机和姿态角

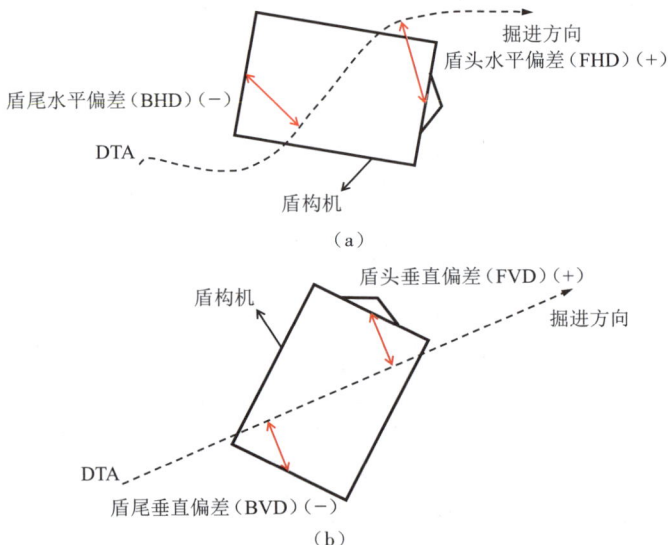

（a）

（b）

图 5.23　盾构掘进路线投影和姿态偏差示意

（a）俯视图；（b）侧视图

　　模型输入参数包括盾构机几何参数、地质环境参数和盾构掘进参数。盾构机几何参数包括盾构隧道覆土厚度(TC)、设备侧滚(ER)和设备倾角(ED)。从推进系统和导向系统等盾构机设备中获取的掘进参数包括千斤顶油缸总推进力(TH)、各组油缸的推进压力(TP)和行程(SP)、刀盘速度(CRA)、刀盘转速(CRS)、刀盘扭矩(TO)、掘进速度(AR)、贯入度(P)、刀盘伸缩总推力(CHET)、刀盘伸缩总扭矩(CHETO)等。地质参数由项目地质勘探资料获取,主要包括盾构掘进时上层素填土厚度(UPT)、上层冲填土厚度(UFS)、上层淤泥厚度(UST)和所在断面淤泥层厚度(ST)。

5.4.3　盾构姿态预测效果验证

　　采用珠海横琴-杧洲左线隧道 10 环～232 环掘进期间所采集的 223 组数据建立数据库。选择表 5.4 所列的序号 1～序号 27 的共 27 个参数为输入参数,以盾头水平偏差(FHD)、盾头垂直偏差(FVD)、滚动角(Ω)和俯仰角(α)为输出参数,对盾构姿态预测效果进行验证。

　　数据预处理后共包含 22 214 个数据。数据经预处理后首先进行主成分分析,识别 27 个输入参数的基本特征,得到各主成分的贡献率,如图 5.24 所示。表 5.5 给出了主成分的累计贡献率,由此可知前 9 个主成分的累计贡献率为 90%,说明前 9 个主成分可以覆盖原始数据的主要信息[21]。

表 5.4　输入和输出参数统计信息

序号	参数	最小值	最大值	平均值	单位
1	设备侧滚 ER	−216	41	−51.03	mm
2	设备倾角 ED	−5.5	−1.9	−4.63	%
3	刀盘速度 CRA	0.7	1.6	1.32	r/min
4	刀盘转速 CRS	3084	7031	5797.88	r/min
5	刀盘扭矩 TO	682	17 644	5601.23	kN·m
6	A 组油缸推进压力 TPA	3	153	73.15	kg/cm²
7	B 组油缸推进压力 TPB	4	161	75.06	kg/cm²
8	C 组油缸推进压力 TPC	4	231	93.80	kg/cm²
9	D 组油缸推进压力 TPD	74	246	158.36	kg/cm²
10	E 组油缸推进压力 TPE	8	234	120.60	kg/cm²
11	F 组油缸推进压力 TPF	3	191	104.76	kg/cm²
12	掘进速度 AR	2	49	16.53	mm/min
13	贯入度 P	1.4	35.2	12.55	mm/r
14	总推进力 TH	19 486	96 784	66 403	kN
15	A 组油缸行程 SPA	428	2746	1641.74	mm
16	B 组油缸行程 SPB	470	2695	1613.00	mm

续表

序号	参数	最小值	最大值	平均值	单位
17	C 组油缸行程 SPC	542	2753	1664.61	mm
18	D 组油缸行程 SPD	568	2779	1702.84	mm
19	E 组油缸行程 SPE	575	2849	1753.88	mm
20	F 组油缸行程 SPF	458	2796	1696.40	mm
21	刀盘伸缩总推力 CHET	−6657	40 227	7341.95	kN
22	刀盘伸缩总扭矩 CHETO	851	33 418	8452.68	kN · m
23	上层素填土厚度 UPT	0	7.97	2.00	m
24	上层冲填土厚度 UFS	0	11.39	3.56	m
25	上层淤泥厚度 UST	0	14.42	8.41	m
26	所在断面淤泥层厚度 ST	19	44	33.16	m
27	隧道覆土厚度 TC	9	18	13.98	m
28	滚动角 Ω	−0.26	2.02	1.19	(°)
29	俯仰角 α	−2.90	−0.94	−2.43	(°)
30	盾头水平偏差 FHD	−26	49	10.04	mm
31	盾头垂直偏差 FVD	−93	38	−41.95	mm

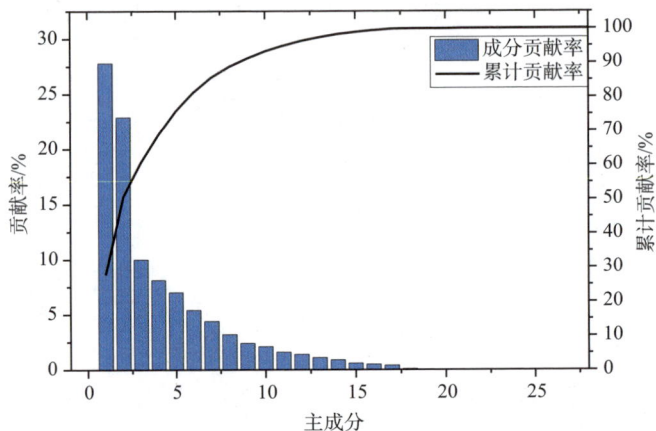

图 5.24　输入参数主成分分析结果

表 5.5　主成分贡献率排序

主成分	1	2	3	4	5	6	7	8	9
贡献率	0.28	0.23	0.10	0.08	0.07	0.05	0.04	0.03	0.02
累计贡献率	0.28	0.51	0.61	0.69	0.76	0.81	0.85	0.88	0.90

将 10 环～190 环的数据(17 812 个,占总数据样本的 80%)作为训练数据集,191 环～232 环的数据(4402 个,占总数据样本的 20%)作为测试数据集。利用训练数据集对 PCA-SVR 混合模型进行训练,再利用训练后的模型对盾构姿态进行预测并与测试集的数据进行对比,结果如图 5.25 和表 5.6 所示。

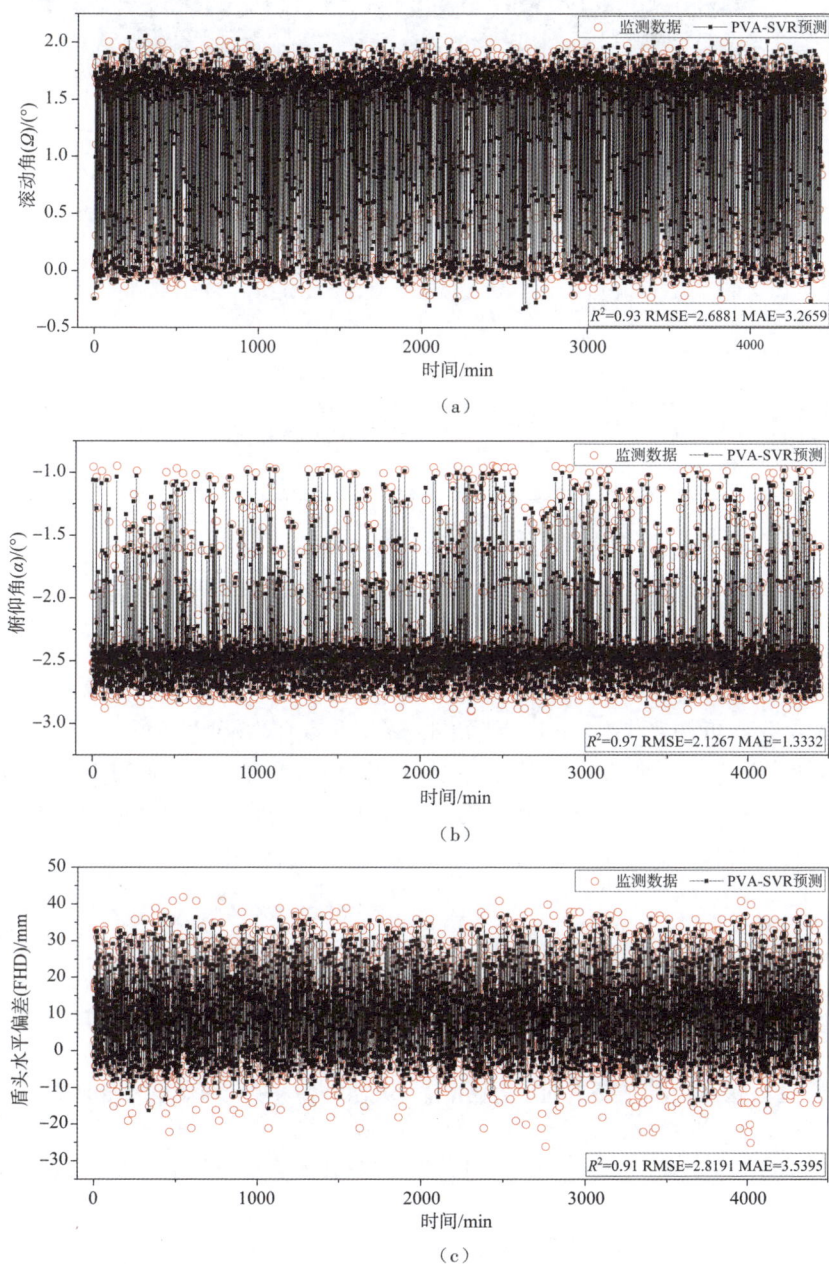

（a）

（b）

（c）

图 5.25　盾构姿态参数的预测和验证

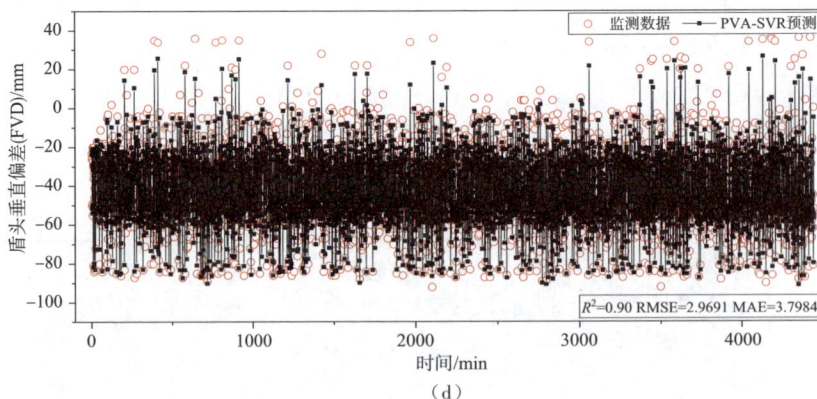

图 5.25　（续）

(a) 滚动角（Ω）；(b) 俯仰角（α）；(c) 盾头水平偏差（FHD）；(d) 盾头垂直偏差（FVD）

表 5.6　姿态参数预测效果

评价指标	滚动角（Ω）/(°)	俯仰角（α）/(°)	盾头水平偏差（FHD）	盾头垂直偏差（FVD）
R^2	0.93	0.97	0.91	0.90
RMSE	2.69	2.13	2.82	2.97
MAE	3.26	1.33	3.54	3.79

由图 5.25 可知，PCA-SVR 混合模型预测的 Ω 值在 $-0.25°\sim2.0°$，α 值在 $-3.0°\sim-1.0°$，FHD 值在 $-15\sim35$mm，FVD 在 $-90\sim30$mm，与监测数据基本一致。由表 5.6 可知，Ω、α、FHD、FVD 的相关系数（R^2）分别为 0.93、0.97、0.91 和 0.90，均大于 0.90，且均方根误差（RMSE）和平均绝对误差（MAE）均较小，表明姿态参数预测效果较好，本书所提出的基于主成分分析的支持向量回归盾构姿态预测模型能准确预测掘进过程中的盾构机姿态和运动轨迹。

参考文献

[1] 陈建芹,冯晓燕,魏怀.中国水下隧道数据统计与分析(截至 2023 年底)[J].隧道建设(中英文),2024,44(4):826-881.

[2] 代洪波,季玉国.我国大直径盾构隧道数据统计及综合技术现状与展望[J].隧道建设(中英文),2022,42(5):757-783.

[3] 竺维彬,米晋生,王晖,等.复合地层盾构隧道修建技术创新与展望[J].现代隧道技术,2024,61(2):90-104.

[4] 柳献,孙齐昊.盾构隧道衬砌结构连续性破坏事故案例分析[J].隧道与地下工程灾害防治,2020,2(2):21-30.

[5] ANAGNOSTOU G，KOVÁRI K. Face stability conditions with earth-pressure-balanced shields [J]. Tunnelling and Underground Space Technology，1996，11(2)：165-173.

[6] ANAGNOSTOU G. The contribution of horizontal arching to tunnel face stability ［J］. Geotechnik，2012，35(1)：34-44.

[7] BRINKGREVE R B J，SWOLFS W M，ENGIN E. Plaxis Introductory：Student Pack and Tutorial Manual 2010 ［M］. Boca Raton：CRC Press，Inc.，2011.

[8] CHEN R P，LI J，KONG L G，et al. Experimental study on face instability of shield tunnel in sand [J]. Tunnelling and Underground Space Technology，2013，33：12-21.

[9] HUANG M S，L Y S，SHI Z H，et al. Face stability analysis of shallow shield tunneling in layered ground under seepage flow ［J］. Tunnelling and Underground Space Technology，2022，119：104201.

[10] CHEN R P，TANG L J，YIN X S，et al. An improved 3D wedge-prism model for the face stability analysis of the shield tunnel in cohesionless soils ［J］. Acta Geotechnica，2015(5)，10：683-692.

[11] SONG Q L，SU D，PAN Q J，et al. Limit equilibrium models for passive failure of a large-diameter shield tunnel face in reinforced soft clay ［J］. Acta Geotechnica，2024，19(8)：5231-5247.

[12] 王家庭，梁栋，袁春来，等. 地铁对城市劳动生产率的影响研究：以中国 70 个大中城市为例 ［J］. 城市观察，2020(5)：106-119.

[13] 王成善，周成虎，彭建兵，等. 论新时代我国城市地下空间高质量开发和可持续利用[J]. 地学前缘，2019，26(3)：1-8.

[14] 顾岷. 我国城市轨道交通发展现状与展望[J]. 中国铁路，2011(10)：53-56.

[15] 张晓平，唐少辉，吴坚，等. 苏通 GIL 综合管廊工程泥水盾构穿越致密复合砂层磨蚀性预测分析[J]. 工程地质学报，2017，25(5)：1364-1373.

[16] 丁智，董毓庆，张霄，等. 盾构姿态变化对管片影响与控制研究及展望[J]. 科学技术与工程，2021，21(21)：8745-8756.

[17] 刘建，泥水盾构高精度智能姿态调整技术研究[D]. 杭州：浙江大学，2018.

[18] 董传真，基于深度学习的盾构掘进姿态预测研究[D]. 烟台：鲁东大学，2022.

[19] SHAHROUR I，ZHANG W G. Use of soft computing techniques for tunneling optimization of tunnel boring machines ［J］. Underground Space，2021，6：233-239.

[20] JORDAN M I，MITCHELL T M. Machine learning：trends，perspectives，and prospects ［J］. Science，2015，349(6245)：255-260.

[21] GAJJAR S，PALAZOGLU A. A data-driven multidimensional visualization technique for process fault detection and diagnosis ［J］. Chemometrics and Intelligent Laboratory Systems，2016，154：122-136.

第 6 章

双洞密贴顶管车站顶进施工智能控制

双洞密贴顶管法建造地铁车站面临浅埋、超大断面顶进,地层环境影响大,顶管机姿态控制和调整难等挑战,亟须在施工中应用数字孪生技术,基于平行推演实现风险预警和掘进参数智能调控,提高建造过程的风险管控和质量管控能力。本章结合全球首例双洞密贴顶管车站建造工程,详细介绍顶进施工智能控制平台的构建与实施。首先,介绍了工程背景和关键难点、传统控制模式的不足以及智能控制的必要性,针对智能控制在该工程案例中的主要挑战提出相应的解决方案和策略。其次,介绍了智能控制平台所采用的顶管顶进平行推演算法,包括如何结合顶管机姿态以及地层、箱涵沉降计算理论来提高控制平台的分析效率和算法的准确性。最后,详细描述智能控制的技术要点以及步骤,并基于案例实践对智能控制模块实施效果进行了全面评估。

6.1 项目背景与需求分析

在地铁建设过程中,地铁站多设置在人流密集、交通繁忙、地下管线密集的十字路口附近[1],且采用明挖法建造[2](图 6.1)。明挖法施工所带来的交通疏解导致道路中断,地下管线改迁增加了成本,露天施工带来噪声、粉尘等干扰,同时基坑开挖需大规模降水,易造成周边地面沉降。明挖地铁车站的典型施工周期为 2~2.5 年,对周围建筑的安全和居民的日常生活会产生严重的负面影响[3-5]。此外,车站结构现场浇筑施工对劳动力的需求很大,人口老龄化导致我国劳动力短缺,劳动密集型的施工方法将不可持续[6]。为探索更加绿色、可持续的地铁车站建造方式,

图 6.1 明挖法建造地铁车站

深圳地铁 12 号线沙三站采用国际首创的双洞密贴顶管机械化暗挖装配式建造新工法施工[7]，以解决明挖法建造地铁车站所带来的问题。

6.1.1　项目概述

沙三地铁站位于深圳市宝安区帝堂路与沙井路交叉路口，沿沙井路方向纵向布置，该站周边城中村较为密集。该站为地下二层岛式车站，采用单柱双跨框架结构，车站总长 212m，有效站台宽度 12.6m，车站结构底部埋深 20.61m。

车站的站址范围内存在新建不久，埋深 4.2m、尺寸 11.5m×3.6m 的现浇钢筋混凝土衙边涌暗涵。该暗涵位于车站结构正上方且横穿车站公共区。如果采用传统的明挖施工方案，需要对该暗涵进行改迁，这将大量增加工程费用，同时改迁期间的道路封闭会对居民生活及出行影响巨大，产生重大的社会影响。

沙三车站施工平面布局如图 6.2 所示，该车站两端采用明挖顺作法施工，中间部分下穿箱涵段采用双洞密贴顶管法暗挖施工[8-10]，单线顶进长度 70m，左、右线累计长度为 140m。顶管段施工流程如图 6.3 所示，主要分为 S1、S2、S3、S4 和 S5 共 5 个步骤。其中，S1 为顶管机由左线始发后顶进施工至接收井左线接收，形成左洞子结构；S2 为顶管机吊装出井后转运至始发井右线进行二次始发，形成右洞子结构；S3 为插入 H 形钢，施工纵梁，实现车站结构纵向受力体系的转换，拆除上部临时侧墙，施工中板，实现车站结构横向受力体系的转换；S4 为拆除余下临时侧墙和临时支撑，实现左洞子结构的联通；S5 为施工 U 形梁、轨顶风道和站台板，完成车站投入使用前的准备工作。右线顶进时与左线密贴间距仅为 0.05m，单线管节断面尺寸为 11.275m×13.53m，环宽为 2m，整体成型管节断面尺寸为 22.6m×13.53m。

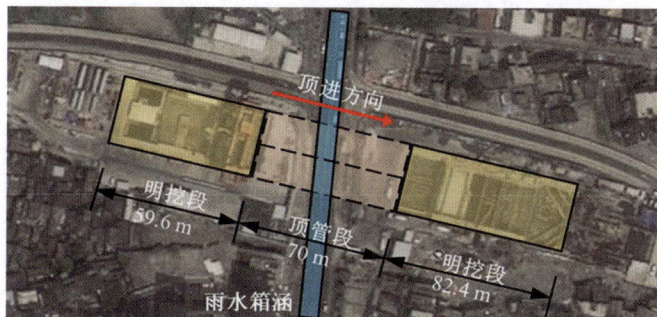

图 6.2　顶管段隧道平面布置图

根据既有地勘资料显示，沙三站所在区域地层自上而下依次为：第四系人工填土层、第四系海陆交互相淤泥、第四系全新统粉质黏土、硬塑状砂质黏性土、全-强风化花岗岩，车站底板基本位于全风化花岗岩层，土层的物理力学指标如表 6.1 所示。场地地下水主要为孔隙潜水和上层滞水，其中砂层为主要含水层，富水性和

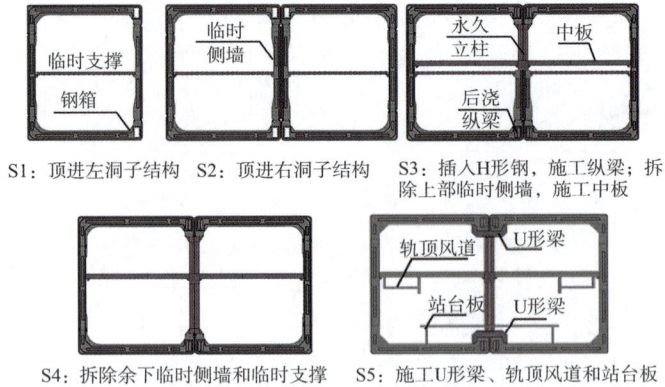

S1：顶进左洞子结构　　S2：顶进右洞子结构　　S3：插入H形钢，施工纵梁；拆除上部临时侧墙，施工中板

S4：拆除余下临时侧墙和临时支撑　　S5：施工U形梁、轨顶风道和站台板

图6.3　顶管段隧道施工流程

透水性较好，其他为弱透水层，补给来源主要为大气降水及地表水的渗透。

　　用于施工的顶管机是根据车站断面尺寸研制的世界最大断面组合式矩形顶管机"大禹掘进号"，其长11.775m、宽11.295m、高13.55m，由两台子顶管机上下组合而成，配备了14个刀盘以及四套的螺旋机排渣系统，如图6.4所示。

表6.1　地层物理力学指标

地层类别	天然密度/(kN/m³)	黏聚力/kPa	内摩擦角/(°)
素填土	17.8	15.0	13.0
粉质黏土	19.0	25.0	12.5
淤泥	15.9	10.0	4.0
砂质黏土	18.5	25.0	22.5
全风化花岗岩	18.8	30.0	25.0
强风化花岗岩	19.2	35.0	27.0

图6.4　超大断面矩形顶管机"大禹掘进号"

6.1.2　顶管施工难点分析

超大断面顶管机在浅覆土地层下施工引起的地层响应规律较为复杂,特别是下穿城市主干道及雨水箱涵,易导致地层沉降过大而影响路面交通和箱涵安全(图 6.5、图 6.6)。

图 6.5　路面沉降

图 6.6　箱涵破裂

另外,顶管机在实际顶进过程中极易发生运动轨迹偏移,偏离设计顶进轴线,如图 6.7 所示。在沙三站施工过程中,由于双洞顶管密贴间距较小,对于超大断面矩形顶管密贴顶进姿态控制要求高。一方面,间距过近会使顶管机头与既有管节发生碰撞,影响既有管节的力学性能,造成安全隐患;另一方面,间距过远则会远离顶进轴线,导致洞门接收和顶进后的结构转换困难。因此,沙三站工程面临多项顶进施工难题(图 6.8),施工安全控制和顶进精度要求较高。

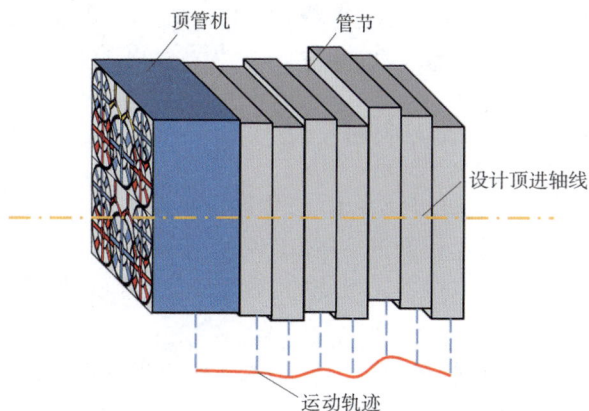

图 6.7　顶管机运动轨迹偏移

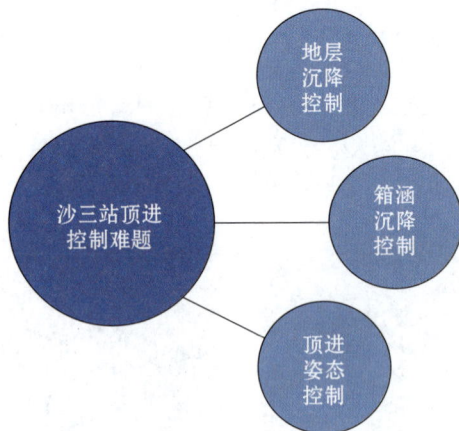

图 6.8 施工关键难题

做好施工安全控制，就要做好施工风险预警。以往传统的施工风险预警以及控制模式是通过人工监测数据与报警系统中不同的风险报警阈值进行对比，一旦监测值超过预警阈值，通过报警系统将报警信息传递到现场人员，进而进行相应的顶进调整。这种方式的监测频率低，难以对施工风险实现提前预测，存在控制滞后的缺陷；同时掘进参数的调整一般仅凭人的工程经验，缺乏科学理论指导，难以实现精准调整以满足沙三站的工程控制要求。

针对传统模式的不足，为实现对于地层、箱涵沉降以及顶进姿态的超前预警及控制，需要通过数字孪生技术，采用 GIS、BIM 和 IoT 等技术构建具备顶进施工全过程信息化管理、风险识别、预警及智能决策功能的双洞密贴顶管法地铁车站智能管理平台，收集实时监测信息并进行自动化分析、处理，对顶管机掘进参数与地层、箱涵沉降以及顶进姿态间的复杂关系进行动态、准确映射，进而实现平行推演及智能控制，从而优化顶管机掘进参数，以降低地层、箱涵沉降量以及顶进轨迹偏差。

6.1.3 智能控制关键挑战与应对策略

在数字孪生技术的工程应用过程中，由于施工场地地质环境复杂、监测方案不完善、数据类型多样难以实现数据融合等，会对实现高精度、实时智能控制造成一定困难，需要结合相应的应对策略，实现高效的数据感知、传输、融合以及推演分析。

数字孪生在双洞密贴顶管车站顶进智能控制的应用过程中，还面临如下困难。

（1）沙三站场地地理环境复杂，受限于道路交通与雨水箱涵的影响，地质钻孔难以完全覆盖顶管段，如图 6.9 所示，仅凭勘察阶段有限的钻孔数据，难以反映完整、真实的地质信息。

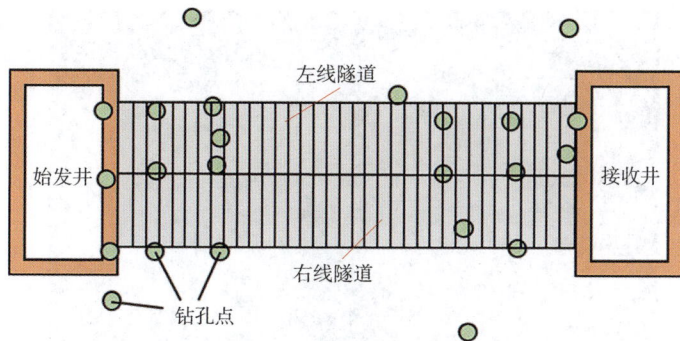

图 6.9　沙三站钻孔布置

（2）数字孪生的基础在于数据的实时获取以及更新，对于实时监测设备及方案要求较高。

（3）为实现顶管机掘进参数与地层、箱涵沉降以及顶进姿态间复杂关系的动态、准确映射，需要构建计算速度快、准确度高的预测模型，进而实现平行推演及智能控制。

（4）由于数字孪生应用于双洞密贴顶管车站工程中，孪生对象包括地层环境、箱涵、隧道结构以及顶管机等，不同的孪生对象需要不同类型的数据去实时更新对应的虚拟模型，而不同类型的数据的记录载体及格式又有所不同，如 Excel 文件、人工记录表格等，多源数据融合存在困难。

针对上述困难，通过采取相应的应对策略，完善双洞密贴顶管车站顶进智能控制模式，具体如下：

（1）针对勘察阶段有限的钻孔数据难以反映真实的地质信息的问题，先通过钻孔数据以及地质建模软件构建初始地层环境的地质模型，如图 6.10 所示，大致还原地层的整体地质信息；之后结合超前地质预报技术，获取顶管机掘进周围地层环境的地质信息；对初始地质模型局部范围进行实时更新，如图 6.11 所示。一方面局部的更新可以提供相对准确的地质信息，满足后续平行推演的需求，另一方面，只对局部范围更新能在不影响准确度的基础上提高模型计算效率，减少智能管理平台对真实地质环境的不必要反映。

（2）针对数据的实时获取以及更新，一方面采用不同的自动监测设备对孪生对象进行监测，另一方面结合定期的人工复测对自动监测数据进行校核，实现监测数据的实时、准确获取以及传输。另外，对于不同孪生对象的实时状态监测指标的监测频率也有所不同，如顶管机的掘进数据实时变化较大，采集频率较高，时间间隔为秒级，而地层沉降是一个缓慢过程，采集频率可以较低，时间间隔为天级。根据不同监测目标设置不同的监测频率，有利于监测设备的维护以及降低能源消耗，

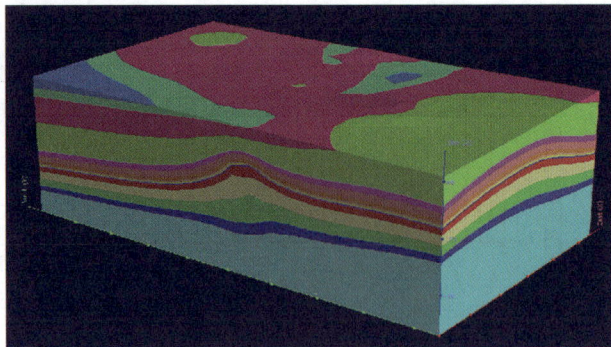

图 6.10　地质模型构建

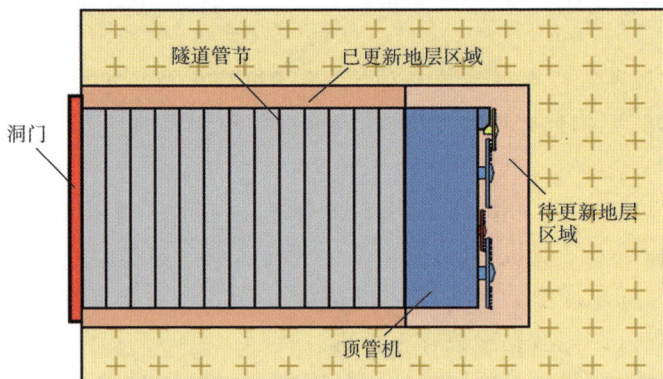

图 6.11　地质模型局部更新

同时在准确映射的基础上能降低智能管理平台接收的数据量,减轻智能管理平台的负载。

(3)在构建计算速度快、准确度高的预测模型方面,一方面结合已有研究构建理论模型反映顶管机掘进参数与地层、箱涵沉降以及顶进姿态间的响应关系,以实现在顶管机顶进初期数据量较少难以开展机器学习等技术下的准确预测;另一方面结合构建的理论模型以及机器学习等技术在一定数据量基础上,以预测值与实际值的误差是否在允许范围内为判断条件,对理论模型进行实时、动态修正,实现计算速度快、准确度高的预测模型的构建。

(4)针对多源数据融合的难题,一方面构建统一的数据格式标准,对于不同孪生对象的不同类型数据进行规范的整理,方便后续的数据保存以及提取;另一方面应用图像识别、大模型等技术将如人工记录表或者音频、视频等其他记录形式的数据转化为统一的数据格式,方便后期模型计算以及更新。

6.2 顶管顶进过程平行推演算法原理

本节针对沙三站工程面临的顶进施工多项难题,具体介绍了智能控制平台所采用的相关顶管顶进平行推演算法原理,包括如何结合顶管机姿态以及地层、箱涵沉降理论算法分析来提高控制平台的效率和算法的准确性。

6.2.1 顶管机姿态推演分析

顶管机顶进姿态调整主要依靠顶管机前盾与盾尾连接处的铰接油缸,通过调整顶管机铰接油缸压力分布,使顶管机转向并最终回到设计顶进轴线,如图 6.12 所示。在数字孪生技术应用下,初期通过理论模型进行平行推演,优化顶管机铰接油缸压力分布,降低顶进轨迹偏差,后期在一定数据量的基础上,进行数据挖掘、分析,在顶管机铰接油缸压力分布与顶进姿态的理论模型基础上进行修正,实现顶进姿态的超前、准确预测,根据预测结果不断调整压力分布使其达到较高施工安全等级,最终达到顶进姿态参数的智能决策。

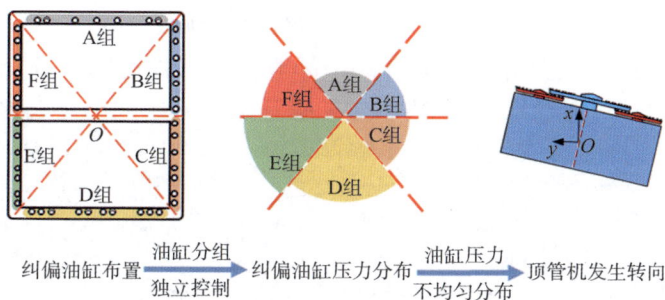

图 6.12 顶进姿态控制原理

为了实现顶管机姿态的准确预测,在已有研究[11-13]的基础上,提出了顶管机姿态理论分析模型,具体介绍如下。

由于顶管机的前盾与盾尾由铰接油缸连接,顶管机的姿态调整依赖前盾。因此,姿态控制的主要研究对象是顶管机的前盾。前盾在铰接油缸推力和外部荷载的共同作用下向前推进。为了对顶管机的姿态进行分析,首先要建立起顶管机的荷载模型。顶管机荷载模型如图 6.13 所示,其中,f_1 为前盾所受的重力;f_2 为周围土体作用于前盾的法向作用力;f_3 为摩擦力;f_4 表示作用在开挖面上的荷载;f_5 表示铰接油缸的推力。作用在顶管机前盾的荷载可分为三类:一是前盾自重 f_1,在隧道施工中基本不变;二是前盾与周围土体的相互作用力,包括 f_2、f_3、f_4;三是分组控制的铰接油缸推力 f_5,可由操作者主动控制。

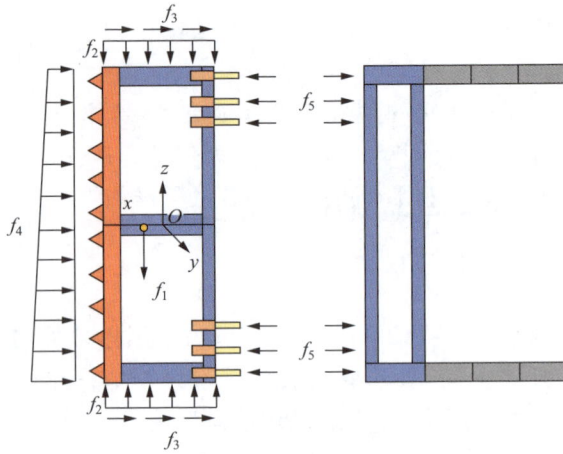

图 6.13　顶管机荷载模型

　　由于顶管机前盾的刚度远大于周围土体,可将其视为刚体。定义一个局部坐标系{O-xyz},如图 6.14 所示。局部坐标框{O}随顶管机移动,原点 O 为顶管机前盾几何中心。x 轴为顶管机的设计轴,y 轴为水平轴,z 轴为垂直轴。因此,在顶管顶进过程中,前盾的位置和姿态可以用 6 个自由度来描述,3 个自由度表示位置(原点坐标 O,也可以通过推进距离、相对于设计隧道轴线的水平偏差 HD 和垂直偏差 VD 来确定,如图 6.15 所示),3 个自由度(偏航角、俯仰角和滚转角)表示姿态。

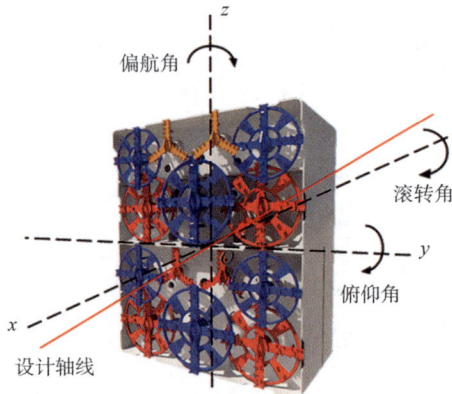

图 6.14　顶管机坐标系确定

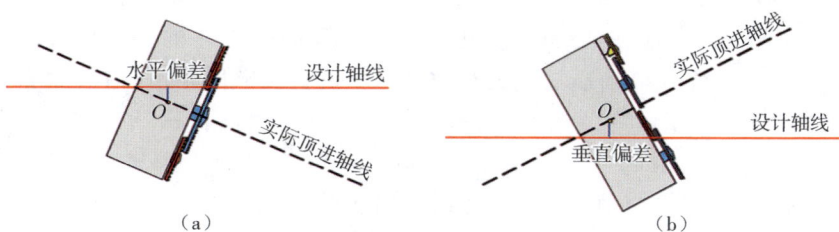

图 6.15　顶管机前进路线与轨迹偏差

(a)水平偏差(俯视图)；(b)垂直偏差(侧视图)

由于顶管机在掘进过程中时刻受到周围土体的约束,为实现顶管机姿态精准控制,首先需要考虑顶管机与土的相互作用的影响。

1. 顶管机与土的相互作用

作用在前盾盾壳的荷载包括法向力 f_2、摩擦力 f_3 和上述力产生的关联力矩。这些是造成顶管机轨迹偏差的主要荷载。采用均匀分布在前盾盾壳的非线性弹簧对周围土体进行模拟,模拟顶管机前盾与周围土体的相互作用。

(1)盾壳坐标变换

在顶管顶进过程中,不可避免地要调整顶管机的姿态,以纠正设计隧道轴线的偏差。当前盾与周围土体存在相对运动时,受压区出现被动土压力,受拉区出现主动土压力。

采用欧拉角来描述前盾盾壳相对于坐标系$\{O\}$的姿态。因此,旋转矩阵可以写成:

$$\boldsymbol{R}_z(\alpha) = \begin{bmatrix} \cos\alpha & \sin\alpha & 0 \\ -\sin\alpha & \cos\alpha & 0 \\ 0 & 0 & 1 \end{bmatrix} \tag{6.1}$$

$$\boldsymbol{R}_y(\beta) = \begin{bmatrix} \cos\beta & 0 & -\sin\beta \\ 0 & 1 & 0 \\ \sin\beta & 0 & \cos\beta \end{bmatrix} \tag{6.2}$$

$$\boldsymbol{R}_x(\psi) = \begin{bmatrix} 1 & 0 & 0 \\ 0 & \cos\psi & \sin\psi \\ 0 & -\sin\psi & \cos\psi \end{bmatrix} \tag{6.3}$$

$$\boldsymbol{R}(\alpha,\beta,\psi) = \boldsymbol{R}_z(\alpha)\boldsymbol{R}_y(\beta)\boldsymbol{R}_x(\psi) \tag{6.4}$$

式中:α、β、ψ 分别为前盾的偏航角、俯仰角和滚转角。

在实际顶进过程中,通过导向系统自动采集前盾盾头、尾盾中心的实时坐标,可以结合相应的计算方法计算出前盾的偏航角、俯仰角和滚转角。因此,可以很容易地获得前盾的位置和姿态。

顶管顶进过程中,前盾姿态的变化会引起前盾周边土体的相应位移。在确定土体位移之前,应先建立前盾盾壳的位移函数。在$\{O\}$坐标系下,前盾盾壳上任意点 S 的位置向量可表示为

$$\boldsymbol{r}_{OS} = [x \quad y \quad z]^{\mathrm{T}} \tag{6.5}$$

式中:x,y,z 表示点 S 在 x,y,z 轴上的坐标,m。

前盾姿态调整后,姿态调整引起的位置矢量变化 $\boldsymbol{r}_{OS}$ 可求解为

$$\Delta\boldsymbol{r}_{OS} = (\boldsymbol{R}(\alpha, \beta, \psi) - 1)\boldsymbol{r}_{OS} \tag{6.6}$$

如图 6.16 所示的前盾某一截面为例,前盾某一截面的初始位置表示为实线的矩形,姿态调整后的位置表示为虚线的矩形。

则由于姿态调整引起的前盾盾壳 S 点在 yOz 平面的位移可求解为

$$\Delta u_{Sh} = \Delta\boldsymbol{r}_{OS}\boldsymbol{j} \tag{6.7}$$

$$\Delta u_{Sv} = \Delta\boldsymbol{r}_{OS}\boldsymbol{k} \tag{6.8}$$

式中:$\boldsymbol{j} = [0\ 1\ 0]^{\mathrm{T}}$,$\boldsymbol{k} = [0\ 0\ 1]^{\mathrm{T}}$ 分别表示坐标系$\{O\}$中 y 轴和 z 轴的单位方向矢量。

盾壳任意点 S 所对应的土体位移 u_n 需要识别所在点的土体状态进行判定。

从图 6.17 可以看出,当 $y = \pm A/2$ 且 $\Delta u_{Sh} \cdot y > 0$ 或 $z = \pm B/2$ 且 $\Delta u_{Sv} \cdot z > 0$,任意点 S 处于被动区,u_n 为正;当 $y = \pm A/2$ 且 $\Delta u_{Sh} \cdot y = 0$ 或 $z = \pm B/2$ 且 $\Delta u_{Sv} \cdot z = 0$ 时,任意点 S 处于土压力静止状态,u_n 为零;当 $y = \pm A/2$ 且 $\Delta u_{Sh} \cdot y < 0$ 或 $z = \pm B/2$ 且 $\Delta u_{Sv} \cdot z < 0$ 时,任意点 S 处于主动区,u_n 为负值。

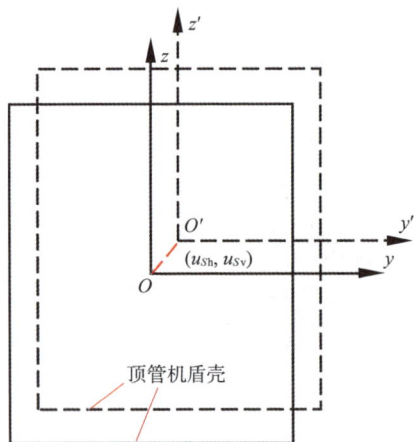

图 6.16　顶管机盾壳的位移

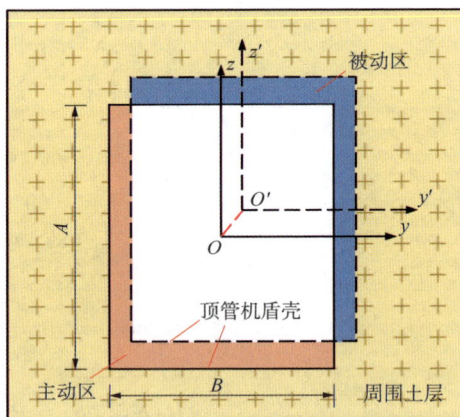

图 6.17　顶管机盾壳周围土体的位移

则土体位移可求解为

$$u_n = \begin{cases} |\Delta u_{Sh}| \cdot \text{sign}(\Delta u_{Sh}y), & y = \pm A/2 \\ |\Delta u_{Sv}| \cdot \text{sign}(\Delta u_{Sv}z), & z = \pm B/2 \end{cases} \qquad (6.9)$$

可以发现,土的位移由旋转矩阵 $\boldsymbol{R}$、前盾参数 A、B 和 S 点的位置参数 x、y、z 决定,即 u_n 是一个多元非线性函数,如下式所示:

$$u_n = f(\boldsymbol{R}, B, A, x, y, z) \qquad (6.10)$$

(2) 盾壳与土体的法向相互作用

在调整顶管机姿态前,前盾周围土体处于初始平衡状态,作用在顶管机的土压力可按静止土压力近似计算,其中顶管机上部土压力按式(6.11)计算,底部土压力按式(6.12)计算,水平土压力按式(6.13)计算,即

$$\sigma_{v0} = K_{v0}\gamma H \qquad (6.11)$$

$$\sigma_{v0} = K_{v0}\gamma H + \frac{G}{AL} \qquad (6.12)$$

$$\sigma_{h0} = K_{h0}\gamma H \qquad (6.13)$$

式中:σ_{v0} 为初始竖向土压力;σ_{h0} 为初始水平土压力;K_{v0} 为初始垂直土压力系数;K_{h0} 为静止土压力系数;γ 为土体的等效容重;H 为上覆土层厚度;G 为顶管机前盾重量。

在计算盾壳与周围土体的相互作用时,首先将顶管机的盾壳分为顶面、侧面(2 个)、底面共四个面,每个面又可以划分出大量的细小单元,如图 6.18 所示,通过计算该单元中心点的受力情况,反映该点所在单元的受力情况,进而累计所有的单元受力情况计算顶管机盾壳与周围土体的整体相互作用。

根据地基反力曲线(图 6.19)计算盾壳任意单元处的法向土压力 f_2。地基反力曲线可表示为

$$K_i(u_n) = \begin{cases} (K_{i0} - K_{imin})\tanh\left(\dfrac{a_i u_n}{K_{i0} - K_{imin}}\right) + K_{i0}, & u_n \leqslant 0 \\ (K_{i0} - K_{imax})\tanh\left(\dfrac{a_i u_n}{K_{i0} - K_{imax}}\right) + K_{i0}, & u_n \geqslant 0 \end{cases} \qquad (6.14)$$

式中:下标 i 表示土压力的方向,可取为 v 或 h,其中 v 为竖直方向,h 为水平方向;下标 0 表示初始状态;min 和 max 分别为土压力系数的下限和上限;a_i 表示函数在 $u_n = 0$ 时的梯度,可按 $a_i = k_i/\sigma_v$ 确定;k_i 为地基反力系数;u_n 为前盾与周围土体的相对位移,当计算点发生在受压区时,$u_n > 0$,当计算点发生在受拉区时,$u_n < 0$。

任意点 S 处的 σ_n 可以按下式计算:

$$\sigma_n = K_i(u_n)\sigma_{v0} \qquad (6.15)$$

式中:σ_n 表示任意点 S 处的法向力;$K_i(u_n)$ 为任意点 S 处土压力系数。

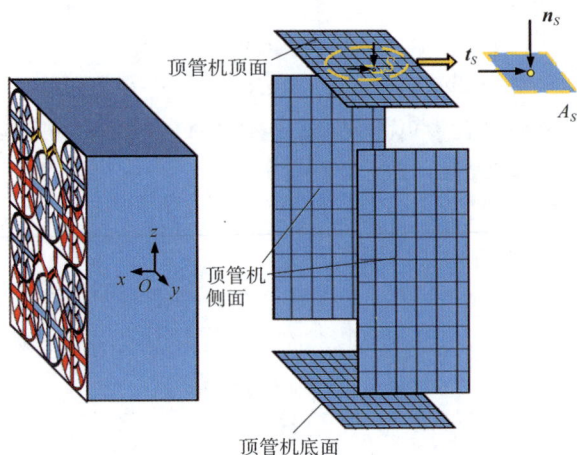

图 6.18 顶管机盾壳离散化

A_S 为任意点 S 所在网格的面积；n_S 为前盾任意点 S 处的
单位法向量；t_S 为前盾盾壳任意点 S 处的单位切矢量

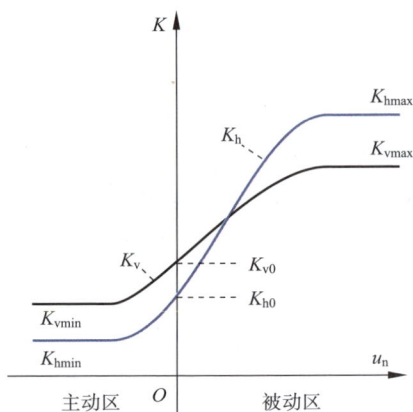

图 6.19 地基反力曲线

则作用在前盾的法向力 f_2 可由式（6.16）计算：

$$f_2 = \sum \sigma_n A_S n_S \tag{6.16}$$

式中：A_S 为任意点 S 所在网格的面积；n_S 表示前盾任意点 S 处的单位法向量。

法向应力 σ_n 会产生关于原点 O 的关联力矩，可按下式计算：

$$M(f_2) = \sum \sigma_n A_S (r_{OS} \times n_S) \tag{6.17}$$

（3）盾壳与土的切向相互作用

顶管顶进过程中，前盾不仅要承受来自周围土体的法向作用力，还要承受切向作用力（摩擦力）。盾壳与周围土体的摩擦特性与桩-土界面和管-土界面相似。

例如,桩土摩擦阻力(q_s)与桩土相对位移(s)有关,其可简化为如图 6.20 所示的上升段和平台段,其中上升段斜率可近似视为常数。参考图 6.20,顶管机-土界面切向应力 τ_S 可表示为

$$\tau_S = \mu \sigma_n \tag{6.18}$$

$$\mu = \begin{cases} \dfrac{s}{s_u} \mu_{max}, & 0 \leqslant s < s_u \\ \mu_{max}, & s \geqslant s_u \end{cases} \tag{6.19}$$

式中:τ_S 为任意点 S 处的切向应力;σ_n 为任意点 S 处的法向应力;μ 为顶管机-土界面摩擦系数,μ_{max} 可设为 $0.3\tan\varphi \sim 0.5\tan\varphi$,$\varphi$ 为周围土体摩擦角;s_u 为切向应力达到最大时的相对切向位移;s 为前盾与周围土体的相对切向位移。

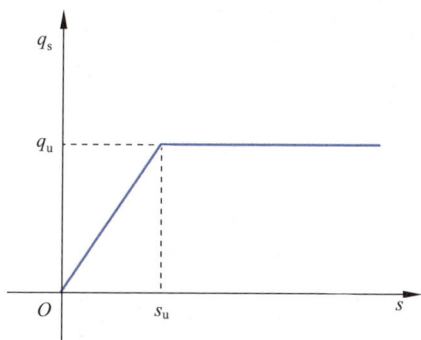

图 6.20　桩土摩擦力曲线

则作用在前盾盾壳的摩擦力 f_3 可表示为

$$f_3 = \sum \tau_S A_S t_S \tag{6.20}$$

式中:t_S 为前盾盾壳任意点 S 处的单位切矢量。

切向应力 τ_S 将产生关于原点 O 的关联力矩,可按下式计算:

$$M(f_3) = \sum \tau_S A_S (r_{OS} \times t_S) \tag{6.21}$$

(4) 作用在开挖面上的荷载

在实际顶管顶进过程中,刀盘前方开挖面土压力一般沿深度线性增加,因此可按照静止土压力理论近似计算。开挖面土压力 f_4 关于原点 O 处的力和关联力矩计算为

$$f_4 = \begin{bmatrix} -K_{h0} \gamma h B A & 0 & 0 \end{bmatrix} \tag{6.22}$$

$$M(f_4) = \begin{bmatrix} 0 & \dfrac{K_{h0} \gamma B^3 A}{12} & 0 \end{bmatrix} \tag{6.23}$$

式中:f_4 为作用在开挖面的力;$M(f_4)$ 表示 f_4 所产生的力矩;h 为顶管机轴线处埋深;B 为顶管机高度;A 为顶管机宽度。

2. 作用在顶管机上的其他荷载

除上述顶管机与土的相互作用外,作用于顶管机的其他荷载还包括前盾的重力 f_1 和铰接油缸的推力 f_5。

由于顶管机质量分布不均匀,前盾质量主要集中在刀盘处,关于原点 O 处 f_1 的力和关联力矩计算为

$$f_1 = \begin{bmatrix} 0 & 0 & -G \end{bmatrix} \tag{6.24}$$

$$M(f_1) = \begin{bmatrix} 0 & G \cdot e & 0 \end{bmatrix} \tag{6.25}$$

式中：e 为前盾的质心与形心之间的距离。

由于顶管机铰接油缸按组布置,如图 6.21 所示。则铰接油缸 f_5 的推力可表示为

$$f_5 = \begin{bmatrix} \sum_{m=1}^{6} t_m & n_m & 0 & 0 \end{bmatrix} \tag{6.26}$$

式中：m 为铰接油缸组个数；t_m 为对应铰接油缸组的单缸平均推力；n_m 为对应组中油缸的个数。

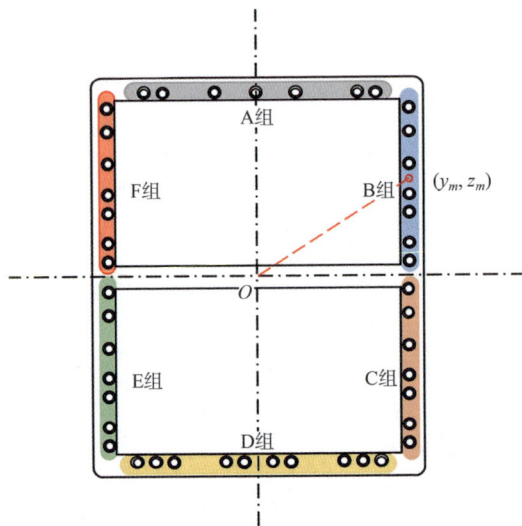

图 6.21　铰接油缸布置

推力 f_5 会产生关于原点 O 的关联力矩,可以表示为

$$M(f_5) = \begin{bmatrix} 0 & \sum_{m=1}^{6} t_m & n_m & z_m & \sum_{m=1}^{6} t_m & n_m & y_m \end{bmatrix} \tag{6.27}$$

式中：z_m 为对应油缸组在 z 轴上的坐标；y_m 为对应油缸组在 y 轴上的坐标。

3. 顶管机姿态的计算

顶管机在土体中顶进时前进缓慢,前盾处于静力平衡状态。前盾的静力平衡方程可表示为

$$\sum_{n=1}^{5} f_{ne} = 0 \tag{6.28}$$

$$\sum_{n=1}^{5} M_{ne} = 0 \tag{6.29}$$

式中: $e = x, y, z$,表示力和力矩的不同方向。

根据上述分析,可以计算顶管顶进过程中作用在前盾上的所有荷载。因此,可确定一定地质条件下姿态角 (α, β, ψ) 与由 f_5 产生的力矩 (M_{5y}, M_{5z}) 之间的关系,如图 6.22 所示。在实际应用中,通过铰接油缸进行纠偏是姿态控制的主要方法,根据姿态角与关联力矩的关系,通过控制不同铰接油缸组的推力来实现姿态调整。

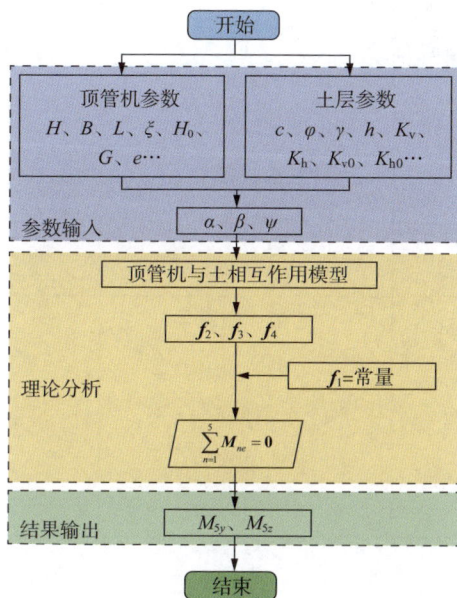

图 6.22　不同姿态角下顶管机铰接油缸力矩的计算流程

上述理论分析模型充分考虑了操作参数、姿态参数、土体参数、几何参数等因素以及这些因素之间的关系。根据沙三站的地质、施工条件以及上述算法,可实现对顶管机姿态的超前准确预测。其中,由于上述理论模型的计算参数可以通过掘进系统以及导向系统直接获取,仅需对地质参数进行一定处理。在顶进姿态预测中,需要实时更新的地质参数、掘进参数与顶进姿态参数,如表 6.2 所示。

表 6.2　实时更新的地质参数、掘进参数与顶进姿态参数汇总

序号	参数类型	参数名称	说明
1	地质参数	平均重度 γ	根据顶管机开挖面位置的实时地层参数加权计算
2		黏聚力 c	根据不同地层分别确定
3		内摩擦角 φ	
4		基床系数 K_h、K_v	
5		顶管机轴线处埋深 h	根据顶管机实时埋深确定
6	掘进参数	土仓压力 $P_1 - P_n$	根据顶管机掘进系统获取
7		前进速度	
8		刀盘转速	
9		刀盘扭矩	
10		总推力 T	
11		A 组油缸推力 t_A	
12		B 组油缸推力 t_B	
13		C 组油缸推力 t_C	
14		D 组油缸推力 t_D	
15		E 组油缸推力 t_E	
16		F 组油缸推力 t_F	
17	顶进姿态参数	俯仰角 β	根据顶管机导向系统获取
18		滚转角 ψ	
19		水平偏角 α	
20		水平偏差 HD	
21		垂直偏差 VD	

6.2.2　地层、箱涵沉降推演分析

根据已有研究[14-16]，影响地层、箱涵沉降的主要顶管机掘进参数包括推进速度、螺旋出土机转速、开挖面支护压力、顶推力、触变泥浆注浆量等。在传统的控制模式中，顶管机驾驶员通过监测数据调整对应的参数，具体调整幅度依赖人为经验，并不可靠，缺乏科学理论指导。在数字孪生技术应用下，初期通过理论模型进行平行推演，优化掘进参数，降低地层、箱涵沉降，后期在一定数据量的基础上进行

数据挖掘、分析,在掘进参数与地层、箱涵沉降的理论模型基础上进行修正,实现地层、箱涵沉降的超前、准确预测,根据预测结果不断调整掘进参数使其达到较高施工安全等级,最终达到地层、箱涵沉降的掘进参数的智能决策。

根据已有研究,地层、箱涵沉降控制的具体理论模型算法构建如下。

1. 地层沉降预测算法

在本节中,通过采用明德林(Mindlin)弹性理论、随机介质理论等多种理论方法对矩形顶管顶进过程中由土体应力状态变化、地层损失、注浆填充等多种因素引起的地面变形进行分析,对矩形顶管施工扰动引起的地表沉降变形特性进行系统阐述。

(1) 应力状态改变引起的地面变形

在不考虑掘进过程中顶管姿态调整、超欠挖和其他因素对土体影响的前提下,矩形顶管隧道周围土体可以视为均匀、各向同性的线弹性半无限体,在顶管机顶进过程中,周围土体主要受到顶管机开挖面附加应力以及顶管机与后续管节的摩擦力作用。出于简化计算的考虑,可以将顶管机开挖面对前方土体的附加作用力、顶管机及后续管节与周围土体的摩擦力简化为不同的矩形均布面荷载进行计算。

在顶管机顶进过程中,顶管机周围土体受力模型如图 6.23 所示。其中,以坐标原点 O 为顶管机开挖面竖向中轴线与地面的交点,建立坐标系 xyz,x 轴以顶管机顶进方向为正方向,y 轴以向右为正方向,z 轴以向下为正方向,地面距顶管隧道水平中轴线的距离为 h。另外,以顶管机开挖面中心为原点,建立小坐标系 $x'y'z'$,在 $x'y'z'$ 坐标系下的任意点的坐标只需在 z' 坐标加上 h 便可转化得到 xyz 坐标系下的新坐标。

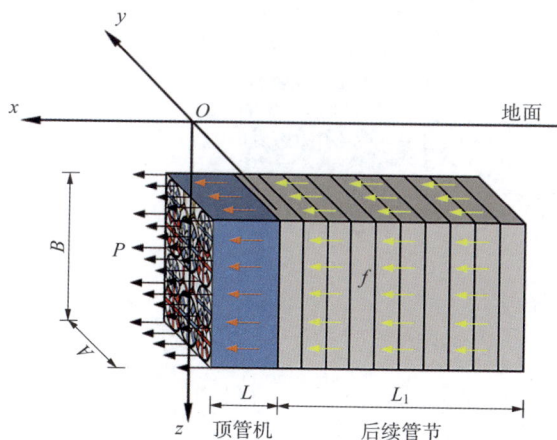

图 6.23　土体受力模型简图

如图 6.24 所示,顶管机开挖面位于 yOz 平面内,顶管机开挖面附加作用力可以视为众多开挖面微分单元附加作用力的合力,每个开挖面微分单元($\mathrm{d}y'\mathrm{d}z'$)上的附加作用力均视作为集中力,将其对应的 $x'y'z'$ 坐标转化到 xyz 坐标系下,通过运用明德林公式进行积分即可得到正面附加作用力所引起的土体内任意点的竖向位移:

$$w_1 = \frac{Px}{16\pi G(1-\mu)} \int_{-0.5B}^{0.5B} \int_{-0.5A}^{0.5A} \left[\frac{z-h-z'}{R_1^3} + \frac{(3-4\mu)(z-h-z')}{R_2^3} - \right.$$
$$\left. \frac{6z(h+z')(z+h+z')}{R_2^5} + \frac{4(1-\mu)(1-2\mu)}{R_2(R_2+z+h+z')} \right] \mathrm{d}y'\mathrm{d}z' \tag{6.30}$$

式中: x 为土体内任意点与坐标原点 O 的纵向水平距离,m;y 为该点与坐标原点 O 的横向水平距离,m;z 为该点与坐标原点 O 的竖向距离,m;y' 为开挖面微分单元上的集中力作用点与坐标原点 O 的横向水平距离,m;z' 为该作用点与坐标原点 O 的竖向距离,m;P 为顶管机开挖面对土体的附加应力,kPa;μ 为土体泊松比;G 为土体剪切弹性模量,MPa;R_1 为该作用点与土体内任意点的空间距离,m;$R_1 = \sqrt{x^2+(y-y')^2+[z-(h+z')]^2}$;$R_2$ 为该作用点与土体内任意点关于地面的对称点的空间距离,m;$R_2 = \sqrt{x^2+(y-y')^2+[z+(h+z')]^2}$。

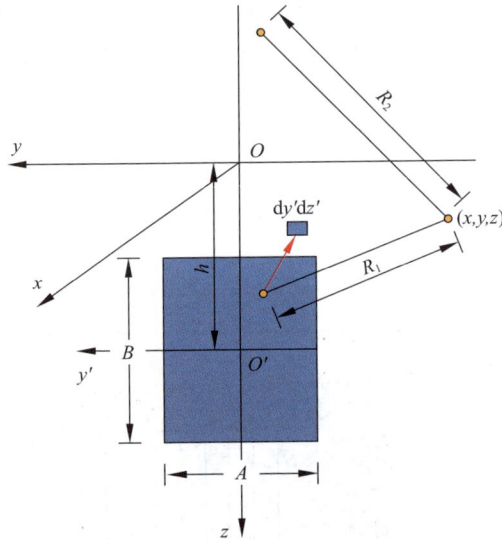

图 6.24　明德林解计算示意

在理想的顶进过程中,不考虑纠偏影响,可认为矩形顶管机的所有侧面与土体时刻处在完全接触状态,不存在脱空区,假设作用在顶管机每个侧面与周围土体的摩擦力为矩形均布面荷载。通过对顶管机所有侧面摩擦力所引起的土体位移进行单独计算并进行累加,即可得顶管机与周围土体的侧面摩擦力所引起的土体内任意点的竖向位移。

$$w_2 = w_t + w_b + w_l + w_r \tag{6.31}$$

式中:w_t、w_b、w_l、w_r 分别为顶管机顶、底、左、右侧面摩擦力引起的土体内任意点的竖向位移。假设作用在顶管机的每个侧面的摩擦力是一个矩形均布面荷载(图 6.24),顶管机头长度为 L,后续管节长度为 L_1,顶管机顶、底侧面的积分单元为 $\mathrm{d}y' \mathrm{d}l$,左、右侧面的积分单元为 $\mathrm{d}z' \mathrm{d}l$,通过运用明德林公式进行积分,可得顶管机每个侧面的摩擦力引起的土体中任意点的竖向位移。以顶管机顶侧面为例:

$$w_t = \frac{f}{16\pi G(1-\mu)} \int_{-0.5A}^{0.5A} \int_{-L}^{0} (x+l) \left[\frac{z-h+0.5B}{R_1^3} + \frac{(3-4\mu)(z-h+0.5B)}{R_2^3} - \right.$$

$$\left. \frac{6z(h-0.5B)(z+h-0.5B)}{R_2^5} + \frac{4(1-\mu)(1-2\mu)}{R_2(R_2+z+h-0.5B)} \right] \mathrm{d}l\,\mathrm{d}y' \tag{6.32}$$

式中:f 为顶管机顶侧面与周围土体间的单位面积摩擦力,由顶管机顶侧面土压力 N 乘以摩擦系数 μ 得到;R_1、R_2 等参数与式(6.30)中 R_1、R_2 含义相同,由此可同样得到 w_t、w_b、w_l、w_r。

另外,关于后续管节摩擦力引起的土体任意点的竖向位移计算,只需在式(6.32)的基础上,将沿 x 方向的积分区域由 $[-L, 0]$ 替换为 $[-L-L_1, -L]$,f 替换为后续管节与周围土体间的单位面积摩擦力,便可得到后续管节与周围土体摩擦力所引起的土体竖向位移。

$$w_2 = w_t' + w_b' + w_l' + w_r' \tag{6.33}$$

(2) 土体损失引起的地面变形

目前,Peck 公式法和随机介质理论法较为广泛地应用于计算矩形顶管施工过程中由土体损失引起的地表沉降计算分析。但是,对于浅埋隧道的地表沉降计算,采用 Peck 公式法难以考虑到不同断面形状以及尺寸对地表沉降的影响。一些学者[17]经过一系列推导认为 Peck 公式法并不适用于超浅埋的情况,但它与随机介质理论在埋深较大的计算结果较为近似。由于本章研究的工程实例埋深较浅,且顶管断面尺寸极大,隧道断面形状尺寸对地表沉降的影响难以忽视,所以采用随机介质理论对土体损失引起的地面变形进行计算分析。

通过随机介质理论计算由土体损失引起的地面变形时,需要定义一定区域内的土体开挖引起的地面变形为该区域内众多开挖单元引起地面变形的累加。在掘进过程中,由于顶管机尺寸稍大于管节所产生的盾尾间隙,顶管管节周围土体将受到扰动,使土体向顶管管节方向发生收敛坍塌。以往一般将土体损失引起的周围土体移动形式简化为均匀的径向收敛,但是实际土体移动形式为一个非均匀收敛过程,如图 6.25 所示。

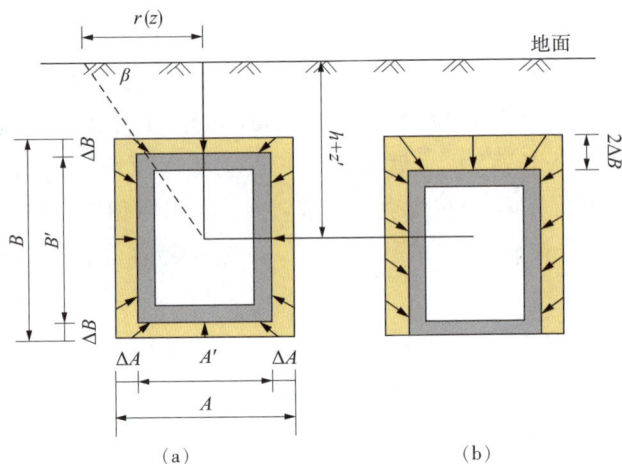

图 6.25 土体开挖收敛模型示意

(a)均匀收敛;(b)非均匀收敛

考虑土体损失引起土体中的任意点的竖向位移为一随机事件(图 6.26),尾盾间隙处的开挖单元为 $\mathrm{d}l\,\mathrm{d}y'\mathrm{d}z'$;不考虑土体的固结排水及密度变化,认为土体损失的总体积为尾盾间隙内所有开挖单元完全塌落的体积之和。那么由隧道开挖土体损失引起的土体内任意点的竖向位移为

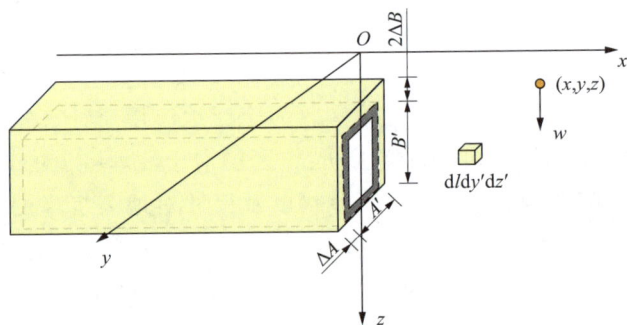

图 6.26 开挖单元引起的土体损失示意

$$w_{\mathrm{loss}} = \int_{0.5B}^{0.5B} \int_{-0.5A}^{0.5A} \int_{-L_1-L}^{-L} \frac{1}{r^2(h+z')} \exp\left[-\frac{\pi}{r^2(h+z')}\left[(x-l)^2 + (y-y')^2\right]\right] \mathrm{d}l\,\mathrm{d}y'\mathrm{d}z' -$$

$$\int_{-0.5B+2\Delta B}^{0.5B} \int_{-0.5A+\Delta A}^{0.5A-\Delta A} \int_{L_1-L}^{-L} \frac{1}{r^2(h+z')} \exp\left[-\frac{\pi}{r^2(h+z')}\left[(x-l)^2+(y-y')^2\right]\right] \mathrm{d}l\mathrm{d}y'\mathrm{d}z'$$

$$(6.34)$$

式中：$r(h+z')$ 为盾尾间隙处的开挖单元在深度为 $h+z'$ 的水平面上的影响宽度；$r(h+z')=(h+z')/\tan\beta$；β 为上部地层的影响角，可结合实际工程监测数据得到。

（3）注浆填充引起的地面变形

在矩形顶管顶进过程中，为降低管节与周围土体的摩擦力以减小顶推力，需要注入大量的减摩泥浆，这些减摩泥浆会渗透填充到盾尾间隙以及土体孔隙中，进而在管节周围形成泥浆套。泥浆套形成之后，减摩泥浆的注入就会引起地面隆起。

假定矩形顶管顶进施工中注浆填充引起的地面变形由泥浆套形成后的减摩泥浆液注入引起，同土体损失一样，认为由一定区域内的注浆填充引起的地面变形为该区域内众多注浆单元引起的地面变形总和。如图 6.27(a)所示，A'、B' 分别为顶管管节的宽度和高度，在周围土体的土压力和注浆压力作用下，顶管隧道周围土体变形可分为 2 种：

① 在注浆压力作用下，顶管管节周围土体发生各向同性的径向膨胀应变（图 6.27(b)），$\varepsilon=\Delta A_1/A'=\Delta B_1/B'$。

② 在土压力作用下，由于竖向土压力大于侧向土压力，泥浆套会横向膨胀、竖向收敛，且该过程中由于浆液难以压缩，泥浆套体积保持不变（图 6.27(c)），$\delta=\Delta A_2/A'=\Delta B_2/B'$。

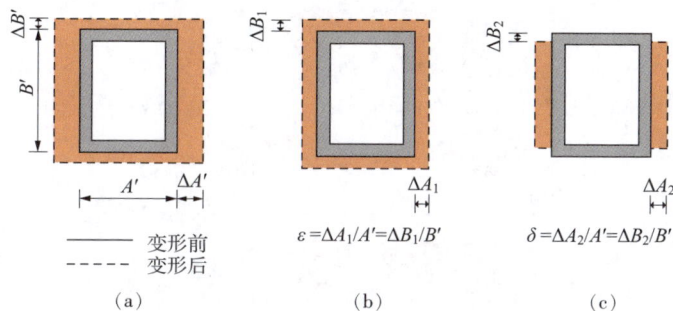

图 6.27　隧道周围土体的变形模式

（a）变形示意；（b）各项同性变形；（c）横向膨胀、竖向收敛变形

那么，注浆填充引起的顶管管节周围土体变形为

$$\Delta A' = (\varepsilon+\delta)A'$$
$$\Delta B' = (\varepsilon-\delta)B'$$

$$(6.35)$$

假定由于注浆填充，单位长度内土体的平均变形体积为 $\Delta V=(1-\lambda)V_{\text{inj}}$，$V_{\text{inj}}$ 为每顶进单位长度所注入的减摩泥浆量；λ 为浆液填充率，一般根据工程实测数据分析获得。根据 ΔV 可得到 $\Delta A'$，进而求得 $\Delta B'$。本书认为注浆填充所引起的地面变形与土体损失类似，通过对注浆区域进行积分可得注浆填充引起的土体任意点的竖向位移：

$$w_{\text{inj}}=\int_{0.5B'}^{0.5B'}\int_{-0.5A'}^{0.5A'}\int_{L_1-L}^{-L}\frac{1}{r^2(h+z')}\exp\left[-\frac{\pi}{r^2(h+z')}\left[(x-l)^2+(y-y')^2\right]\right]\mathrm{d}l\,\mathrm{d}y'\,\mathrm{d}z'-$$
$$\int_{-0.5B'-\Delta B'}^{0.5B'+\Delta B'}\int_{-0.5A'-\Delta A'}^{0.5A'+\Delta A'}\int_{L_1-L}^{-L}\frac{1}{r^2(h+z')}\exp\left[-\frac{\pi}{r^2(h+z')}\left[(x-l)^2+(y-y')^2\right]\right]\mathrm{d}l\,\mathrm{d}y'\,\mathrm{d}z'$$

$$(6.36)$$

根据沙三站的地质、施工条件以及上述算法，可实现对地表沉降的预测。其中，需要根据顶管机实时掘进参数对上述理论模型的计算参数进行计算。

在正面附加应力中，主要计算参数为开挖面对土体的附加应力 P。在实际顶管机顶进过程中，顶管机土仓内布置了大量土压力传感器，如图 6.28 所示，通过计算实际土仓压力与理论静止土压力的差值，可得到开挖面对土体的附加应力 P。

$$P=\sum_1^n\frac{P_n}{n}-K_0\gamma h \qquad (6.37)$$

式中：n 为土仓压力传感器数目，个；P_n 为第 n 个土仓压力传感器示数，kPa；K_0 为静止土压力系数；γ 为上覆土的平均重度，kN/m^3；h 为顶管机中心处埋深，m。

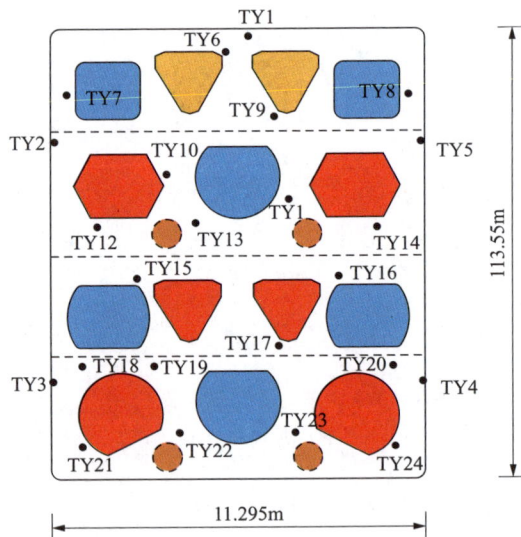

图 6.28 顶管机土仓压力传感器布置

在侧面摩擦力中,主要计算参数为顶管机不同侧面与土体之间的单位面积摩擦力 P_t、P_b 等以及管土间的单位面积摩擦力 P_p。其中,顶管机不同侧面与土体之间的单位面积摩擦力 P_t、P_b 等可以根据实时顶管机侧面的土压力传感器示数乘以摩擦系数 f 获得。管土间的单位面积摩擦力 P_p 可以根据实时总推力、顶管机侧面摩擦力、实时土仓压力等数据计算得到,具体计算如下。

$$P_p = \frac{T - \sum_1^n \frac{P_n}{n} BA - P_t AL - P_b AL - P_r BL - P_l BL}{2(A+B)L_1} \qquad (6.38)$$

式中:T 为顶管机总推力,kN;A 为顶管机宽度,m;B 为顶管机高度,m;L 为顶管机长度,m;L_1 为管节长度,m。

在土体损失中,主要计算参数为水平开挖间隙 ΔA 以及竖向开挖间隙 ΔB,可通过顶管机实际尺寸与管节尺寸相减获得,在矩形顶管顶进过程中,将其考虑为定值。

在注浆补充中,主要计算参数为每掘进单位长度需注入的泥浆量 V_{inj},可以根据采集到的实际注浆量计算。

$$V_{inj} = \frac{V_s}{L_1} \qquad (6.39)$$

式中:V_s 为实际注浆量累计值,m^3。

综上所述,在地表沉降预测中,需要实时更新的地质参数、掘进参数与模型计算参数主要汇总如下,如表 6.3 所示。

表 6.3 实时更新的地质参数、掘进参数与模型计算参数汇总

序号	参数类型	参数名称	说明
1	地质参数	静止土压力系数 K_0	根据顶管机开挖面位置的实时地层参数加权计算
2		上覆土的平均重度 γ	
3		顶管机中心处埋深 h	根据顶管机实时埋深确定
4	掘进参数	土仓压力 $P_1 - P_n$	根据土仓压力传感器获取
5		总推力 T	根据顶管机掘进系统获取
6		顶管机不同面土压力 N_1、N_t、N_r、N_b	根据土压力传感器获取
7		管节长度 L_1	根据顶管机掘进系统获取
8		注浆量 V_s	根据注浆系统获取

序号	参数类型	参数名称	说明
9		开挖面对土体的附加应力 P	根据 1、2、3、4 计算
10	模型计算参数	顶管机不同面与土体之间的单位面积摩擦力 P_1、P_t、P_r、P_b	根据 6 计算
11		管土间的单位面积摩擦力 P_p	根据 4、5、7、10 计算
12		每掘进单位长度注入的泥浆量 V_{inj}	根据 7、8 计算

（4）地层沉降算法应用说明

以沙三站顶进距离为 20m 时计算得到的地表位移场，对上述算法的不同作用效果进行进一步说明。

图 6.29 为在顶管机正面附加应力作用下的地表位移场，可以看出，由于顶管机支护压力需要略大于土压力，因此产生的正面附加应力对顶管机前方土体造成挤压，最终表现为顶管机前方的地表发生隆起，后方的地表发生沉降。

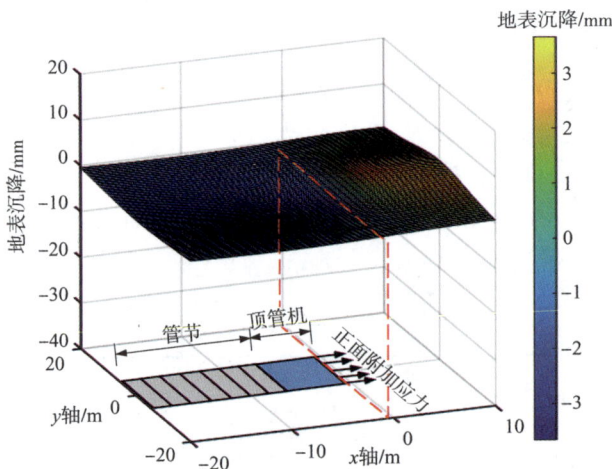

图 6.29　正面附加应力作用下的地表位移场

图 6.30 为在顶管机以及管节侧面摩擦力作用下的地表位移场，可以看出，在纵向上表现为开挖面前方土体隆起，后方土体沉降；在横向上表现为顶管轴线处隆起，两侧沉降，或顶管轴线处沉降，两侧隆起。

由于顶管机略大于管节，因此，顶管机与管节间存在开挖间隙，在顶管机顶进过程中，开挖间隙中的土体会被顶管机挖除，进而开挖间隙周围的土体会向开挖间隙移动，最终导致地表发生沉降。图 6.31 为在土体损失作用下的地表位移场，在顶管管节段，由于土体损失地表沉降较为明显。

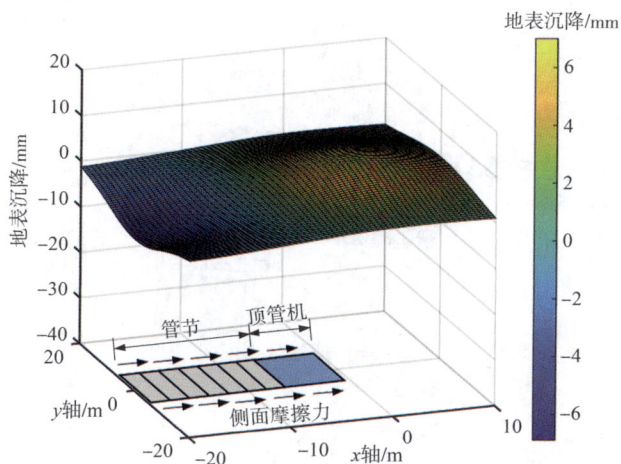

图 6.30　顶管机以及管节侧面摩擦力作用下的地表位移场

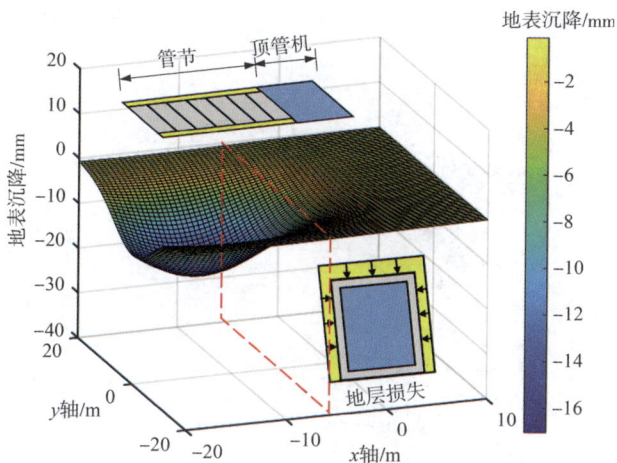

图 6.31　土体损失作用下的地表位移场

　　针对土体损失的问题,为避免地表发生较大沉降,施工过程中往往会对顶管管节段注入水泥浆,填补开挖间隙。图 6.32 为在注浆补充作用下的地表位移场,在顶管管节段,受到注浆补充的作用,地表发生明显的隆起。

　　图 6.33 为在上述应力状态改变、土体损失、注浆补充共同作用下的地表位移场,可以看出地表位移场明显分为三部分,顶管管节段由于主要受到土体损失以及注浆补充的作用,沉降最为明显,顶管机段主要受到应力状态改变作用,表现为发生快速沉降,在顶管机前方区域主要受到正面附加应力及摩擦力影响,因此表现为一定的地表隆起。

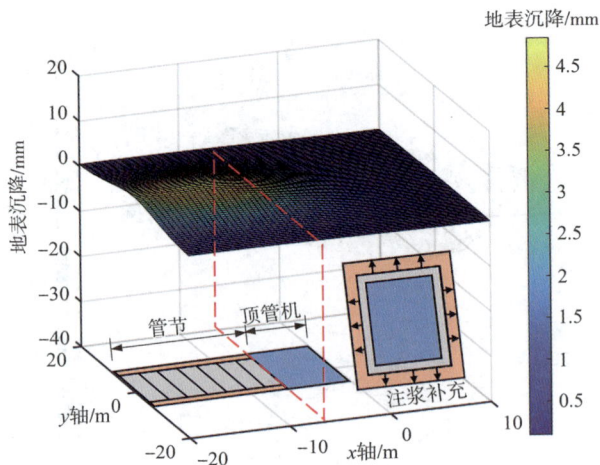

图 6.32　注浆补充作用下的地表位移场

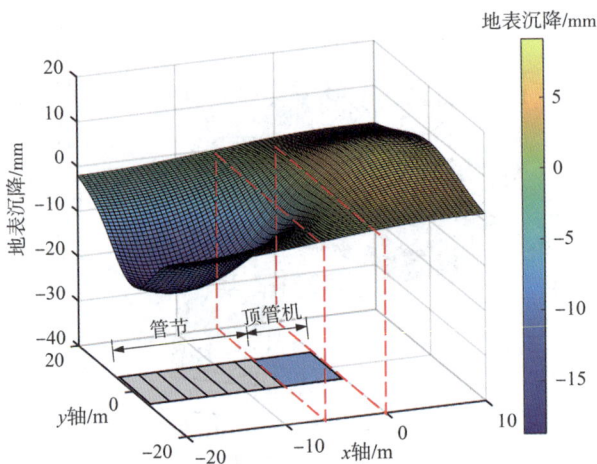

图 6.33　共同作用下的地表位移场

在顶管机顶进过程中,根据上述地表沉降的理论模型,通过实时采集顶管机掘进参数,进而实时更新理论模型中的计算参数,能对沙三站所在场地的任意位置的地表沉降进行预测,为风险预警、智能决策提供理论基础,实现地表沉降的超前预测及准确控制。

2. 箱涵沉降预测算法

与地表沉降类似,箱涵沉降的影响因素也包括土体应力状态变化、地层损失、注浆填充,但是相较于地表沉降,需要增加对箱涵刚度的考虑,相关理论模型如下。

目前,研究顶管下穿施工对邻近结构的影响主要采用二阶段分析方法,该方法将新建隧道引发的附加荷载施加在假定为弹性地基梁的既有结构之上,对新建隧道-土体-既有结构的相互作用进行计算分析。以往研究一般采用 Winkler 地基模型来实现土体与隧道结构的相互作用的模拟,但未能考虑到地基的抗剪能力,根据已有研究[18-20],本节采用 Parsternak 双参数地基模型来考虑地基的抗剪能力,公式如下:

$$p = kw(x) - G_c \frac{\partial^2 w(x)}{\partial x^2} \tag{6.40}$$

式中: G_c 为剪切层剪切刚度; k 为基床系数。

本节提出的解析解方法采用二阶段分析法,不同阶段的计算分析流程如图 6.34 所示。在第一阶段通过运用明德林公式积分求出顶管正面附加推力 P,顶管机、后续管节与土体间的侧面摩擦力 f 在箱涵上对应作用点处的附加应力。根据镜像法计算土体损失、注浆补充所引起箱涵上对应作用点处的附加应力;第二阶段将上述计算得到的附加应力施加在对应的箱涵结构轴线作用点处,通过应用 Pasternak 双参数地基梁理论建立变形控制微分方程,采用有限差分法计算得到顶管下穿过程中的既有箱涵的变形。本节提出的解析解方法能考虑下穿过程中土体应力状态变化、地层损失、注浆填充等因素对既有箱涵变形的影响。

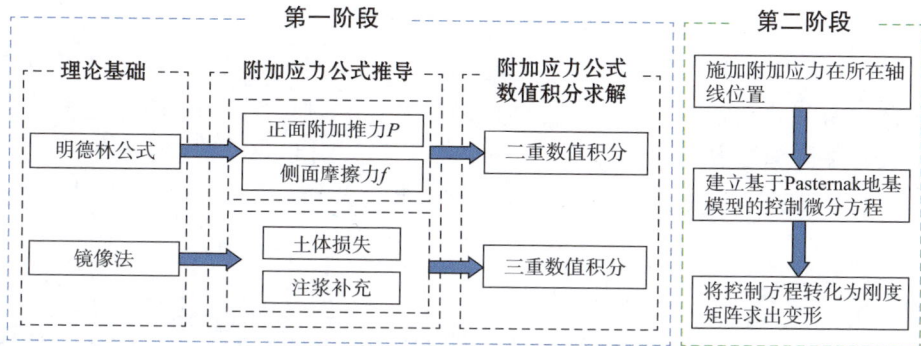

图 6.34　二阶段分析法流程

(1) 顶管开挖引起的既有箱涵轴线处附加应力

矩形顶管开挖引起的既有箱涵中轴线处的竖向附加应力来源可分为顶管正面附加推力,顶管机、后续管节与周围土体的侧面摩擦力,土体损失及注浆补充四个方面。

顶管正面附加推力,顶管机、后续管节与周围土体的侧面摩擦力所引起的附加应力可通过明德林公式进行计算。相关计算满足以下假定:土体可以视为均匀、各向同性的线弹性半无限体。正面附加推力 P,顶管机、后续管节与周围土体的摩

擦力 f 为矩形均布面荷载,方向与顶进方向相反;集中力作用点为 $(0, 0, z')$,$R_1 = \sqrt{x^2 + (y-y')^2 + [z-(h+z')]^2}$,$R_2 = \sqrt{x^2 + (y-y')^2 + [z+(h+z')]^2}$。

顶管正面附加推力 P 作用面上任意点微元面积 $\mathrm{d}A = \mathrm{d}y'\mathrm{d}z'$,对应的集中力 $\mathrm{d}P = P\mathrm{d}y'\mathrm{d}z'$,$\mathrm{d}P$ 作用下 xyz 坐标系中任意点 (x, y, z) 的附加应力为

$$\mathrm{d}\sigma_{z-P} = \frac{P\mathrm{d}y'\mathrm{d}z'x}{8\pi(1-\upsilon)}\left[\frac{(1-2\upsilon)}{R_1^3} - \frac{(1-2\upsilon)}{R_2^3} - \frac{3(z-h-z')}{R_1^5}\right] +$$
$$\frac{6(h+z')}{R_2^5}\left[h + z' + (1-2\upsilon)(z+h+z') + \frac{5z(z+h+z')^2}{R_2^2}\right]$$
$$\sigma_{z-P} = \int_{-0.5B}^{0.5B}\int_{0.5A}^{0.5A}\mathrm{d}\sigma_{z-P}$$

$$(6.41)$$

侧面摩擦力 f 作用面上任意微元 $\mathrm{d}A = \mathrm{d}x'\mathrm{d}y'$,该微元上的侧面摩擦力可视为一个集中力 $\mathrm{d}f = f\mathrm{d}x'\mathrm{d}y'$,其在 $x'y'z'$ 坐标系下的坐标为 (x', y', z'),$\mathrm{d}f$ 作用下 xyz 坐标系中任意点 (x, y, z) 的附加应力为

$$\mathrm{d}\sigma_{z-f} = \frac{f\mathrm{d}x'\mathrm{d}y'(x-x')}{8\pi(1-\upsilon)}\left[\frac{(1-2\upsilon)}{R_1^3} - \frac{(1-2\upsilon)}{R_2^3} - \frac{3(z-h-z')}{R_1^5}\right] +$$
$$\frac{6(h+z')}{R_2^5}\left[h + z' + (1-2\upsilon)(z+h+z') + \frac{5z(z+h+z')^2}{R_2^2}\right]$$

$$(6.42)$$

由土体损失引起的附加应力,不考虑超欠挖引起的土体损失,仅考虑由顶管机盾尾间隙引起的土体损失。对于空间中的任意微元 $\mathrm{d}V = \mathrm{d}x'\mathrm{d}y'\mathrm{d}z'$,在该微元作用下任意点附加应力为 $\mathrm{d}\sigma_{z\mathrm{loss}}$,盾尾间隙内所有微元引起的任意点附加应力总和即为总附加应力 $\sigma_{z\mathrm{loss}}$。通过对盾尾间隙区域进行积分可得土体损失引起的附加应力:

$$\sigma_{z\mathrm{loss}} = \int_{-L_1-L}^{-L}\int_{0.5B}^{0.5B}\int_{0.5A}^{0.5A}\mathrm{d}\sigma_{z\mathrm{loss}} - \int_{-L_1-L}^{-L}\int_{h-0.5B+2\Delta B}^{h+0.5B}\int_{-0.5A+\Delta A}^{0.5A-\Delta A}\mathrm{d}\sigma_{z\mathrm{loss}} \quad (6.43)$$

式中:$\sigma_{z\mathrm{loss}}$ 为顶管机盾尾间隙土体损失引起的任意点处的附加应力,$\mathrm{d}\sigma_{z\mathrm{loss}}$ 的计算可参考齐静静等[21]提出的计算方法。

与地层损失引起的竖向附加应力计算方法类似,注浆补充引起的竖向附加应力 σ_{inj} 同样是通过累加注浆区域内所有微元引起的附加应力获得。

$$\sigma_{\mathrm{inj}} = \int_{-L_1-L}^{-L}\int_{0.5B'}^{0.5B'}\int_{0.5A'}^{0.5A'}\mathrm{d}\sigma_{z\mathrm{loss}} - \int_{-L_1-L}^{-L}\int_{-0.5B'-\Delta B'}^{0.5B'+\Delta B'}\int_{-0.5A'-\Delta A'}^{0.5A'+\Delta A'}\mathrm{d}\sigma_{z\mathrm{loss}} \quad (6.44)$$

因此,在顶管正面附加推力,顶管机、后续管节与土体的侧面摩擦力,土体损失及注浆补充的共同作用下,所引起的既有箱涵附加应力可按下式计算:

$$q(x) = \sigma(x) = \sigma_{z-P} + \sigma_{z-f} + \sigma_{z\mathrm{loss}} + \sigma_{\mathrm{inj}} \quad (6.45)$$

式中:$q(x)$ 为上述因素引起的总附加应力;σ_{z-P} 表示正面附加推力引起的竖向附

加应力;σ_{z-f} 为顶管机、后续管节与土体间的侧面摩擦力引起的竖向附加应力;$\sigma_{z\,loss}$、σ_{inj} 为地层损失、注浆补充引起的竖向附加应力。

当上述因素引起的总竖向附加应力计算完成后,可根据 Pasternak 双参数地基梁模型建立箱涵的挠曲线微分方程。

(2) 建立基于 Pasternak 双参数地基梁模型的变形方程

将上述计算得到的总竖向附加应力施加在既有箱涵的对应作用点处,基于箱涵的微元体平衡条件,建立箱涵的变形控制微分方程,并通过有限差分法将该方程进行转换,以得到箱涵的变形刚度方程,从而计算得到附加应力作用下箱涵的变形。

为了避免 Winkler 地基模型中梁未能考虑地基抗剪能力的不足,土体与箱涵结构相互作用通过 Pasternak 双参数地基模型进行模拟。既有箱涵结构可视为欧拉-伯努利无限长梁(图 6.35),认为箱涵结构与周围土体不存在脱空区,始终保持完全接触状态,将地基按各向同性的线弹性体进行考虑。在上述总竖向附加应力作用下的既有箱涵结构变形控制方程可按下式表示:

$$(EI)_{eq}\frac{d^4 w(x)}{dx^4} + kDw(x) - G_c D\frac{d^2 w(x)}{dx^2} = q(x)D \tag{6.46}$$

式中:EI 为箱涵的等效抗弯刚度;k 为箱涵下卧层基床系数;G_c 为剪切层剪切刚度;D 为箱涵宽度。

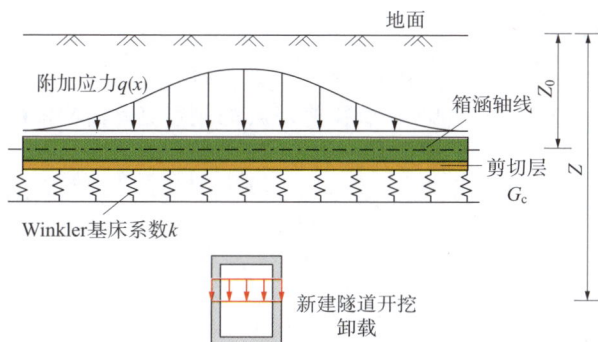

图 6.35　顶管开挖引起既有箱涵附加应力示意

通过建立刚度矩阵方程对计算过程进行一定简化,由于箱涵的变形控制方程为一个四阶常微分方程,难以直接获得解析解,得到箱涵的竖向变形。通过将箱涵结构离散为长度 l 的 $n+5$ 个单元(图 6.36),变形的二阶、三阶与四阶导的差分表达式可表示为式(6.47);箱涵两端均设置两个虚拟单元。进一步地,式(6.46)的有限差分格式可表示为式(6.48)。

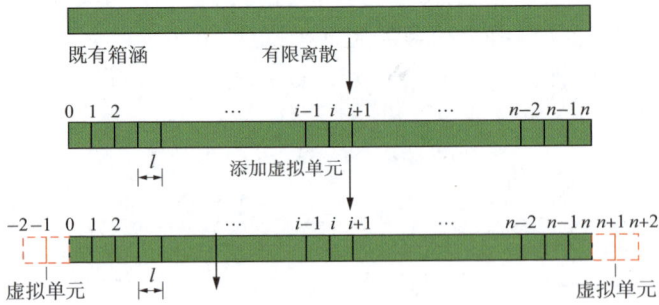

图 6.36　既有箱涵结构有限差分法离散示意

$$
\begin{cases}
\dfrac{\mathrm{d}^2 w_i}{\mathrm{d}x_i^2} = \dfrac{w_{i+1} - 2w_i + w_{i-1}}{l^2} \\[2mm]
\dfrac{\mathrm{d}^3 w_i}{\mathrm{d}x_i^3} = \dfrac{w_{i+2} - 2w_{i+1} + 2w_{i-1} - w_{i-2}}{2l^3} \\[2mm]
\dfrac{\mathrm{d}^4 w_i}{\mathrm{d}x_i^2} = \dfrac{w_{i+2} - 4w_{i+1} + 6w_i - 4w_{i-1} + w_{i-2}}{l^4}
\end{cases}
\tag{6.47}
$$

$$
(EI)_{eq} \frac{6w_i - 4(w_{i-1} + w_{i-1}) + (w_{i+2} - w_{i-2})}{l^4} + kDw_i - G_c \frac{w_{i+1} - 2w_i + w_{i-1}}{l^2} = q(x_i)D
\tag{6.48}
$$

式(6.48)可进一步表示为

$$
\boldsymbol{K}_t \boldsymbol{w} + \boldsymbol{K}_s \boldsymbol{w} - \boldsymbol{G}\boldsymbol{w} = \boldsymbol{Q}
\tag{6.49}
$$

式中：$\boldsymbol{K}_t$、$\boldsymbol{K}_s$ 和 $\boldsymbol{G}$ 分别为箱涵、地基及剪切层的刚度矩阵；$\boldsymbol{w}$ 和 $\boldsymbol{Q}$ 分别为箱涵结构对应作用点处的竖向变形和附加应力列向量，记 $\boldsymbol{w} = \{w_0, w_1, w_i, w_{i+1}, w_{n-1}, w_n\}^{\mathrm{T}}$ 和 $\boldsymbol{Q} = \{q(x_0), q(x_1), q(x_i), q(x_{n-1}), q(x_n)\}^{\mathrm{T}} D$，其中，$\boldsymbol{Q}$ 可由公式求得。

刚度矩阵为

$$
\boldsymbol{K}_s = kD \begin{bmatrix}
1 & & & 0 \\
& 1 & & \\
& & \ddots & \\
& & & 1
\end{bmatrix}_{(n+1)\times(n+1)}
\tag{6.50}
$$

根据地基梁两端为自由状态的条件，则两端的剪力 Q 与弯矩 M 可按式(6.51)计算：

$$
\begin{cases}
M_0 = M_n = -(EI)_{eq} \dfrac{\mathrm{d}^2 w(x)}{\mathrm{d}x^2} = 0 \\[2mm]
Q_0 = Q_n = -(EI)_{eq} \dfrac{\mathrm{d}^3 w(x)}{\mathrm{d}x^3} = 0
\end{cases}
\tag{6.51}
$$

将式(6.51)写成有限差分格式：

$$\begin{cases} M_0 = -(\text{EI})_{\text{eq}} \dfrac{\mathrm{d}^2 w(x)}{\mathrm{d}x^2} = -(\text{EI})_{\text{eq}} \dfrac{w_1 - 2w_0 + w_{-1}}{l^2} = 0 \\[3mm] M_n = -(\text{EI})_{\text{eq}} \dfrac{\mathrm{d}^2 w(x)}{\mathrm{d}x^2} = -(\text{EI})_{\text{eq}} \dfrac{w_{n+1} - 2w_n + w_{n-1}}{l^2} = 0 \end{cases} \tag{6.52}$$

$$\begin{cases} Q_0 = -(\text{EI})_{\text{eq}} \dfrac{\mathrm{d}^3 w(x)}{\mathrm{d}x^3} = -(\text{EI})_{\text{eq}} \dfrac{w_2 - 2w_1 + 2w_{-1} - w_{-2}}{2l^3} = 0 \\[3mm] Q_n = -(\text{EI})_{\text{eq}} \dfrac{\mathrm{d}^3 w(x)}{\mathrm{d}x^3} = -(\text{EI})_{\text{eq}} \dfrac{w_{n+2} - 2w_{n+1} + 2w_{n-1} - w_{n-2}}{2l^3} = 0 \end{cases} \tag{6.53}$$

联立式(6.52)和式(6.53)，可以求得地基梁两端虚拟点 w_{-2}、w_{-1}、w_{n+1} 和 w_{n+2} 的线性方程组：

$$\begin{cases} w_{-2} = 4w_0 - 4w_1 + w_2 \\ w_{-1} = 2w_0 - w_1 \\ w_{n+1} = 2w_n - w_{n-1} \\ w_{n+2} = 4w_n - w_{n-1} + w_{n-2} \end{cases} \tag{6.54}$$

将式(6.54)代入式(6.48)，消去 w_{-1}、w_{-2}、w_{n+1} 和 w_{n+2}，箱涵的刚度矩阵及剪切层的刚度矩阵可分别表示为

$$\boldsymbol{K}_{\text{t}} = \frac{(\text{EI})_{\text{aq}}}{l^4} \begin{bmatrix} 2 & -4 & 2 \\ -2 & 5 & -4 & 1 \\ 1 & -4 & 6 & -4 & 1 \\ & 1 & -4 & 6 & -4 & 1 \\ & & \ddots & \ddots & \ddots & \ddots & \ddots \\ & & & 1 & -4 & 6 & -4 & 1 \\ & & & & 1 & -4 & 6 & -4 & 1 \\ & & & & & 1 & -4 & 5 & -2 \\ & & & & & & 2 & -4 & 2 \end{bmatrix}_{(n+1)(n+1)} \tag{6.55}$$

$$\boldsymbol{G} = G_{\text{c}} D \begin{bmatrix} 0 & 0 & 0 \\ 1 & -2 & 1 \\ & \ddots & \ddots & \ddots \\ & & 1 & -2 & 1 \\ & & & 1 & -2 & 1 \\ & & & 0 & 0 & 0 \end{bmatrix}_{(n+1)(n+1)} \tag{6.56}$$

设 $\boldsymbol{K} = \boldsymbol{K}_{\text{t}} + \boldsymbol{K}_{\text{s}} - \boldsymbol{G}$，两边均左乘以 $\boldsymbol{K}^{-1}$，则式(6.49)的解为

$$\boldsymbol{w} = \boldsymbol{K}^{-1} \boldsymbol{Q} \tag{6.57}$$

式中：$\boldsymbol{K}^{-1}$ 是矩阵 $\boldsymbol{K}$ 的逆。

（3）相关参数的取值

既有箱涵的纵向等效刚度 EI、下卧层基床系数 k 及剪切层模量 G_c 对附加应力作用下的弹性地基梁有显著的影响，可参考隧道的相关参数计算公式得出。

由于隧道是通过纵向和环向螺栓将大量的管片进行连接形成整体，而非连续结构，因此隧道纵向刚度 EI 需要进行折减，Wu 等[1]提出 EI 可按下式计算：

$$
\begin{aligned}
&\mathrm{EI} = \frac{\cos^3\varphi}{\cos\varphi + (\varphi + \pi/2)\sin\varphi} E_c I_c \\
&\varphi + \cot\varphi = \pi\left(0.5 + \frac{nk_b l}{E_c A_c}\right) \\
&k_b = E_b A_b / l_b
\end{aligned}
\tag{6.58}
$$

式中：E_c 为管片的杨氏模量；φ 为中轴线的倾角；I_c 为管片纵向截面惯性矩；A_c 为管片的横截面面积；n 是纵向螺栓的数目；l 为管片的宽度；k_b 是纵向连接螺栓的劲度系数，E_b 为螺栓的杨氏模量；A_b 为螺栓的横截面面积，$A_b = \pi r_b^2$，r_b 为螺栓的半径。

根据不同适用条件，一些学者[2-5]提出了多种估算基床系数 k 的经验公式。其中，Vesic[5]基于弹性地基假定，提出下卧层基床系数 k 可按下式计算：

$$
k = \frac{0.65 E_s}{B(1-\mu^2)} \sqrt[12]{\frac{E_s B^4}{\mathrm{EI}}}
\tag{6.59}
$$

式中：B 为箱涵的宽度；EI 是箱涵的抗弯刚度；E_s 是土体的弹性模量。

剪切层剪切刚度 G_c 也是非常重要的计算参数，Tanahashi[6]提出一个计算 G_c 的经验公式为

$$
G_c = \frac{E_s h_t}{6(1+v)}
\tag{6.60}
$$

式中：h_t 为剪切层的厚度。

（4）箱涵沉降预测算法说明

本书以沙三站下穿箱涵过程计算得到的箱涵位移场，对上述算法进行进一步说明。图 6.37 为在顶管机即将下穿箱涵时箱涵的位移场，可以看出顶管机正面附加应力与侧面摩擦力对于箱涵沉降的影响较小，箱涵沉降仅为 0.1mm 左右。图 6.38 为在顶管机下穿箱涵完成后箱涵的位移场，可以看出土层损失及注浆补充对于箱涵沉降的影响较大，箱涵沉降分布为两边小、中间大，最大沉降为 7mm 左右。因此，在下穿箱涵过程中，可以通过实时采集的顶管机掘进参数更新箱涵沉降理论模型中的计算参数，进而对箱涵沉降进行预测，为风险预警、智能决策提供理论基础，实现箱涵沉降的超前预测及准确控制。

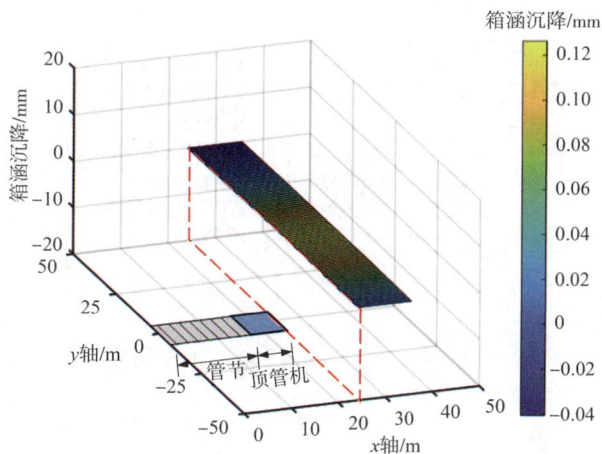

图 6.37 下穿前的箱涵沉降云图

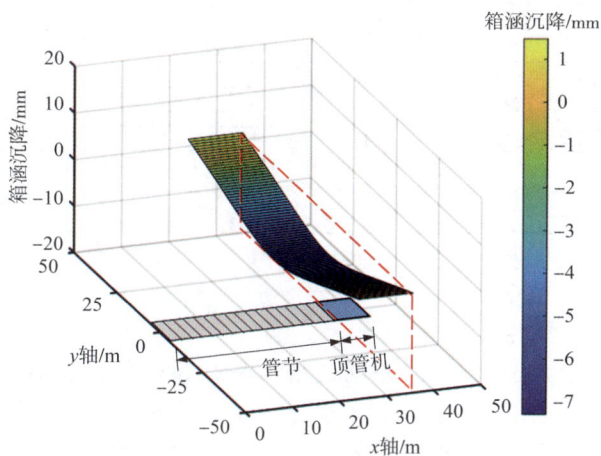

图 6.38 下穿完成后的箱涵沉降云图

6.3 顶管顶进智能控制实施流程及平台

为了减小顶管机的轨迹偏差及地层、箱涵沉降,针对隧道施工过程中顶管机控制难题,将数字孪生技术应用于顶管机智能控制领域。应用数字孪生技术,基于顶管施工的多源信息,包括顶管隧道勘察、设计和动态施工信息,构建了顶管机智能控制平台。

顶管机智能控制平台设计框架如图 6.39 所示,其由物理实体、虚拟实体、连

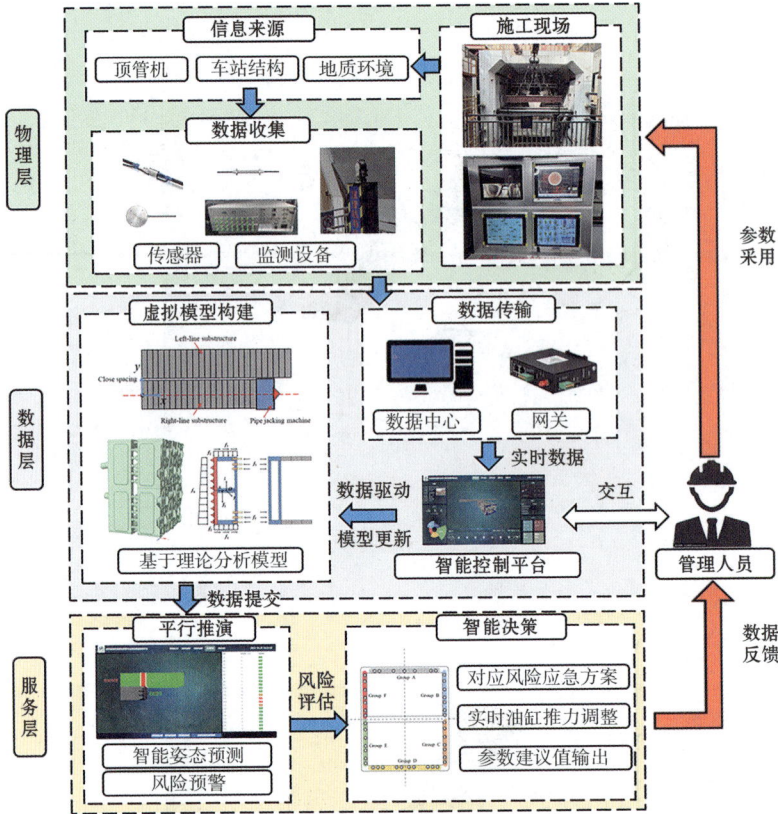

图 6.39　顶管机智能控制平台架构

接、数据和服务五部分组成[22]。

平台的工作机制：首先，通过多功能采集基站和各种传感器，自动采集顶管施工监测数据；其次，将采集到的信息通过无线方式从基站传输到数据中心和平台；再次，通过输入动态数据，建立理论分析模型，对顶管机的姿态、地层及箱涵沉降进行仿真；最后，进行平行推理和智能决策，以可视化的方式实时显示风险预警，并对顶管机操作人员进行掘进参数优化方面的指导。

6.3.1　顶进姿态控制模块实施流程

顶进姿态控制模块具体实施流程如下。

1. 物理层实施过程

顶管施工是一个复杂的过程，涉及不同类型的信息，如地质信息、隧道结构信息、顶管机设备信息等。平台通过及时收集顶管施工的多种信息，为减少顶管机的轨迹偏差提供数据基础。

　　为了有效获取施工现场信息,平台通过多个不同功能的基站与网关连接实现实时数据采集,对终端设备进行控制和管理。将顶管机各系统的传感器、自动导向系统等各种传感器与采集基站连接,实时采集施工现场数据。采集基站负责顶管施工过程中多种信息的采集。传输基站进行数据和指令的上行、下行传输和控制。

　　该平台在施工现场的硬件布置如图 6.40 所示。传感器和经纬仪安装在顶管施工现场,激光靶设置在顶管机的横截面上,所有设备通过无线技术连接。采集到的信息通过无线传输链路发送到采集基站,再通过架设在隧道处的传输基站将信号传输到数据中心。根据施工的具体情况,对顶管机不同系统的经纬仪、自动制导系统的激光靶标和传感器进行适当的安装和测试。此外,每顶进一定距离对顶管机的姿态和位置进行人工复测,作为对自动导向系统测量数据的验证。为保证采集系统的连续运行,需持续供电,并定期对相关设备进行检查和维护,确保监测数据实时传输到平台上,操作人员可以通过联网设备了解相关信息。

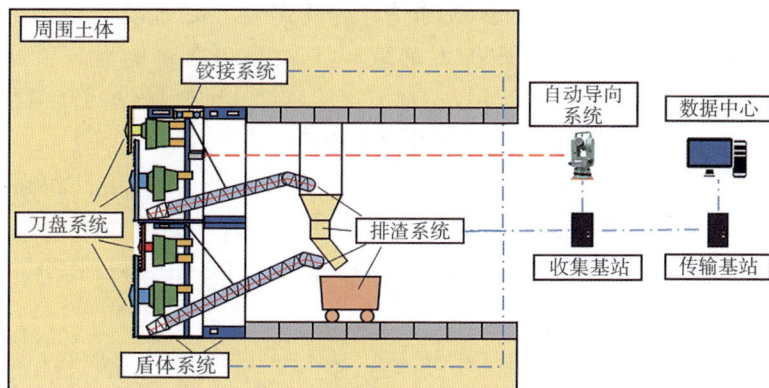

图 6.40　数据实时采集流程

2. 数据层实施过程

　　在整体技术路线方面,智能平台应用物联网技术,通过项目现场布设的传感器以及传输基站,实现对顶管掘进参数、地层、箱涵沉降及顶进姿态的实时动态监测和数据传输,根据统一的数据编码规则,平台对物体实体数据、虚拟模型数据等多源异构数据进行融合。之后,采用 GIS、BIM 等技术,实现对地铁车站周边环境和施工场景的三维可视化建模,并结合基于顶管机-土作用的智能算法构成的行为、规则模型深入挖掘顶管掘进参数与地层、箱涵沉降与顶进姿态之间的关系。

　　在具体实现技术方面,平台以分布式 Linux 架构为基础,分为前端和后端两个核心组成部分,旨在提供高效、稳定的服务。

　　后端采用了轻量级的 Flask 框架作为 Web 服务的核心,通过 Nginx 实现负载均衡,以应对高并发和大流量的请求。数据库方面,通过对 InfluxDB 和 MySQL

进行适当的配置和索引优化,以提升数据的查询效率。为了更好地管理实时传感器数据,选择了时序数据库 InfluxDB,而关系数据库 MySQL 则负责存储平台的非时序数据。此外,还借助 PyMatlab 实现了对 Matlab 的数据分析,为深度数据挖掘提供了强大的工具支持。

在前端方面,选用了 Vue 渐进式框架,结合 Element-Plus 进行页面布局设计,以及 Three.js 动态加载地质等三维模型,提供给用户友好且直观的界面体验。Vue 的组件化开发使得代码更具可维护性,而 Element-Plus 提供的自定义主题功能则允许定制独特的页面外观。

整个平台的通信机制得到了优化,WebSocket 用于建立连续数据的传输通道,HTTPS 则负责安全的间断数据传输,同时确保了系统的稳定性和安全性。技术细节上的进一步优化包括后端采用 Docker 进行容器化部署,提高了系统的可移植性和扩展性。

总体而言,整个技术体系的集成和优化使得平台在处理实时数据、非时序数据、三维模型展示以及用户体验等方面取得了均衡和卓越的表现。此外,通过WebSocket 和 HTTPS 的巧妙运用,实现了连续数据和间断数据的高效传输通道,为智能化发展和未来扩展提供了强有力的支持。

智能平台通过输入并记录了调查、设计等不同阶段的隧道信息和施工过程信息,可以实现顶管机模型、隧道结构模型、周围土体与环境模型的实时更新。在理论分析模型的基础上,可对顶管机的姿态及顶管施工引起的地层、箱涵沉降进行仿真分析。

3. 服务层实施过程

数据可视化、风险预警和实施顶管机纠偏指导是该平台的重要功能。通过整合地质信息、顶管施工监测数据等多源信息,不仅可以帮助管理者实时掌握施工现场信息,还可以为用户综合决策提供依据。

根据施工现场采集系统的监测数据,同步更新顶管施工实时数据和三维模型。对于顶管机姿态监测点、开挖面土压力监测点等的监测信息,用户可以通过网络访问平台,实时获取和显示监控数据。当施工现场监测数据超过警戒值时,平台将显示顶管机姿态的风险预警等级和响应方案信息。基于风险预警机制和响应方案,由计算机自动生成顶管机智能控制的导向参数,提供给施工现场的操作人员。

为了方便用户判断施工现场的风险预警水平,在该平台软件内部设计了风险预警工作流程。风险预警工作流程如图 6.41 所示,选取顶管机轨迹偏差和偏差趋势作为控制指标。根据施工现场传回的实时监测数据,确定顶管机的轨迹偏差。顶管机轨迹偏差趋势由顶管机的姿态决定。顶管施工过程分为两个阶段:推进阶段和暂停阶段。在暂停阶段,根据顶管机所处的地质条件和上一推进阶段施工参数,在理论分析模型的基础上,对下一推进阶段的顶管机的姿态进行了推导和预测,使驾驶人员能够对风险进行综合评估并及时调整。

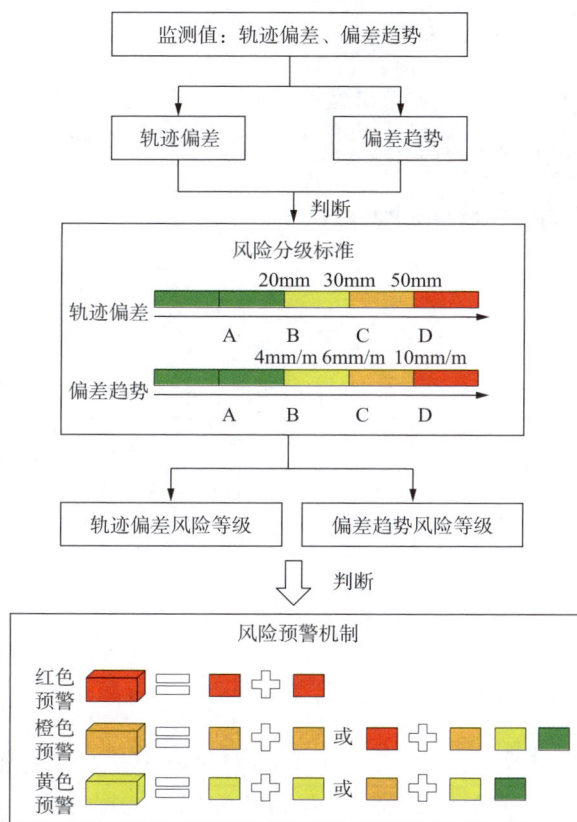

图 6.41　顶进姿态风险预警流程

　　风险预警等级由轨迹偏差和偏差趋势双重控制指标确定。轨迹偏差和偏差趋势风险预警等级的标准值或阈值可在施工前由用户根据相关风险管理规范预置到软件中。因此,可以根据真实的监测数据和风险预警机制实现风险自动预警。同时,风险预警平台同步显示,平台上以红色、橙色、黄色分别显示,对应三个风险预警级别,如图 6.42 所示。

　　根据风险预警级别和相应的响应方案建立智能决策,指导顶管机姿态的智能控制,响应方案流程如表 6.4 所示。根据风险预警级别,采取不同的应对方案,包括调整监测频率和纠偏角度。其中,通过理论分析模型自动计算出不同的纠偏角度下顶管机成组布置的铰接油缸的推力作为顶管机智能控制的导向参数,然后将这些参数反映在平台的智能决策显示窗口上,顶管机操作人员可以根据导向参数通过铰接油缸的推力实现对顶管机姿态的精确控制。

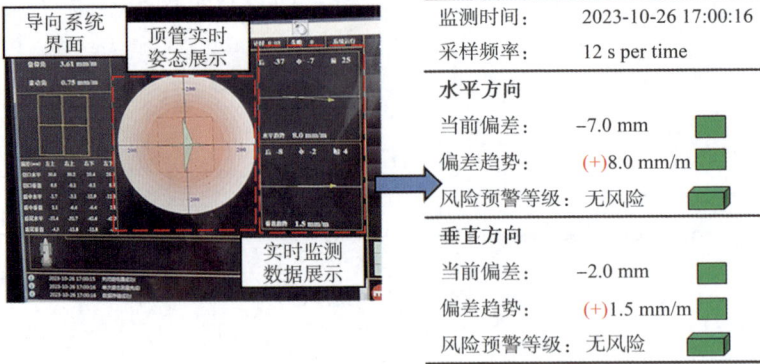

图 6.42　风险预警案例演示

表 6.4　顶进姿态不同风险预警等级对应响应方案

风险预警等级	监测频率	单次纠偏角度	其他措施
红色预警	每 0.3m 进行人工复测	$0.30° < \theta \leqslant 0.50°$	如有必要,暂停施工
橙色预警	每 0.5m 进行人工复测	$0.15° < \theta \leqslant 0.30°$	
黄色预警	每 1.0m 进行人工复测	$\theta \leqslant 0.15°$	

6.3.2　地层、箱涵沉降控制模块实施流程

在地层、箱涵沉降控制模块,具体实施流程与顶进姿态控制模块类似,具体在服务层有所不同。数据可视化、风险预警和实施顶管机掘进参数优化的指导也是该模块的重要功能。根据施工现场人工测量的沉降监测数据,通过每天的数据上传更新地层沉降实时数据和三维模型。对于地层沉降监测点、箱涵沉降监测点等的监测信息,用户可以通过网络访问平台,实时获取和显示监测数据。当沉降监测数据超过警戒值时,平台将显示地层沉降、箱涵沉降的风险预警等级和响应方案信息。基于风险预警机制和响应方案,由计算机自动生成顶管机智能控制的掘进参数,提供给施工现场的操作人员。

为了方便用户判断施工现场的风险预警水平,在平台软件内部设计了关于地层沉降、箱涵沉降的风险预警工作流程。地层沉降的风险预警工作流程如图 6.43所示,选取沉降和沉降趋势作为控制指标。箱涵沉降风险预警与地层沉降类似,风险预警工作流程基本一致,沉降和沉降趋势等级的标准值可根据箱涵刚度参考地层沉降标准值进行折减,箱涵沉降和沉降趋势的标准值取地层沉降标准值的40%。根据施工现场传回的实时监测数据,确定沉降值。沉降趋势由顶管机的掘进参数决定。顶管施工过程分为两个阶段:推进阶段和暂停阶段。根据顶管机的地质条件和当前施工参数,在理论分析模型的基础上,在推进阶段前对地层、箱涵沉降进行了推导和预测,使作业人员能够对风险进行综合评估并及时调整。

风险预警等级由沉降和沉降趋势这两个双重控制指标确定。沉降和沉降趋势的风险预警等级的标准值或阈值可在施工前根据风险管理规范预置到软件中。因此,可以根据真实的监测数据和风险预警机制实现风险自动预警。同时,风险预警同步显示,平台上以红色、橙色、黄色分别显示,对应三个风险预警级别。

根据风险预警级别和相应的响应方案建立智能决策,指导顶管机掘进参数的智能控制,响应方案流程如表 6.5 所示。根据风险预警级别,采取不同的应对方案,包括调整监测频率和掘进参数优化。其中,结合优化方案,可以通过理论分析模型自动计算出优化后的顶管机智能控制的掘进参数,如顶管机土仓压力和排渣速率,以及对应的地层、箱涵沉降;然后将这些参数反映在平台的智能决策显示窗口上,顶管机操作人员可以根据掘进参数通过调整推进系统和排渣系统实现对地层、箱涵沉降的精确控制。

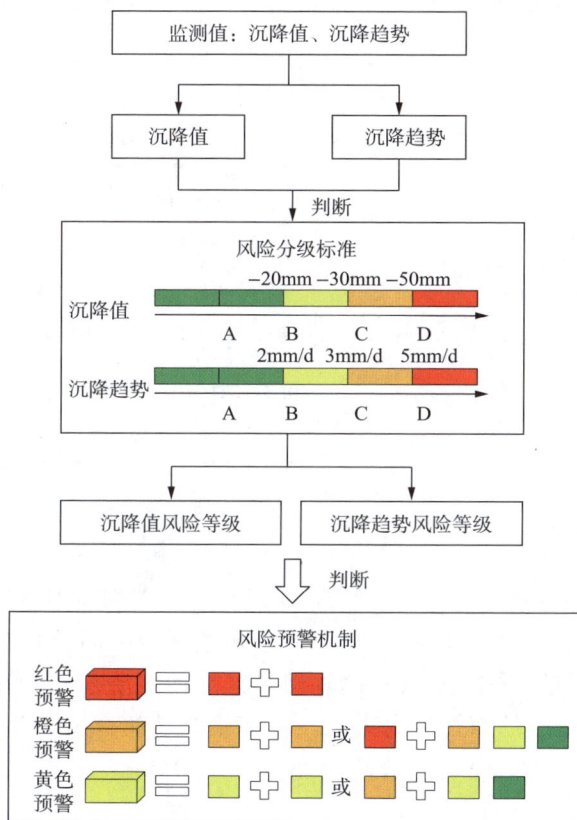

图 6.43　地层沉降风险预警流程

表 6.5　地层沉降不同风险预警等级对应响应方案

风险预警等级	监测频率	优化掘进参数	其他措施
红色预警	每天进行三次人工测量	提高土仓压力、降低排渣速率	增加沉降较大区域的注浆量
橙色预警	每天进行两次人工测量	提高土仓压力、降低排渣速率	
黄色预警	每天进行一次人工测量	提高土仓压力	

6.3.3　顶管顶进智能控制平台

结合顶管顶进智能控制框架以及平行推演算法,开发了顶管顶进智能控制平台,并在沙三站工程现场进行实际部署,实现了数据的实时采集、传输、分析以及反馈,为顶管施工控制提供指导。

平台的主要功能如表 6.6 所示,可以实时展示顶管车站 BIM 模型、联网设备信息及施工现场人员情况等,实现可视化、风险预警、智能控制等多项功能。

表 6.6　平台主要功能

序号	平台主要功能
1	地层可视化
2	顶进施工可视化
3	箱涵、地层沉降可视化及风险预警
4	顶进姿态可视化及风险预警
5	箱涵、地层沉降智能控制
6	顶进姿态智能控制

1. 地层可视化

平台通过模拟真实现场地质体界面,实时反映顶管机前方地质环境信息,包括土层分布、土层的物理力学性质等,动态调整掘进参数。同时,该平台通过地层可视化界面,结合超前地质播报,补充勘探缺少区域的地质信息,实时更新三维地质模型,实时反映更新后的顶管机前方地质环境信息。如果发现基岩突起等地质变化较大情况,会发出相应提示。图 6.44 展示了平台地层可视化界面。

2. 顶进施工可视化

通过平台的顶管机掘进数据界面,实时反映顶管机顶进状态,具体显示参数包

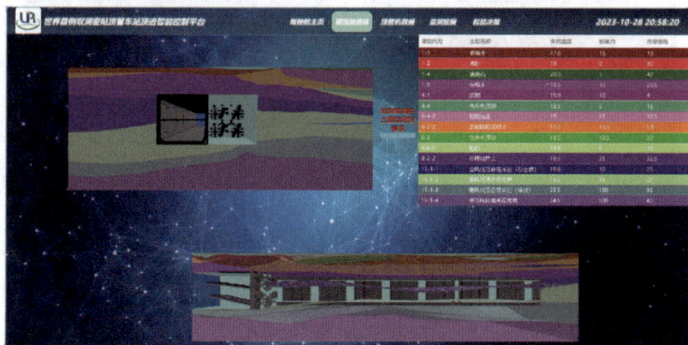

图 6.44　地质可视化界面

括顶管机推进速度、土仓压力、刀盘转速及扭矩、螺机转速及扭矩等。如果掘进参数异常,平台可实时针对异常信息进行报警。顶管机可视化界面如图 6.45 所示。

图 6.45　顶管机可视化界面

3. 箱涵、地层沉降可视化及风险预警

平台结合相关监测点布置示意图,通过箱涵、地层沉降实时监测界面,实时反映顶管机顶进施工引起的地层、箱涵沉降,并进行实时的风险识别、预警,通过风险警告实时调整掘进参数。沉降实时监测界面如图 6.46 所示。

4. 顶进姿态可视化及风险预警

通过平台的顶进姿态监测数据界面,实时反映顶管机的轨迹偏差以及顶管密贴顶进的左右洞顶管管节的密贴间距,进行实时的风险识别、预警,为调整顶进姿态提供基础。顶进姿态监测数据界面如图 6.47 所示。

图 6.46　箱涵、地层沉降实时监测界面

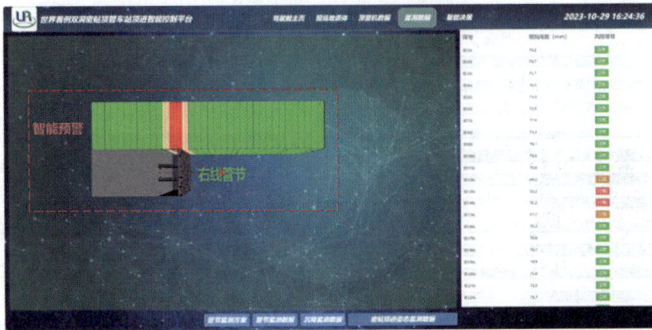

图 6.47　顶进姿态监测数据界面

5. 箱涵、地层沉降智能控制

根据各界面反馈的风险识别、预警情况,平台在智能决策界面,针对性调整推进系统、螺机系统参数,从而对箱涵、地层沉降进行精准控制。沉降智能控制界面如图 6.48 所示,以地层沉降为例,红色线表示根据智能决策后的预期地层沉降,相较绿色线(调整前)有明显下降。

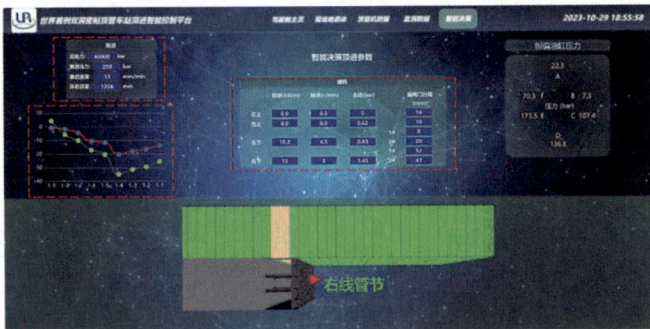

图 6.48　沉降智能控制界面

6. 顶进姿态智能控制

根据各界面反馈的风险识别、预警情况,平台在智能决策界面,通过针对性调整纠偏油缸压力分布,对顶进姿态进行精准控制。顶进姿态智能控制界面如图 6.49 所示,通过调整油缸推力分布,顶管机姿态得到了调整,风险预警界面所出现的红色预警降低为橙色预警。

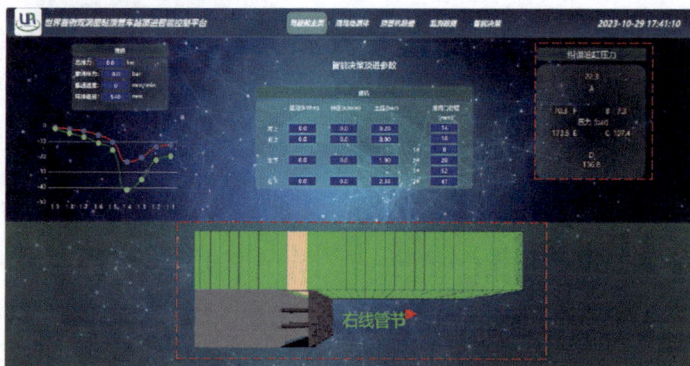

图 6.49　姿态智能控制界面

6.4　实施效果分析

为探索数字孪生技术在实际工程中的应用效果,基于前文构建的地铁车站顶管顶进智能控制平台在沙三站双洞密贴顶管工程中展开实践。结合现场监测数据,对平台的平行推演能力进行了全面的评估。

6.4.1　总体情况介绍

如图 6.50 所示,2023 年 4 月 18 日,世界最大断面组合式矩形顶管机"大禹掘进号"在沙三站左线始发井内顺利始发,开始左线顶进开挖任务。8 月 22 日,"大禹掘进号"刀盘在接收井破壁而出,顺利出洞,完成深圳地铁 12 号线二期工程沙三站双洞密贴顶管车站左线顶进开挖任务。随后,2024 年 1 月 19 日,沙三站实现了超大断面矩形顶管暗挖车站的全面贯通,历时 9 个月。与明挖法施工相比,沙三站机械法暗挖技术的成功实施效果显著,其中碳排放降低 35%,工期节省 18%,土方外运减少约 40%,成本节约 20%。

在沙三站左线隧道顶进期间,地层、箱涵沉降及顶管姿态均得到较好控制,左线顶进完成后,地表监测点纵向最大沉降基本控制在 30mm 以内,如图 6.51 所示。在顶管机下穿箱涵过程中,箱涵沉降控制在 10mm 以内,如图 6.52 所示。顶管隧道的水平误差、垂直误差基本控制在 50mm 以内,如图 6.53 所示。

在顶管机顶进过程中,为实现对顶管施工控制提供指导,在顶管机驾驶室内同步部署了顶管顶进智能控制平台,如图 6.54 所示,方便顶管机驾驶人员随时查看信息,并可以根据响应方案提供下一步施工的掘进参数建议值。

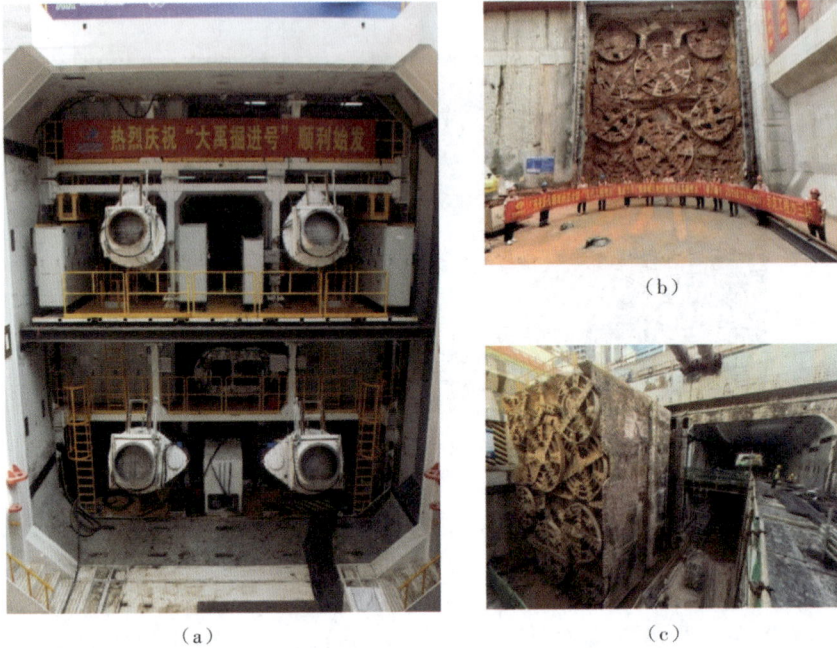

（a）

（b）

（c）

图 6.50 沙三站施工进程

（a）顶管机始发；（b）顶管机左线出洞；（c）全线贯通

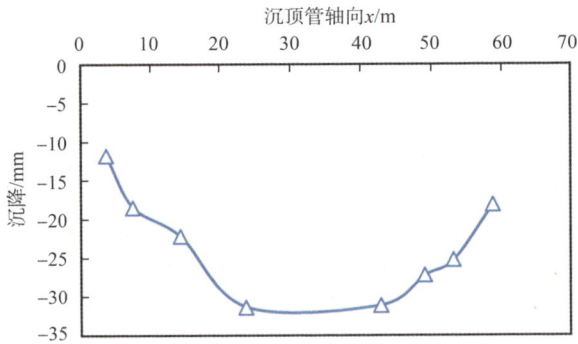

图 6.51 左线完成后地表纵向最大沉降

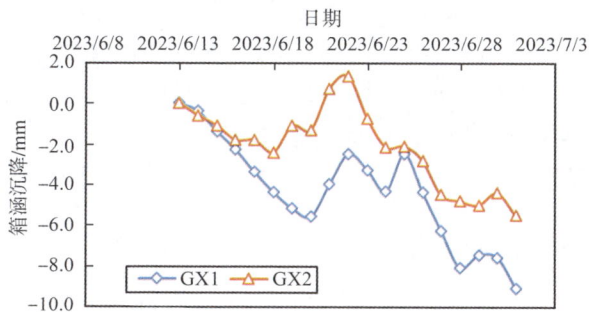

图 6.52 下穿过程的箱涵沉降曲线

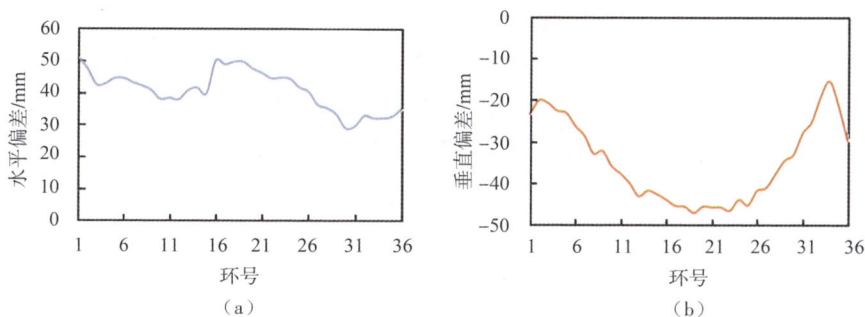

图 6.53 左线完成后顶管隧道姿态曲线
（a）水平姿态；（b）垂直姿态

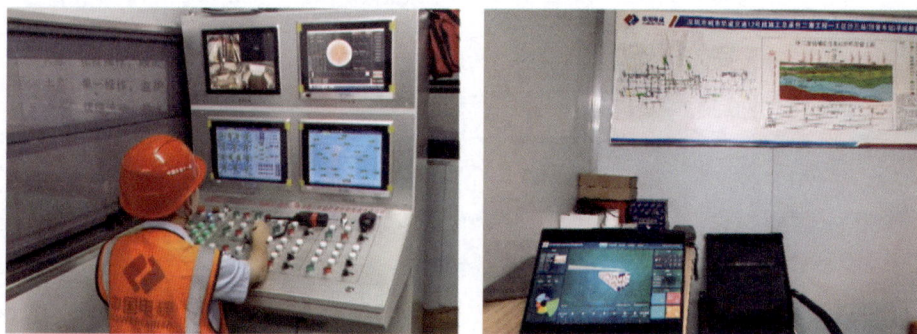

图 6.54 智能控制平台部署
（a）顶管机驾驶室；（b）平台部署

在沙三站施工过程中，由于地层沉降与顶进姿态监测频率并不一致，所以调整措施的实施周期也不同。地层沉降较为缓慢，监测频率无须太高，现场每天人工监测一次，对应的调整措施也是以天为周期进行实施，并不需要一天内多次调整掘进参数。顶进姿态相较地层沉降变化较为频繁，相关数据为每 12s 采集 1 次，但姿态在数小时内变化基本稳定,所以一天内仅需调整 2～3 次相关掘进参数即可。因此,管理平台考虑到以上特点,每天更新一次监测点的沉降数据,每分钟更新一次顶进姿态数据和掘进参数。在平行推演和智能决策方面,考虑到调整频率较低,每小时进行一次顶进姿态的平行推演和智能决策,为下一小时顶进参数确定提供参考,每天进行一次地层沉降的平行推演和智能决策为下一天的顶进提供参考。

6.4.2　顶管机姿态控制效果分析

在实际应用过程中,该平台通过实时采集顶管机掘进参数和导向系统数据,准确预测了顶管机不同姿态下的铰接油缸纠偏力矩。通过对第 11 环的监测数据进行分析,选取铰接油缸组推力产生的水平和垂直力矩(M_{5z},M_{5y})作为验证。通过导向系统采集的顶管机姿态数据,结合理论分析模型,可以得到对应的预测铰接油缸纠偏力矩,将其与实际的铰接油缸纠偏力矩进行比较以评判预测进度。其中,引入了绝对误差(AE)、平均绝对误差(MAE)、均方根误差(RMSE)、相对误差(RE)、平均相对误差(MRE)等误差指标来评价平台的预测精度。这些误差指标可以表示为

$$
\begin{cases}
AE = y_p - y_m \\
MAE = \dfrac{1}{N} \sum_{1}^{N} |y_p - y_m| \\
RMSE = \sqrt{\dfrac{1}{N} \sum_{1}^{N} (y_p - y_m)^2} \\
RE = \dfrac{|y_p - y_m|}{y_m} \times 100\% \\
MRE = \dfrac{1}{N} \sum_{1}^{N} \dfrac{|y_p - y_m|}{y_m} \times 100\%
\end{cases}
\tag{6.61}
$$

式中:y_p 为平台计算的预测纠偏力矩;y_m 为实测数据计算的纠偏力矩;N 表示样本个数,计算中为 19。

图 6.55 和图 6.56 为顶管施工过程中铰接油缸纠偏力矩实际值、预测值和误差指标的变化情况。

从图 6.55 和图 6.56 可以看出,铰接油缸纠偏力矩在平均值附近波动。铰接油缸纠偏力矩预测值和实际值基本上遵循相同的趋势。预测值与实测值虽然有一定差异,但差异不明显。第 11 环的水平力矩和垂直力矩最大相对误差分别为 13.3% 和 4.4%。相对误差一般在 10% 以下。总的来说,预测值与实测数据吻合得较好。然而,预测数据与实测数据之间仍存在一些差异。这些误差主要由土体参数勘察误差、顶管机导向系统监测数据误差等因素引起。第 11 环的水平力矩和垂直力矩平均相对误差分别为 6.6% 和 1.7%。该结果表明,该平台的预测精度较高,在实际工程中可实现高精度顶管机姿态预测。

　　另外,智能控制平台在顶管机水平偏差控制方面得到了较好应用,如图 6.57 所示,在左线顶进过程中,水平偏差风险基本控制在绿色-黄色风险;在顶进初期,水平偏差较大,达到了 40mm(右偏),之后平台及时预警并进行了智能决策,顶管机向左移动,水平偏差开始减小,最终水平偏差控制在−16mm,远小于最大允许偏差±50mm。

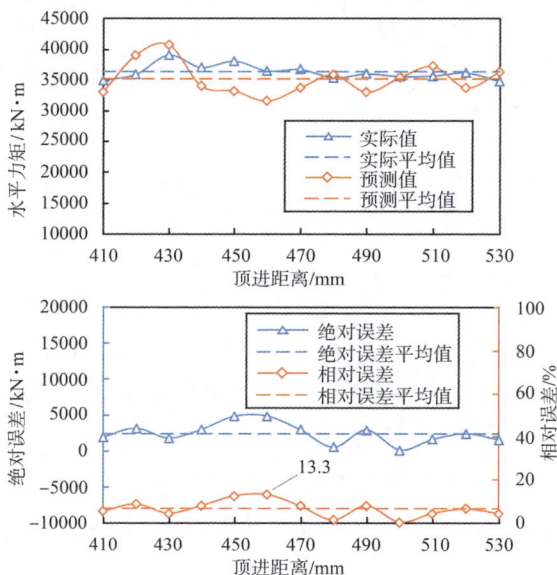

图 6.55　铰接油缸水平力矩及误差

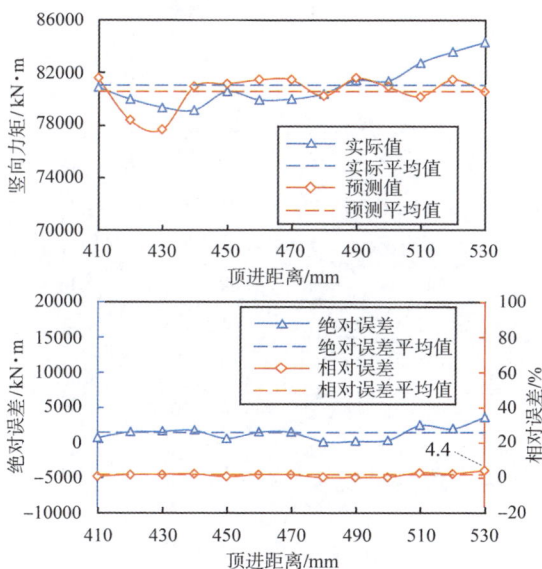

图 6.56　铰接油缸垂直力矩及误差

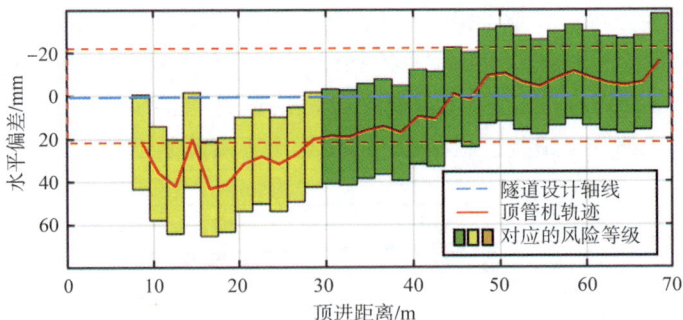

图 6.57　顶进过程的顶管机水平偏差与风险等级

6.4.3　地层及箱涵沉降控制效果分析

根据现场监测条件以及精度要求,现场监测点布置如图 6.58 所示,地层沉降监测断面沿纵向分布,共计 8 个监测断面,72 个地层监测点,设置箱涵沉降点 2 个,分别为 GX-1、GX-2。在实际应用过程中,该平台通过实时采集顶管机掘进参数,准确预测了顶管机顶推到各监测断面时的顶管轴线处地表纵向沉降曲线。本书以顶管机顶推到监测断面 d_6 至监测断面 d_9 时的沉降监测数据与平台预测结果的比较说明平台应用效果。

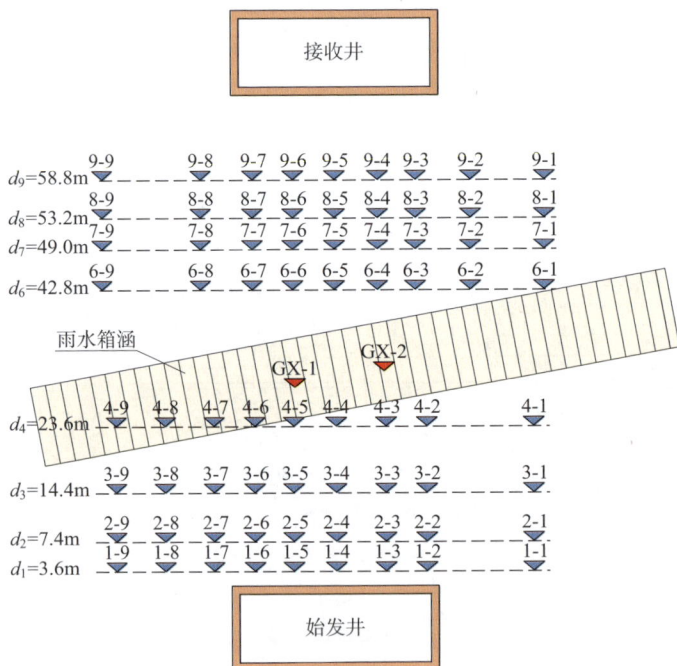

图 6.58　沙三站地表及箱涵监测点布置

如图 6.59 所示,当顶管机顶推至监测断面 d_6 时,沉降监测数据与平台预测结果基本吻合,只在监测断面 d_8、d_9 的监测值与预测结果间存在差异,主要原因是箱涵周围曾布设有围护桩,为保证顶管能顺利顶进曾经进行过围护桩的拔除,导致地层在未掘进时已发生先期固结沉降,而该监测点靠近拔桩区也受到先期沉降影响。

如图 6.60 所示,当顶管机顶推至监测断面 d_7 时,沉降监测数据与平台预测结果基本吻合,同样只在监测断面 d_8、d_9 的监测值与预测值间存在差异,主要原因与顶管机顶推至监测断面 d_6 时一致,均因为监测断面 d_8、d_9 的监测点靠近拔桩区,曾经进行过拔桩导致地层在未掘进时已发生沉降。

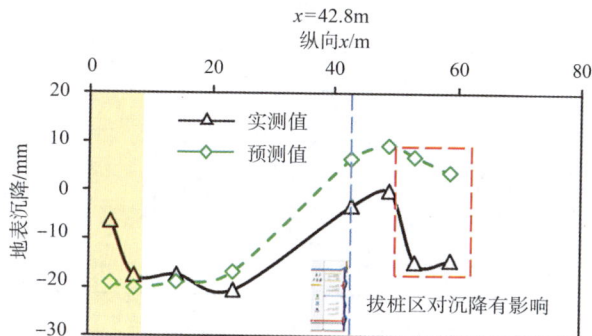

图 6.59 顶推至监测断面 d_6 时的顶管轴线处地表纵向沉降曲线

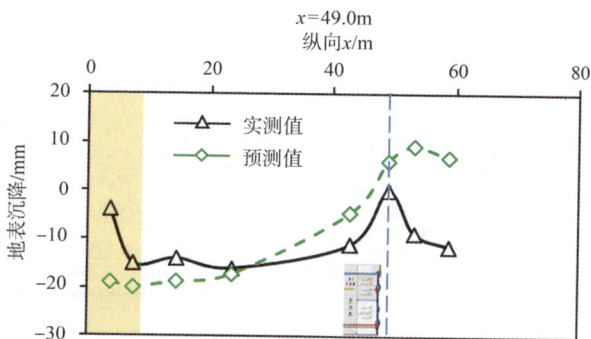

图 6.60 顶推至监测断面 d_7 时的顶管轴线处地表纵向沉降曲线

如图 6.61 所示,当顶管机顶推至监测断面 d_8 时,沉降监测数据与平台预测结果基本吻合,只在监测断面 d_8、d_9 的监测值与预测值间存在差异,主要原因前文已提及,不再赘述。另外,在纵向上,地层沉降的实测值与预测值之间存在一定差异,主要原因是在纵向上顶管注浆并非均匀注浆,而是分段注浆,每段的注浆效果并不一,导致地层沉降存在差异,而分段注浆的具体数据并没有进行记录,因此,该平台未能考虑到分段注浆的影响,而是按均匀注浆去考虑地层纵向沉降,导致实测值与预测值之间存在差异。通过监测数据的反推,在该过程中,纵向 20~40m 的注浆量实际可能更小一些,因此纵向 20~40m 的沉降相对偏大。

如图 6.62 所示,当顶管机顶推至监测断面 d_9 时,沉降监测数据与平台预测结果基本吻合。在纵向上,地层沉降的实测值与预测值之间同样存在一定差异,主要原因也是纵向上顶管注浆并非均匀注浆,导致地层沉降存在差异。通过监测数据的反推,在该过程中,同样是纵向 20~40m 的注浆量实际可能更小一些,因此纵向 20~40m 的沉降相对偏大。与顶管机顶推至监测断面 d_8 时的情况基本相同。

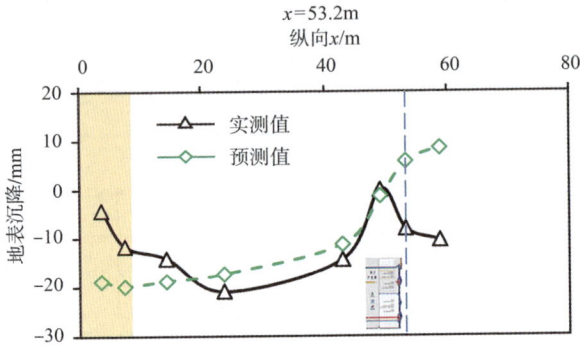

图 6.61 顶推至监测断面 d_8 时的顶管轴线处地表纵向沉降曲线

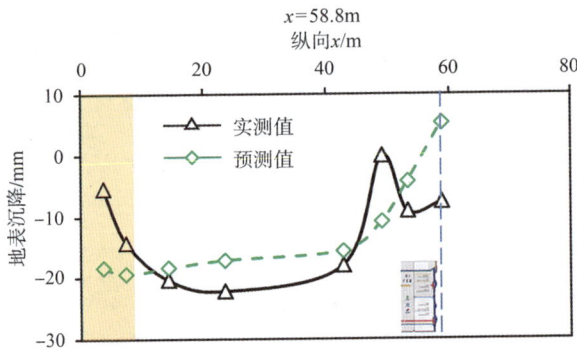

图 6.62 顶推至监测断面 d_9 时的顶管轴线处地表纵向沉降曲线

最终,在智能控制平台的平行推演与智能决策支持下,左线地层沉降得到了较好控制,在顶进过程中,地层沉降风险基本控制在绿色-黄色风险,顶管轴线处最大地表沉降控制在 25mm,如图 6.63 所示。

另外,下穿箱涵过程中,该平台通过实时采集顶管机掘进参数,准确预测下穿完成后箱涵沉降曲线,并与现场实测值比对。如图 6.64 所示,箱涵沉降现场监测数据基本与预测结果吻合,误差在 1~2mm,主要是由于浆液流失,注浆效果难以

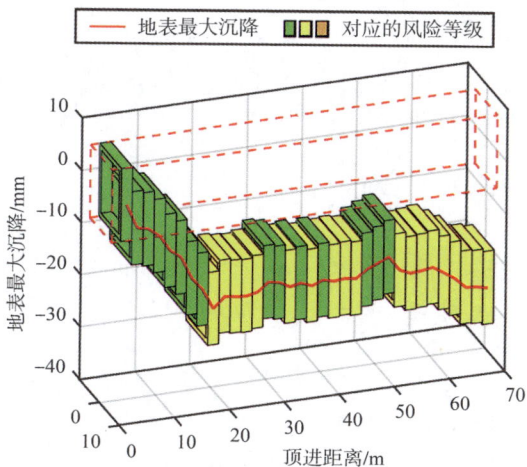

图 6.63　顶进过程的地表沉降及风险等级

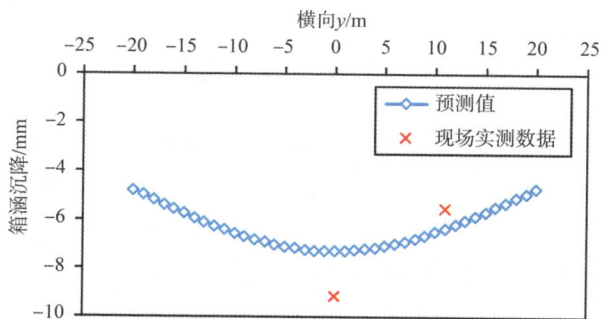

图 6.64　下穿完成后的箱涵沉降曲线

确定导致。

综上所述,顶进智能控制平台在控制地层、箱涵沉降以及顶管机姿态方面都取得了较好的应用效果。通过平行推演以及智能决策,施工期间安全风险控制在黄色预警以下,地表沉降、下穿过程的箱涵沉降以及顶管机轨迹偏差均控制在允许范围以内,满足沙三站施工控制要求,实现顶管顶进过程的精准控制。本案例也可为数字孪生技术在未来其他地下工程中的应用提供借鉴和参考。

参考文献

[1] WU H N, SHEN S L, LIAO S M, et al. Longitudinal structural modelling of shield tunnels considering shearing dislocation between segmental rings[J]. Tunnelling and Underground Space Technology, 2015, 50: 317-323.

[2] VESIĆ A B. Bending of beams resting on isotropic elastic solid[J]. Journal of the Engineering Mechanics Division, 1961, 87(2): 35-53.

[3] BIOT M A. Bending of an infinite beam on an elastic foundation[J]. Journal of Applied Mechanics, 1937, 4(1): A1-A7.

[4] ATTEWELL P B, YEATES J, SELBY A R. Soil movements induced by tunneling and their effects on pipelines and structures[M]. London: Blackie and Son Ltd., 1986: 65.

[5] KLAR A, VORSTER T E B, SOGA K, et al. Soil-pipe interaction due to tunnelling: Comparison between winkler and elastic continuum solutions[J]. Géotechnique, 2005, 55(6): 461-466.

[6] TANAHASHI H. Formulas for an infinitely long Bernoulli-Euler beam on the Pasternak model[J]. Soils and Foundations, 2004, 44(5): 109-118.

[7] WANG L, CHEN X, SU D, et al. Mechanical performance of a prefabricated subway station structure constructed by twin closely-spaced rectangular pipe-jacking boxes[J]. Tunnelling and Underground Space Technology, 2023, 135: 105062.

[8] 郭平, 李茂, 陈建航, 等. 超大断面矩形顶管姿态控制关键技术研究[J]. 广东土木与建筑, 2024, 31(7): 32-35.

[9] 吴祥, 张宏伟, 宋棋龙, 等. 大断面双洞组合顶管开挖面稳定性研究[J]. 广东土木与建筑, 2023, 30(9): 34-37.

[10] 谢军, 何茂周, 张润麒, 等. 矩形组合式大断面顶管密贴顶进施工[J]. 广东土木与建筑, 2024, 31(6): 99-102.

[11] SUGIMOTO M, CHEN J, SRAMOON A. Frame structure analysis model of tunnel lining using nonlinear ground reaction curve[J]. Tunnelling and Underground Space Technology, 2019, 94: 103135.

[12] SUGIMOTO M, SRAMOON A. Theoretical model of shield behavior during excavation: I, theory[J]. Journal of Geotechnical and Geoenvironmental Engineering, 2002, 128(2): 138-155.

[13] WANG X Y, YUAN D J, JIN D L, et al. Determination of thrusts for different cylinder groups during shield tunneling[J]. Tunnelling and Underground Space Technology, 2022, 127: 104579.

[14] 彭诚. 地铁隧道盾构施工引起土体附加应力及地表沉降研究[D]. 长沙: 中南大学, 2014.

[15] 李辉, 杨贵阳, 宋战平, 等. 矩形顶管施工引起土体分层变形计算方法研究[J]. 地下空间与工程学报, 2019, 15(5): 1482-1489.

[16] 许有俊, 王雅建, 冯超, 等. 矩形顶管施工引起的地面沉降变形研究[J]. 地下空间与工程学报, 2018, 14(1): 192-199.

[17] 韩煊, 李宁, STANDING J R. Peck公式在我国隧道施工地面变形预测中的适用性分析[J]. 岩土力学, 2007, 28(1): 23-28, 35.

[18] 田金科. 盾构下穿既有隧道影响与控制研究[D]. 武汉: 华中科技大学, 2020.

[19] 甘晓露. 隧道开挖引发上部既有隧道纵向结构响应研究[D]. 杭州: 浙江大学, 2022.

［20］满忠昂. 盾构隧道下穿既有矩形顶管隧道变形特征及控制研究［D］. 包头：内蒙古科技大学，2023.

［21］齐静静，徐日庆，魏纲，等. 隧道盾构法施工引起周围土体附加应力分析［J］. 岩土力学，2008，29(2)：529-534，544.

［22］QI Q L，TAO F. Digital twin and big data towards smart manufacturing and industry 4.0：360 degree comparison［J］. IEEE Access，2018，6：3585-3593.

地铁地下空间水灾推演与人员应急疏散动态规划

7.1　背景及需求分析

随着全球气候变化带来的极端降雨事件增多,城市地下轨道交通面临前所未有的洪水风险,对地铁正常运行和人员安全造成严重威胁。国内多个城市的地铁系统已多次经历由极端降雨引发的洪涝灾害,暴露了现有应急管理预案在应对复杂洪水场景时的不足。因此,开发基于数字孪生的地铁地下空间水灾推演与人员应急疏散动态规划技术,对优化应急响应策略、保障人员安全以及减轻水灾带来的经济损失具有重要意义。

7.1.1　地铁地下空间水灾案例

地铁具有运量大、准时便捷、清洁节能等优势,符合城市资源和环境可持续发展原则,其已成为大中城市居民出行的重要途径。截至 2023 年 12 月 31 日,中国内地共有 58 个城市投运城轨交通线路 11409.79km,其中地铁 8668km,占比 78.55%。运营总里程占前 15 的城市如表 7.1 所示,其中上海、北京、广州、成都、深圳、武汉、重庆、杭州 8 个城市的运营线路里程都超过了 500km。

表 7.1　2023 年全国城市轨道交通线路统计[1]

序号	城市	线路数/条	总里程/km	地铁/km	轻轨/km	有轨电车/km	单轨/km	磁悬浮/km	导轨式胶轮/km
1	上海	22	872.4	796.6		39.6		29.9	6.3
2	北京	27	847.2	744.9	29.9	20.8		10.2	
3	广州	22	711.9	566.8		22.1			3.9
4	成都	14	620.7	581.4		39.3			
5	深圳	18	579.8	555.6		15.7			8.5
6	武汉	16	568.0	460.1	38.3	59.1	10.5		
7	重庆	11	535.5	395.1			97.2		15.0
8	杭州	13	517.2	571.2					
9	南京	14	476.7	213.5		16.8			
10	郑州	12	353.5	277.1					

序号	城市	线路数/条	总里程/km	地铁/km	轻轨/km	有轨电车/km	单轨/km	磁悬浮/km	导轨式胶轮/km
11	青岛	8	326.7	318.0		8.7			
12	西安	11	321.3	265.7					
13	天津	10	300.6	248.4	52.2				
14	苏州	9	297.4	210.0		46.1			
15	沈阳	12	266.8	164.2		102.6			

　　地铁地下空间结构复杂、人流密集,一旦突发灾害,人员疏散困难,极易造成严重后果。在全球变暖的影响下,强降水等极端天气越来越频繁,地铁地下空间遭遇洪水入侵的案例日渐增多(图 7.1),给人员和财产安全造成了严重威胁。

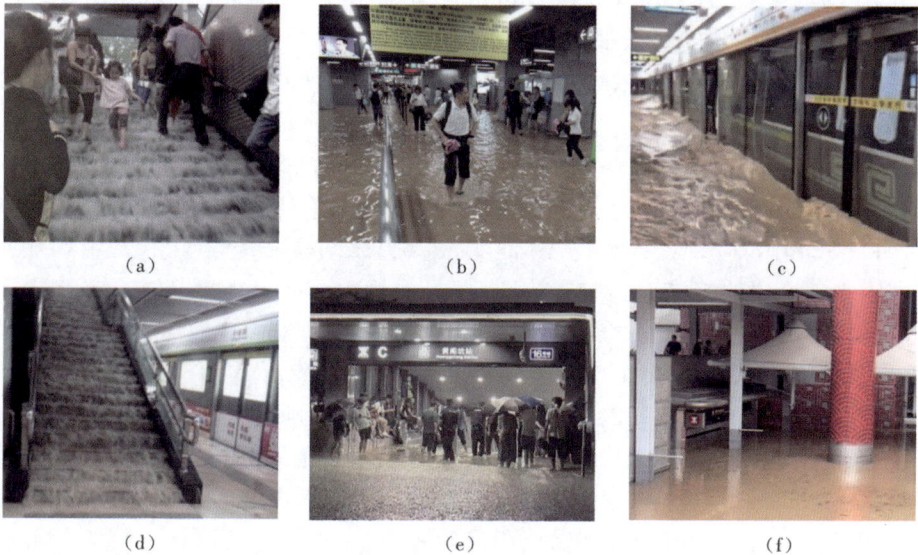

图 7.1　地铁地下空间水灾

(a) 北京,2011 年 6 月;(b) 深圳,2016 年 6 月;(c) 成都,2018 年 6 月;
(d) 广州,2021 年 8 月;(e) 深圳,2023 年 9 月;(f) 香港,2023 年 9 月

　　在国内,2011 年 6 月强降雨导致北京地铁 1 号线某车辆段隧洞口雨水聚集,部分雨水进入轨行区,造成接触轨短路。2013 年 9 月,上海市地铁受暴雨影响,多条地铁线路信号设备及供电设备故障,导致列车班次延迟、跳站运行甚至暂停运行。2016 年 5 月,暴雨导致广州街道内涝积水,地铁 6 号线长湴站出入口处雨水漫入站内。2016 年 7 月,武汉发生持续性降水,汛情严重,洪水从多个地铁站的出入口涌

入站内,关闭了2个车站,共29个站点受到不同程度的影响。2016年7月,西安市区突发暴雨,小寨地铁站外某水路管网破裂,大量积水从出入口倒灌进地铁站内,列车在该站不停站通过。2017年6月,台风"苗柏"登陆深圳,市区多路段积水严重,给城市地下排水系统造成巨大压力,车公庙地铁站邻近工地的废弃水管因水压过大破裂,大量洪水侵入车站内部,该站临时关闭,部分人员需要换乘到邻近车站。2021年7月郑州市发生持续强降雨,全市出现极端暴雨天气,洪水冲垮地铁入场线挡水墙进入地铁隧道正线,列车被迫停在隧道中,由于没有及时疏散车厢内人员,最终导致12人死亡。2023年9月7日傍晚至8日早晨,受台风"海葵"残余环流、季风和弱冷空气的共同影响,深圳普降极端特大暴雨。受此影响,地铁1号线老街至罗湖区段的三座车站及3号线翠竹至华新区段的六座车站停运,机场东至大剧院区段维持有限度运营,行车间隔为4~8min;3号线双龙至田贝区段、莲花村至福保区段也维持有限度运营,行车间隔为5~7min。2023年,受台风"海葵"残余相关低压槽的影响,香港于9月7日遭遇自1884年以来最强暴雨。暴雨导致港铁黄大仙站出入口的楼梯及扶手电梯大量雨水涌入车站大堂、月台、路轨甚至行车隧道,形成内涝事故,这是香港地铁开通40多年以来首次发生涉及行车隧道的内涝事件。

在国外,2006年1月巴西里约热内卢的某地下停车场因水管破裂大量涌水,共造成停车场内6人死亡。2007年8月美国纽约曼哈顿暴雨导致地铁系统瘫痪。2011年7月韩国首尔地铁站雨水倒灌,致使部分区间线路停运。2012年6月英国伦敦,因水务公司的工作人员的操作失误,几百万升水涌入地铁车站,导致数百人被迫在隧道区间内沿铁轨紧急疏散。2014年8月韩国釜山发生强降雨,多条地铁线路受其影响停运。2019年7月美国华盛顿遭暴雨袭击,地铁站被淹,列车秒变"水帘洞"。2022年8月,韩国京畿道地区遭遇特大暴雨,每小时降雨量高达141.5mm,创下自1942年以来的最高纪录,大雨导致多条道路和桥梁被淹没,多条地铁线路停运。2023年,美国东部也遭遇了强降雨,纽约市的降雨量创下历史新高,导致全城路面及地下区域被水浸泡,交通陷入瘫痪。

以上案例表明,在地下空间发生水灾时,洪水漫延的速度非常快,以至于几乎没有时间预警和疏散,如果相关运营管理部门和单位没有提前为洪水入侵等突发事件做好充足准备,并实施有效的防洪和人员应急疏散措施,很有可能造成灾难性后果。

7.1.2　推演技术需求分析

我国城市地下空间防洪减灾目前主要集中在洪水入侵机理、脆弱性分析等方向,针对地铁地下空间应急疏散的仿真模拟研究也主要集中在火灾、大客流等方面,对于洪涝灾害过程中的应急疏散研究并不充分。

　　人员安全是防灾减灾工作的重中之重,实现突发灾害过程中人员的有效疏散尤为重要。在极端洪水灾害的情况下,传统的疏散方案往往难以应对复杂和多变的情况。目前,常用的洪水漫延和人员疏散的分析方法如表 7.2 所示,洪水漫延和人员疏散大多基于不同的原理、方法或工具,不能实现洪水漫延和人员疏散的同步耦合分析,无法满足在数字孪生平台中进行人员应急疏散平行推演的需求。为了更科学、更精准地制定应急疏散措施,需要开发能够同时模拟洪水漫延过程和人员疏散的方法,以便考虑洪水漫延对人员移动和疏散效率的影响。

　　元胞自动机(cellular automata,CA)方法作为一种基于简单规则的数值仿真技术,既可以模拟水的流动,也可以模拟人的移动,能够实现洪水漫延与人员疏散的同步耦合分析。基于元胞自动机开发的洪水漫延和人员疏散模型,可以在数字孪生平台中进行两者的平行推演(图 7.2),对洪水发展进行预测,模拟不同的疏散策略并进行优化,从而提供更有效的应急响应策略。

表 7.2　洪水漫延和人员疏散主要分析方法

作者	论文	洪水漫延分析方法	人员疏散分析方法
Zheng et al.[2]	Simulation of pedestrians' evacuation dynamics with underground flood spreading based on cellular automaton	经验公式	元胞自动机
HE et al.[3]	An efficient dynamic route optimization for urban flooding evacuation based on cellular automata	MIKE 21 模型	元胞自动机
张炜[4]	地铁车站在极端强降水事件时安全疏散的研究	经验公式	Anylogic 软件
Bernardini et al.[5]	A preliminary combined simulation tool for the risk assessment of pedestrians' flood-induced evacuation	Flood PEDS 模型	格子气模型
张玉蓉等[6]	基于 GPU 技术的溃坝洪水过程高效高分辨率数值模拟研究	二维浅水方程	元胞自动机

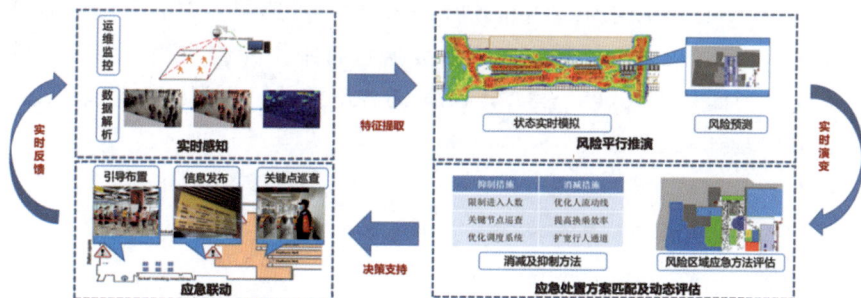

图 7.2　基于数字孪生的灾害应急管理

7.2 基于元胞自动机的平面空间洪水漫延模拟方法

本节主要介绍元胞自动机的基本原理和基于元胞自动机的平面空间洪水漫延模型,并进行模型的验证和敏感性分析。

7.2.1 元胞自动机的基本原理

元胞自动机由元胞状态、元胞空间、元胞邻居和元胞转换规则四部分构成。有别于一般的动力学模型,符合逻辑规则的模型通常可视为元胞自动机模型。作为一个数理模型,标准元胞自动机模型可表示为

$$CA = (L_\eta, V, W, f) \tag{7.1}$$

式中:CA 表示一个元胞自动机系统;L_η 表示元胞空间,η 是一正整数,表示元胞自动机内元胞空间的维数;V 是元胞有限的状态集合;W 表示一个邻域内元胞的集合(含中心元胞),记为 $W(w_1, w_2, \cdots, w_m)$,m 是元胞的邻居个数;f 为局部转换规则,是由 t 时刻元胞及其邻居的状态所决定的 $t+1$ 时刻该元胞状态的动力学函数。元胞在 $t+1$ 时刻的状态可以表征为

$$V(t+1) = f(V(t), W(t)) \tag{7.2}$$

7.2.2 基于元胞自动机的平面空间洪水漫延模型

对于平面空间洪水漫延问题,可采用基于权重的二维元胞自动机模型来模拟[7]。该模型利用冯·诺依曼邻域规则和正方形网格进行洪水动力学的计算。核心步骤包括:①计算中心元胞基于相邻元胞间水量差的权重,决定向周围下游元胞转移的水量;②计算水量从中心元胞向各下游元胞的流动体积;③更新每个元胞的水深和水量体积;④计算元胞间的水流速度。

1. 中心元胞向相邻元胞转移水量的权重计算

首先,计算中心元胞与所有相邻元胞的水位差,水位低于中心元胞的相邻元胞为下游元胞,水量将从中心元胞流向下游元胞。将中心元胞与各下游元胞的水位差与相应元胞的面积相乘,可获得中心元胞向各下游元胞之间的水量体积差,进而可求得总体积差,即

$$\Delta l_{0,i} = l_0 - l_i, \quad \forall i \in \{1, 2, \cdots, n\} \tag{7.3}$$

$$\Delta V_{0,i} = A_0 \cdot \max\{\Delta l_{0,i}, 0\}, \quad \forall i \in \{1, 2, \cdots, n\} \tag{7.4}$$

$$\Delta V_{\min} = \min\left\{\Delta V_{0,i} \,\middle|\, \begin{array}{l} \Delta l_{0,i} > \tau \\ i = 1, 2, \cdots, n \end{array}\right\} \tag{7.5}$$

$$\Delta V_{\max} = \max\{\Delta V_{0,i} \mid i = 1,2,\cdots,n\} \tag{7.6}$$

$$\Delta V_{\mathrm{tot}} = \sum_{i=1}^{m} \Delta V_{0,i} \tag{7.7}$$

式中：i 为元胞的编号；l_0 为中心元胞的水位；l_i 为所计算的元胞的水位；$\Delta l_{0,i}$ 为中心元胞和相邻元胞之间的水位差；A_0 为单个元胞的面积；$\Delta V_{0,i}$ 为中心元胞与第 i 个相邻元胞之间的水量体积差；$\Delta V_{\min}$ 为水量体积差的最小值；τ 为中心元胞和相邻元胞水位差值的给定临界值；$\Delta V_{\max}$ 为水量体积差的最大值；ΔV_{tot} 为水量体积差的总和；n 为下游元胞的数量。

其次，计算中心元胞向其各下游元胞转移水量的权重。假设中心元胞保留水量的权重和与其水位差最小的下游元胞相同，每个下游元胞的权重由其与中心元胞的体积差占体积差总和的比例确定，即

$$w_i = \frac{\Delta V_{0,i}}{\Delta V_{\mathrm{tot}} + \Delta V_{\min}}, \quad \forall i \in \{1,2,\cdots,n\} \tag{7.8}$$

$$w_0 = \frac{\Delta V_{\min}}{\Delta V_{\mathrm{tot}} + \Delta V_{\min}} \tag{7.9}$$

式中：w_i 为第 i 个元胞的权重；w_0 为中心元胞保留水量的权重；n 为下游元胞的数量。

2. 中心元胞流入各个下游元胞的水量体积计算

中心元胞流入各个下游元胞的水量体积通过式（7.10）计算，取右边括号里三项的最小值。

$$I_{\mathrm{tot}}^{t+\Delta t} = \min(d_0 A_0, I_{\mathrm{M}}/\omega_{\mathrm{m}}, \Delta V_{\min} + I_{\mathrm{tot}}) \tag{7.10}$$

式中：d_0 为中心元胞的水位；I_{M} 为转移到权重最大元胞的水量体积；A_0 为中心元胞的面积；ω_{m} 为下游元胞权重的最大值；$I_{\mathrm{tot}}^{t+\Delta t}$ 为在时间 t 和 $t+\Delta t$ 之间离开中心元胞的水量体积。

式（7.10）第一项表示元胞间转移的水量总体积受中心元胞的水量限制；第二项为结合临界流速公式和曼宁公式来估算水流速度，再根据水流速度计算元胞间最大转移水量体积，即

$$v_{\mathrm{M}} = \min\{v_{\mathrm{cri}}, v_{\mathrm{man}}\} \tag{7.11}$$

$$v_{\mathrm{cri}} = \sqrt{d_0 g} \tag{7.12}$$

$$v_{\mathrm{man}} = \frac{1}{n} d_0^{\frac{2}{3}} \sqrt{\frac{\Delta l_{0,\mathrm{M}}}{\Delta x_{0,\mathrm{M}}}} \tag{7.13}$$

$$I_{\mathrm{M}} = v_{\mathrm{M}} d_0 \Delta t \Delta e_{\mathrm{M}} \tag{7.14}$$

式中：临界流速 v_{cri} 用于确定水流是否达到临界状态，判断流态是急流或为缓流；曼宁公式根据水流的水力半径、流道的坡度以及糙率系数，计算出水的曼宁流速

v_{man}；v_{M} 为从中心元胞到权重最大的相邻元胞间的最大速度；$\Delta l_{0,\text{M}}$ 为中心元胞与权重最大的元胞间的水位差；$\Delta x_{0,\text{M}}$ 为中心元胞和权重最大的元胞中心之间的距离；Δt 为时间步长；Δe_{M} 为权重最大元胞的长度。

用此方法来计算元胞间最大转移水量体积的原因是元胞间转移的总水量体积受到最大单个元胞间转移的水量体积 I_{M} 除以最大权重 ω_{m} 得出的值的限制，即中心元胞流入各个下游元胞的水量体积恒小于或等于 $I_{\text{M}}/\omega_{\text{m}}$。

在式(7.10)的第三项中，离开中心元胞的胞间水量总体积受水量体积差的最小值 ΔV_{min} 加上在时间步长 t 时离开中心元胞的水量总体积 I_{tot} 的限制，后者是在前一个时间步长迭代过程中确定的。最小水量体积差 ΔV_{min} 用于限制元胞从多个相邻元胞获得水量时可能出现的振荡现象，这种振荡现象会导致下一个时间步其水位高于中心元胞的水位。而 I_{tot} 值用于避免各时间步之间转移体积总量的巨大差异。

3. 元胞水深更新

元胞的水深采用以下公式进行更新：

$$d_0^{t+\Delta t} = d_0^t - \frac{\sum_{i=1}^{m} I_i^{t+\Delta t}}{A_0} + \frac{\Delta V_0^{\text{in}}}{A_0} - \frac{\Delta V_0^{\text{out}}}{A_0} \tag{7.15}$$

式中，$I_i^{t+\Delta t}$ 为 $t+\Delta t$ 时中心元胞流入第 i 个相邻元胞的水量体积；A_0 为中心元胞的面积；ΔV_0^{in} 为进入中心元胞的水的体积；ΔV_0^{out} 为离开中心元胞的水的体积；d_0^t 为在时间 t 时中心元胞的水深；$d_0^{t+\Delta t}$ 为更新后的中心元胞水深。

4. 元胞间的水流速度

元胞间的水流速度采用如下公式进行计算：

$$v_i^{t+\Delta t} = \frac{I_i^{t+\Delta t}}{d_{0,i}^{t+\Delta t} \Delta e_i \Delta t}, \quad \forall i \in \{1,2,\cdots,n\} \tag{7.16}$$

式中，$I_i^{t+\Delta t}$ 为 t 和 $t+\Delta t$ 时刻之间转移到第 i 个元胞的体积；Δe_i 为元胞的尺寸；$d_{0,i}^{t+\Delta t}$ 为在 $t+\Delta t$ 时中心元胞和第 i 个元胞的水深平均值；Δt 为时间步长。

当元胞间的水流速度确定后，模型的时间步长 Δt 可以根据元胞水深的变化程度来改变下一步的时间步长，并以新的时间步长 Δt_u 进行下一步的迭代，Δt_u 的计算公式为

$$\Delta t_u = \frac{\Delta x^2}{4} \min\left(\frac{2n}{d^{5/3}} S^{1/2}\right) \tag{7.17}$$

式中，Δx 为元胞网格尺寸；n 为曼宁系数；d 为中心元胞的水深；S 为水力坡度。

采用自适应时间步长可以有效提高模型的计算精度和运行效率。

7.3 基于元胞自动机的立体空间洪水漫延模拟方法

地下立体空间集交通运输、城市服务及商业活动于一体,其功能布局和空间结构复杂多样,对洪水的动态演化模拟带来一定的挑战。本节介绍基于三维元胞自动机的地下立体空间洪水漫延分析方法,并给出具体的模拟案例。

7.3.1 立体空间元胞自动机的层连接规则

地下立体空间包含多层,层间一般通过楼梯和扶梯连接,在洪水漫延过程中楼梯和扶梯将成为水流的通道。在进行立体空间洪水漫延模拟时,层连接的核心目标是有效地将水流从一个层传输到另一个层,以确保模拟的连续性和准确性。立体空间元胞自动机的层连接规则主要包括洪水漫延的主层和子层定义,基于水量和高程差的漫延规则以及关联区域水量同步更新等。

1. 洪水漫延的主层和子层定义

对于地下空间的洪水漫延,其重要特征为水流通过楼梯或扶梯漫延至下一层时,成为下一层的洪水源[8]。因此在进行立体空间元胞自动机漫延模拟时,可以对两层的相对关系进行定义:即通过楼梯或扶梯传递水流至其他层的层为主层;通过楼梯或扶梯接受其他层的水量传递作为洪水源的层为子层,如图 7.3 所示。

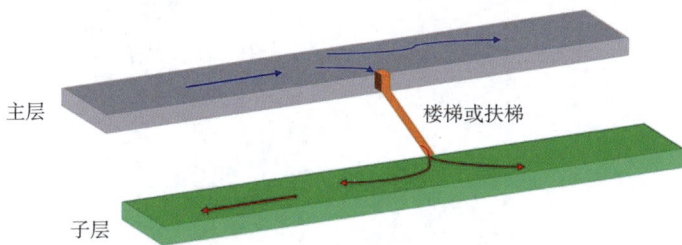

图 7.3　主层和子层定义

2. 基于水量和高程差的漫延规则

由于主层和子层之间通过楼梯或扶梯来实现层连接,楼梯和扶梯的主要特征是每个梯级之间的高程不同[9]。当水流在同一梯级表面漫延时,漫延规则为 7.2.2 节介绍的中心元胞基于相邻元胞间水量差的权重向下游元胞转移水量;当水流在不同梯级间漫延时,由于高程差的存在,即便元胞间水量差为零,由于重力的存在,绝对高程较中心元胞低的元胞仍可视为中心元胞的下游元胞,如图 7.4 所示。因此,需要对建立好的元胞网格进行高程定义。对于主层,如果将楼梯或扶梯

以外部分的绝对高程定义为 h_0,则层连接处楼梯或扶梯部分每个梯级的元胞网格的高程依次递减,即

$$h_k = h_0 - (k-1) \cdot h_{step} \qquad (7.18)$$

式中,h_{step} 为踏步高;k 为梯级数。

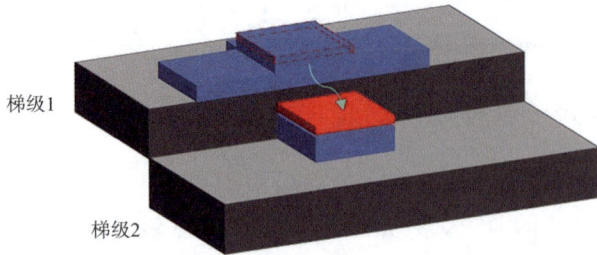

梯级1

梯级2

图 7.4　不同高程梯级间的元胞水量转移

以双跑楼梯为例,如图 7.5(a)所示,梯段 1 有 10 个踏步,梯段 2 有 8 个踏步,踏步高为 0.3m。进行高程定义后,主层楼梯及周围部分的元胞网格如图 7.5(c)所示。

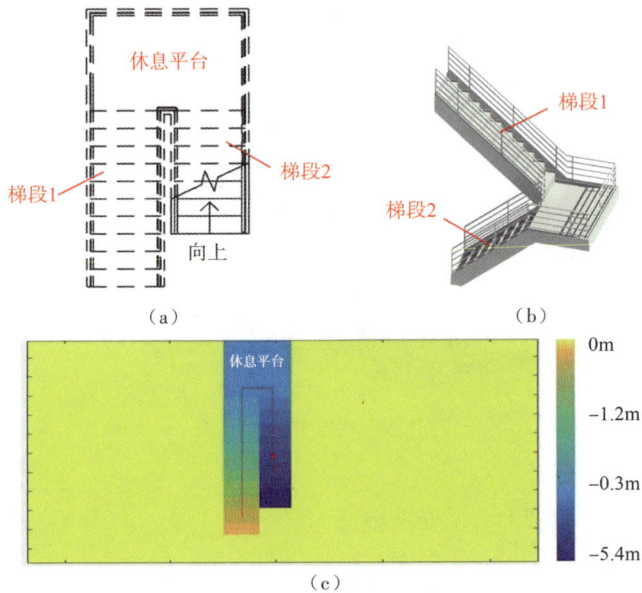

休息平台

梯段1

梯段2

向上

（a）

梯段1

梯段2

（b）

休息平台

0m

−1.2m

−0.3m

−5.4m

（c）

图 7.5　双跑楼梯示例

（a）双跑楼梯平面图；（b）双跑楼梯三维模型；（c）双跑楼梯元胞网格

对于平面空间洪水漫延,中心元胞和相邻元胞间的水量转移是基于水量差的权重进行水量分配;同样地,对于立体空间洪水漫延,中心元胞和相邻元胞间的水

量转移可以基于高程差的权重进行水量分配,结合式(7.3)和式(7.4),可以将元胞水量转移的等价体积差定义为

$$\Delta V'_{0,i} = A_0 \cdot \max\{\Delta d_{0,i} + \Delta h_{0,i}, 0\}, \quad \forall i \in \{1, 2, \cdots, n\} \tag{7.19}$$

式中:$\Delta h_{0,i}$ 为中心元胞和下游元胞的高程差,m。

同样地,将等价体积差 $\Delta V'_{0,i}$ 分别代入式(7.5)~式(7.7),可以分别得出等价的 $\Delta V'_{\min}$、$\Delta V'_{\max}$ 和 $\Delta V'_{\text{tot}}$,从而得出基于水量和高程差的综合权重为

$$w'_i = \frac{\Delta V'_{0,i}}{\Delta V'_{\text{tot}} + \Delta V'_{\min}}, \quad \forall i \in \{1, 2, \cdots, n\} \tag{7.20}$$

$$w'_0 = \frac{\Delta V'_{\min}}{\Delta V'_{\text{tot}} + \Delta V'_{\min}} \tag{7.21}$$

式中:$\Delta V'_{0,i}$ 为等价的中心元胞与第 i 个相邻元胞之间的水量体积差;$\Delta V'_{\min}$ 为等价的水量体积差的最小值;$\Delta V'_{\text{tot}}$ 为等价的水量体积差的总和;w'_i 为第 i 个下游元胞的综合权重;w'_0 为中心元胞保留水量的综合权重。

3. 关联区域水量同步更新

在实现了主层水流在楼梯或者扶梯上的漫延后,根据式(7.15),当水深 $d_0^{t+\Delta t}$ 更新后,元胞 i 的体积 $I_i^{t+\Delta t}$ 也在下一个步骤中进行更新。故当需要主层和子层之间进行层连接时,需要实时更新两层关联区域的水深和中心元胞流出水量。对于两层的关联区域,可将其定义为楼梯最后一个踏步下方与楼梯等宽的矩形区域[10],其中包含多个元胞网格,如图7.6所示。

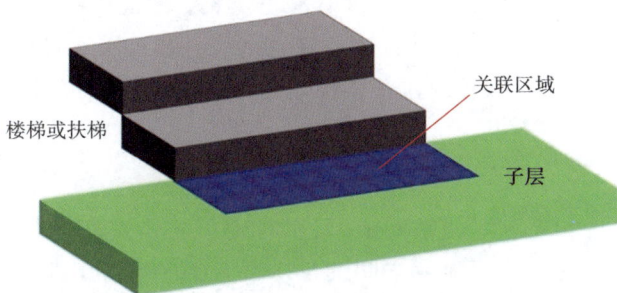

图 7.6　主层与子层的关联区域

根据式(7.10)和式(7.15),由主层漫延至关联区域的中心元胞流出水量和元胞水深的更新关系式可以分别表示为

$$I_{\text{up}} = I_{\text{tot}}^{t+\Delta t} = \min(d_{\text{up}} A_0, I_{\text{M}}/\omega'_{\text{m}}, \Delta V'_{\min} + I_{\text{tot}}) \tag{7.22}$$

$$d_{\text{up}} = d_0^{t+\Delta t} = d_0^t - \frac{\sum_{i=1}^{m} I_i^{t+\Delta t}}{A_0} + \frac{\Delta V_i^{\text{in}'}}{A_0} - \frac{\Delta V_i^{\text{out}'}}{A_0} \tag{7.23}$$

式中：$\Delta V_i^{in'}$ 为等价的进入中心元胞水的体积；$\Delta V_i^{out'}$ 为等价的离开中心元胞水的体积。则子层关联区域的元胞水深和中心元胞流出水量的更新关系式分别为

$$d_{down} = d_{up} \tag{7.24}$$

$$I_{down} = I_{tot,down}^{t+\Delta t} = \min(d_{down} A_0, I_{M,down}/\omega'_{m,down}, \Delta V'_{min,down} + I_{tot,down}) \tag{7.25}$$

式中：$I_{tot,down}^{t+\Delta t}$ 为等价的在时间 t 和 $t+\Delta t$ 之间离开中心元胞的水量体积；d_{down} 为下层关联区域的水深；$I_{M,down}$ 为等价的转移到权重最大元胞的水量体积；$\omega'_{m,down}$ 为等价的下游元胞权重的最大值；$\Delta V'_{min,down}$ 为下层关联区域等价的水量体积差的最小值。

同样地，当子层的关联区域处的元胞水深和中心元胞流出水量需要同步更新至主层，即

$$d_{up} = d_{down} \tag{7.26}$$

$$I_{up} = I_{down} \tag{7.27}$$

7.3.2　立体空间元胞自动机的层连接模拟流程

立体空间元胞自动机洪水漫延模拟包括以下四个主要步骤：

(1) 主层与子层的选定：根据进水口的位置选定主层与子层，进水口所在的层设定为主层。

(2) 设定边界条件：设置障碍物、层边界和进水口的边界条件，即设置障碍物、层边界为不可漫延区域，对进水口的水深进行设置。

(3) 元胞网格的划分及高程定义：对主层和子层的洪水可漫延区域进行元胞网格的划分，并对所有的楼梯和扶梯进行高程定义。

(4) 主层和子层模拟：对主层进行洪水漫延模拟，主层通过楼梯或扶梯将水量通过关联区域传递给子层，并通过关联区域与子层保持同步更新。

7.3.3　立体空间元胞自动机水灾模拟案例

在建立层连接和高度场的基础上，可以对地下立体空间进行多层洪水漫延模拟。图 7.7 为某地铁站多层地下空间的洪水漫延模拟场景，其中包括了主层和子层的关联区域，以及实现层连接的单跑楼梯。进水口在出口二附近，绿色区域为主层关联区域，红色区域为子层关联区域，单跑楼梯的梯段宽为 1.2m，踏步高和踏步宽为 0.3m，梯段共 10 级，楼梯两侧设置为墙体，即洪水不可通过。

对此场景进行 60s 的洪水漫延模拟，主层和子层的漫延洪水漫延情况分别如图 7.8(a) 和图 7.8(b) 所示。主层洪水水深具有明显的梯度关系，如进水口红色区域水深为 1m，越远离进水口水深越浅，最浅处接近 0.1m。同时可以看出由于障碍物的存在，相比于空旷区域，水漫延的距离有一定程度的缩短。另外，子层洪水水深漫延范围较小，水深峰值位于子层关联区域，深度约为 0.45m，其他漫延区域深

度平均值约为 0.2m。从子层漫延模拟可以看出从主层传递过来的洪水在子层呈扩散性漫延。

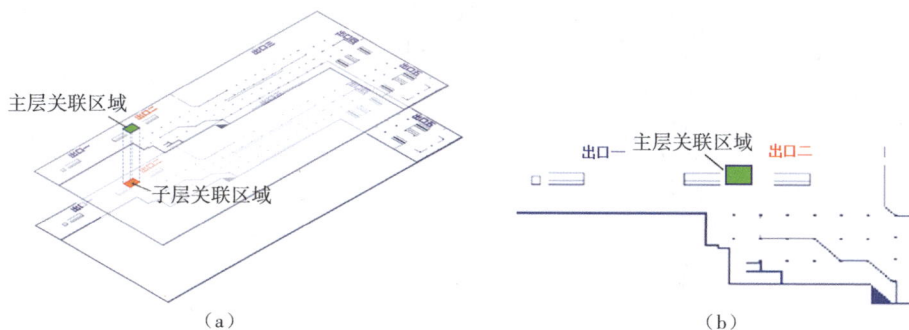

图 7.7　两层地下空间模拟场景

（a）场景总平面简图；（b）主要出入口及关联区域

图 7.8　60s 水灾漫延推演

（a）主层洪水漫延；（b）子层洪水漫延

图 7.9 为楼梯底端的积水情况，图中水深接近 0.9m，说明楼梯底部出现一定程度的积水，其主要原因是楼梯离进水口的距离较近，且楼梯和水源之间没有任何障碍物，而靠近水源处通常水的流速较快，会导致积水的发生。

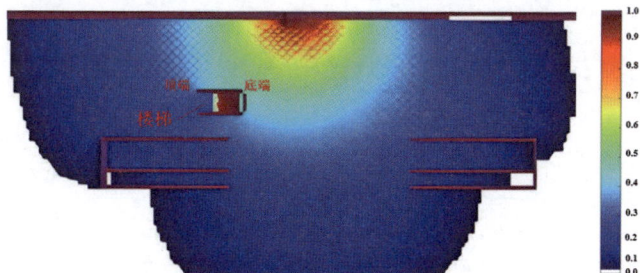

图 7.9　楼梯底端的积水情况

7.4 考虑洪水漫延过程的人员应急疏散分析方法

为提高地下空间洪水灾害情况下的应急反应速度和人员疏散效率,开发了可考虑洪水漫延过程影响的人员应急疏散仿真分析方法,并基于该方法进行洪水漫延过程的人员疏散路线动态规划分析。

7.4.1 考虑洪水漫延过程的人员应急疏散分析方法

1. 人员应急疏散模型

建立了基于元胞自动机原理的可考虑洪水漫延过程的人员应急疏散模型。如图 7.10 所示,人员应急疏散模型建立在二维元胞网格(大小通常取 0.4m×0.4m)系统内,采用 Moore 邻域[11]。行人根据元胞移动概率 $P_{i,j}$ 移动至相邻元胞[12],其计算公式为

$$P_{i,j} = N\exp(k_D D_{i,j})\exp(k_S S_{i,j})(1-\eta_{i,j})\varepsilon_{i,j} \tag{7.28}$$

式中: N 为归一化参数,确保 $\sum P_{i,j}=1$; $S_{i,j}$ 和 $D_{i,j}$ 分别表示静态场和动态场; k_D 和 k_S 是缩放参数; $\eta_{i,j}$ 表示元胞(i,j)是否被墙壁或障碍物占用,当 $\eta_{i,j}=1$ 时,元胞(i,j)被占用,而当 $\eta_{i,j}=0$ 时,元胞(i,j)未被占用; $\varepsilon_{i,j}$ 表示元胞(i,j)是否被行人占据,该单元格被占用时该值为 0,当该单元格为空时则为 1。

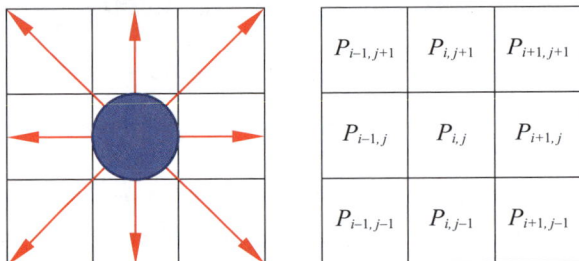

图 7.10 领域和转移概率矩阵

静态场 $S_{i,j}$ 是描述元胞到出口的最短距离,由下式计算:

$$S_{i,j} = \frac{\dfrac{1}{d_{i,j}^*}}{\sum_i \sum_j \dfrac{1}{d_{i,j}^*}} \tag{7.29}$$

式中: $d_{i,j}^*$ 表示从元胞(i,j)到空间所有出口的最短距离。

动态场 $D_{i,j}$ 代表行人之间的吸引力,在每个时间步长中,行人之间的吸引力

会逐渐减弱,并且这种吸引力会有一定概率扩散到它的 8 个相邻元胞中。由于吸引力的衰减和扩散,原本集中在某个元胞上的影响力会逐渐分散到更广泛的区域,使得吸引力变得越来越弱,最终可能完全消失[13]。由以下三个步骤来计算动态场:

(1) 在 $t=0$ 时,对于所有元胞动态场全为零,即 $D_{i,j}=0$。每当行人从元胞(i,j)运动到相邻元胞时

$$D_{i,j}=D_{i,j}+1 \tag{7.30}$$

(2) 根据衰减和扩散来计算动态场

$$D_{i,j}=(1-\lambda)(1-\delta)D_{i,j}+\lambda\frac{1-\delta}{8}\Big(\sum_{k=i-1}^{i+1}\sum_{l=j-1}^{j+1}D_{k,l}-D_{i,j}\Big) \tag{7.31}$$

式中:λ 为扩散概率,$\lambda\in[0,1]$;δ 为衰减概率,$\delta\in[0,1]$。

(3) 将动态场规范化

$$D_{i,j}=\frac{D_{i,j}}{\sum_i\sum_j D_{i,j}} \tag{7.32}$$

2. 洪水对行人移动的影响

洪水对人员疏散的影响包括对行人移动方向和行人移动速度的影响,其主要表现为行人趋向水浅的位置或者远离进水口的位置移动,随着水深度的增加行人移动速度会减小,甚至停止。

(1) 洪水对行人移动速度的影响

行人正常行走速度为 60m/min。一般当水深达到 10cm 时行人会感受到水灾的危险[13],因此可将水深 10cm 作为触发疏散机制的临界条件。根据《日本地下空间浸水时避难安全检证法试行案》,在地下空间内设置 70cm 为判断成年行人能否行走的临界水深。当积水深度达到 70cm 时,假定行人无法自如移动,行走速度为 0。当积水深度小于 70cm 时,行人的行走速度采用线性内插法进行计算,即

$$v_h=\frac{60}{70}\times(70-h) \tag{7.33}$$

式中:h 为积水水位上升高度,cm;v_h 为浸水时的行人行走速度,m/s。

假定模拟中每个元胞的长度和宽度均设置为 0.4m。当没有水灾时,时间间隔 $\Delta t=0.27$s 行人可以移动到下一个元胞。当有水灾时,水会导致行人速度下降,即 $v_h\Delta t<0.4$m,1 个 Δt 内行人不能移动到下一个元胞。但当 $nv_h\Delta t<0.4$m(n 表示更新的次数)时,行人可以移动到下一个元胞。

(2) 洪水对行人移动方向的影响

因为洪水漫延会对处于洪水中的行人产生排斥力,导致行人向水深的元胞移动变得更加困难,因此行人移动到水浅的元胞概率更大。在有洪水时行人移动到

下一个元胞的概率计算方式为

$$P_{i,j}^{*} = N \exp\left(\frac{1}{W_{i,j}}\right) \tag{7.34}$$

式中：N 表示归一化参数，保证 $P_{i,j}^{*} = 1$；$W_{i,j}$ 表示行人避免水灾的行为，如果元胞周围水深度不全为 0，则可按式（7.35）计算。

$$W_{i,j} = \frac{\dfrac{1}{d_{i,j}^{**}}}{\displaystyle\sum_i \sum_j \dfrac{1}{d_{i,j}^{**}}} \tag{7.35}$$

式中：$d_{i,j}^{**}$ 表示元胞 (i,j) 处的水深。

因此，在洪水漫延情况下行人移动至相邻元胞的概率为

$$P_{i,j} = N \frac{\exp(k_D \cdot D_{i,j}) \exp(k_S \cdot S_{i,j})(1 - \eta_{i,j})\varepsilon_{i,j}}{\exp(k_W \cdot W_{i,j})} \tag{7.36}$$

式中：k_w 为缩放参数。

7.4.2 考虑洪水漫延过程的疏散路线动态规划

在洪水漫延过程中，行人需要避开潜在的危险洪水区域，因此评价疏散路线优劣的标准不仅应考虑线路的长短，还需兼顾空间和时间上的安全性。从空间安全性角度，疏散路线应尽可能避开洪水危险区域。在时间安全性方面，规划疏散路线时应能提前预测洪水的漫延趋势，以便行人能及时进行安全疏散。

洪水漫延过程的疏散路线动态规划需要考虑水深、水的流速、响应时间和洪水风险指数等。

$$L = \sum_{i=1}^{m-1} \sqrt{(x_{i+1} - x_i)^2 + (y_{i+1} - y_i)^2 + (z_{i+1} - z_i)^2} \tag{7.37}$$

$$h_t^i < h_{max} \tag{7.38}$$

$$v_t^i < v_{max} \tag{7.39}$$

$$RI_t^i = f(h_t^i, v_t^i) < RI_{max} \tag{7.40}$$

式中：L 为动态疏散路径；h_t^i 为在 t 时间 i 位置的水深；h_{max} 为行人正常移动的最大水深；v_t^i 表示在时间 t 位置 i 的水流速度；v_{max} 为行人可正常移动的最大流水速度；RI_t^i 表示在时间 t 位置 i 的洪水风险指数；RI_{max} 表示行人可以承受最大的洪水风险指数。在疏散路线动态规划时，式（7.38）～式（7.40）约束行人避开洪水区域和潜在危险区域，进而提升疏散的成功率。

疏散路线动态规划不仅可以避开区域内障碍物，而且可在洪水漫延过程中自动更新行人疏散路线，实现疏散路线动态规划。如图 7.11 所示，在洪水漫延过程中，行人疏散路线也在不断的更新。绿色实线表示在时间 t 时行人的最佳疏散路

线,行人的疏散路线有效地避开了洪水区域和障碍物区域,实现最短最安全的疏散路线。然而,由于洪水在不断地漫延,在 t 时刻规划的疏散路径在 $t+\Delta t$ 时被洪水淹没(图 7.11(b)中的虚线),因此行人必须在 $t+\Delta t$ 时刻调整新的疏散路径来避免移动后有被洪水淹没的风险。在 $t+2\Delta t$ 时刻洪水淹没了 $t+\Delta t$ 时刻的疏散路径,行人又一次更新疏散路径,如图 7.11(c)所示。

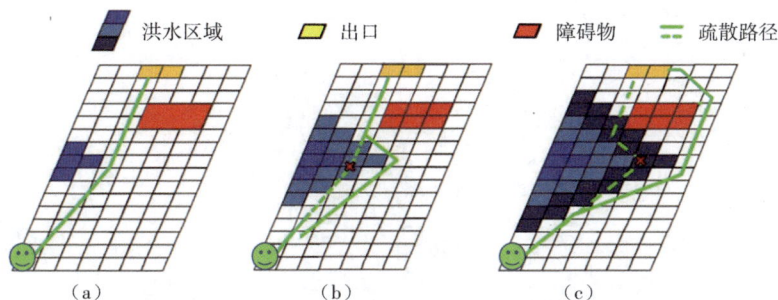

图 7.11　洪水漫延对疏散规划路线的影响

(a) t 时刻的疏散路线;(b) $t+\Delta t$ 时刻更新的疏散路线;(c) $t+2\Delta t$ 时刻更新的疏散路线

考虑洪水漫延的动态规划疏散路径算法可以根据不同响应时间来规划最短最安全的疏散路径。响应时间 t_r 表示了行人意识到洪水的时间 t_j 与洪水实际开始发生的时间 t 之间的时间差($t_r=t_j-t$)。如果 $t_r<0$,则行人的判断时间滞后于洪水发生;如果 $t_r=0$,则表示行人可以对洪水漫延过程进行准确判断;如果 $t_r>0$,则表示行人可以借助广播预报等获取洪水漫延的情况来提前判断洪水的情况。图 7.12 为不同响应时间下行人规划疏散路径的动态更新过程。图 7.12(a)为在 $t=0$ 时刻行人没有意识到该区域内的洪水,没有及时规划疏散路径。直到 $t=\Delta t$ 时,行人突然意识到洪水已经开始漫延,并开始规划疏散路线(图 7.12(b)中的红色线)。图 7.12(c)为行人对洪水具有实时反应,在 $t=0$ 时刻行人基于洪水漫延的情况规划了疏散路线,并在 $t=\Delta t$ 时刻,根据洪水漫延情况更新了疏散路线,进而有效地避开洪水区域,如图 7.12(d)所示。图 7.12(e)和图 7.12(f)为行人可以提前判断洪水在 $t_r=\Delta t$ 之后的漫延情况,因此可以有效地提前规划疏散路径。

在考虑洪水漫延的情况下,动态规划疏散路径算法可以根据不同响应时间设计最短且最安全的疏散路径,这类算法通过实时更新和调整路径确保行人安全。疏散路径规划的主要方法包括基于图的搜索算法如 Dijkstra 或 A*,利用智能代理的多智能体系统,蒙特卡罗模拟、动态规划以及实时数据集成等,这些方法可以根据实时监控数据预测洪水漫延情况并更新疏散路径。由于篇幅限制,本书不展开介绍。

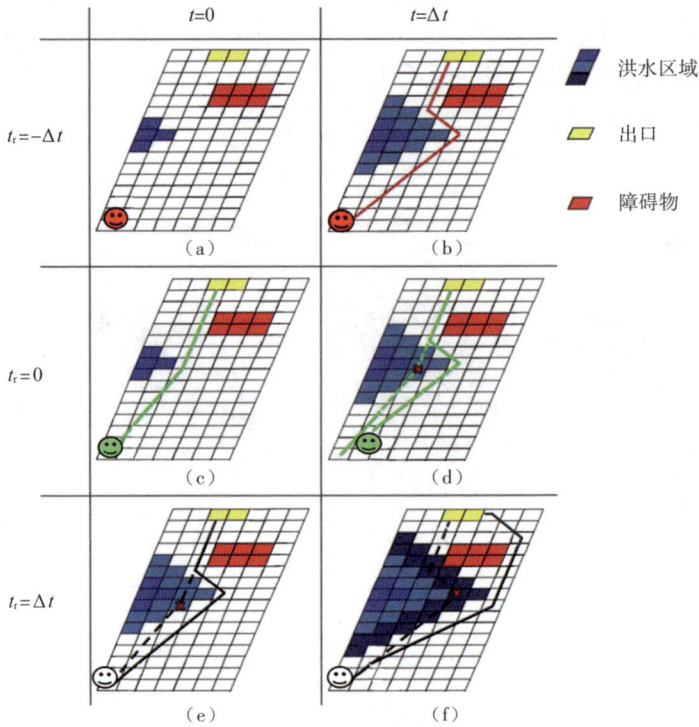

图 7.12　疏散路线动态更新

（a）未发现洪水；（b）延迟响应的疏散路线；（c）实时响应疏散路线；
（d）实时更新疏散路线；（e）预判疏散路线；（f）更新预判疏散路线

7.5　水灾推演及应急疏散数字孪生平台构建与应用

　　基于前述技术,开发了地铁地下空间水灾推演及应急疏散数字孪生平台,结合 BIM 模型,开展了地铁隧道和车站的水灾漫延仿真和考虑洪水漫延影响的人员疏散分析,提出疏散策略和防护措施,以提高地下空间安全管理水平,有效减少灾害损失,为安全运营提供技术保障。

7.5.1　基于数字孪生技术的水灾推演及应急疏散平台构建

　　地铁地下空间水灾推演及应急疏散数字孪生平台集成基础设置、实时监控与可视化、人员疏散仿真、水灾漫延仿真及融合仿真等功能,如表 7.3 所示。除了水灾,平台可进一步扩展到其他类型灾害。

表 7.3　平台主要功能

序号	平台主要功能
1	基础设置
2	实时监控与可视化
3	人员疏散仿真
4	水灾漫延仿真
5	融合仿真

1. 基础设置

基础设置是进行灾害仿真的前提。在仿真过程中,需要考虑诸多因素,包括水灾场景、等级,进水口位置、水深、流速,应急预案等,如图 7.13 所示。水灾可以细分为暴雨诱发和管道破裂诱发等不同情景,以便全面模拟各种潜在的水患情况,从而更好地评估应对措施的有效性。进水口的设置可以根据地铁站的实际入口位置进行设定,进水口的水深和流速等参数可通过出入口的监测数据确定,以保证仿真结果的真实性和可信度。应急预案则根据实际需求进行设置,也可基于仿真分析结果进行自动匹配,以确保在不同灾害等级下有针对性地采取相应的救援和应急处理措施。

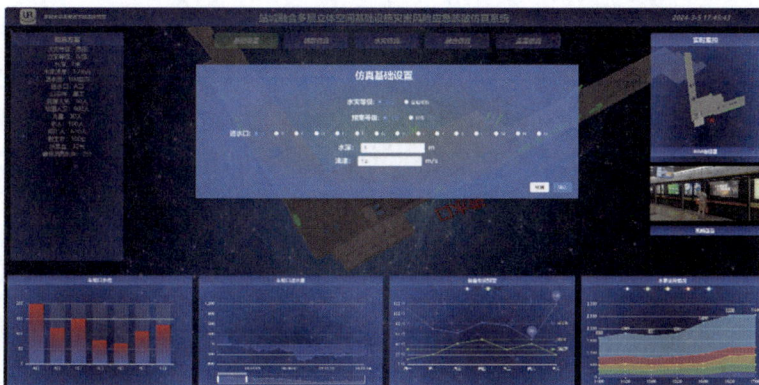

图 7.13　基础参数设置

2. 实时监控与可视化

实时监控与可视化模块(图 7.14)涵盖了多个方面的内容,包括 BIM 模型和现场实时视频画面等,通过这些视觉资料用户可以全面了解地下空间水灾的状况。除了监控车站出入口的水位和进水量、站内不同位置的水深,系统还能够实时监测储备物资的消耗情况,并根据预警指标自动触发补给流程,确保应急物资的及时储备和供给。此外,水泵的使用情况也能被精确记录和分析,系统可以根据实时数据智能调控水泵的运行状态,最大限度地提高泵站工作效率并保障地下空间排水系统正常运行。以上功能的集成和智能化操作,使得实时监控系统不仅能够全面感知地下空间的运行状况,还能够及时响应各种突发情况,为地下空间的防灾应急提供更为全面、高效的保障。

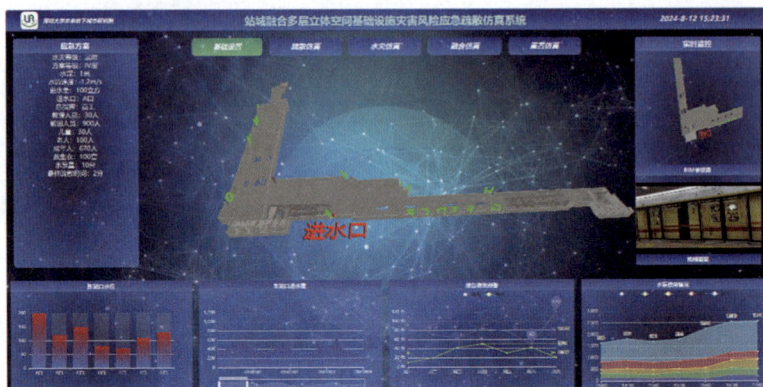

图 7.14　实时监控与可视化

3. 人员疏散仿真

地下空间人员疏散仿真旨在模拟地下空间中人员在紧急情况下的疏散行为(图 7.15),评估疏散效率和安全性,为应急管理部门提供科学依据和决策支持。疏散仿真系统基于地下空间的结构布局、人员密度、疏散路径等多方面数据,通过数学模型和计算方法,模拟出人员的疏散行为和路径,并通过可视化技术直观展示仿真结果。在进行人员疏散仿真时,首先,建立地下空间的模型,包括构筑结构、通道路径、安全出口等信息;其次,结合可能发生的紧急情况设置仿真参数,包括疏散路径的可通行性、人员密度、行走速度等;再次,利用所开发的算法进行仿真分析,模拟人员在紧急情况下的疏散行为,记录每个人员的行动轨迹和疏散时间;最后,通过可视化技术将仿真结果呈现出来,包括疏散路径、疏散时间、被困人数等信息,以供应急管理部门进行分析和决策。地下空间人员疏散仿真可以帮助评估地下空间内部的疏散情况,识别潜在的安全风险和瓶颈,并优化疏散策略、改善通道设计等,提高地下空间内人员的安全疏散能力。

4. 水灾漫延仿真

地下空间水灾漫延仿真(图 7.16)旨在模拟地下空间发生水灾时的情景,评估水灾对地下空间内部结构和人员的影响,为应急疏散提供科学依据和决策支持。

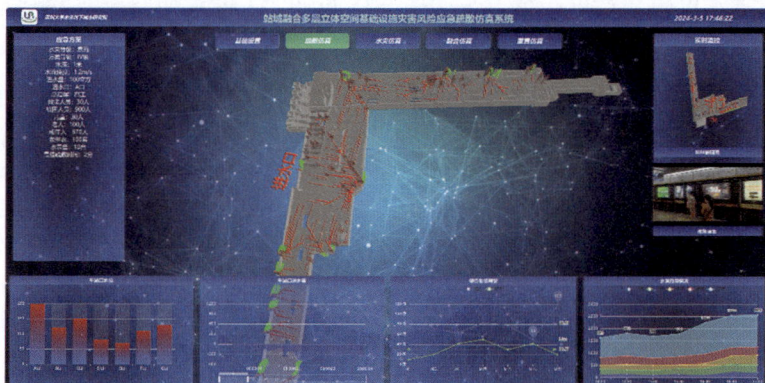

图 7.15　人员疏散仿真

该仿真系统基于地下空间的结构布局和水灾监测信息,利用所开发的算法模拟出水灾的发展过程,并通过可视化技术直观展示仿真结果。地下空间水灾仿真通常包括以下步骤:首先,建立地下空间的三维模型,包括构筑结构、通道路径等信息;其次,结合可能发生的水灾情景,如出入口进水、管道破裂等,设置仿真参数,如水位、流速、流向等;再次,利用所开发的算法进行仿真计算,模拟水灾发生后地下空间内水流的动态变化,记录水深、流速以及淹没范围等关键数据;最后,通过可视化技术将仿真结果呈现出来,包括淹没范围、水深分布等信息。地下空间水灾仿真能够帮助评估地下空间内部的水灾风险,识别潜在的安全隐患和应急处理瓶颈,并改善排水系统设计、优化应急措施等。

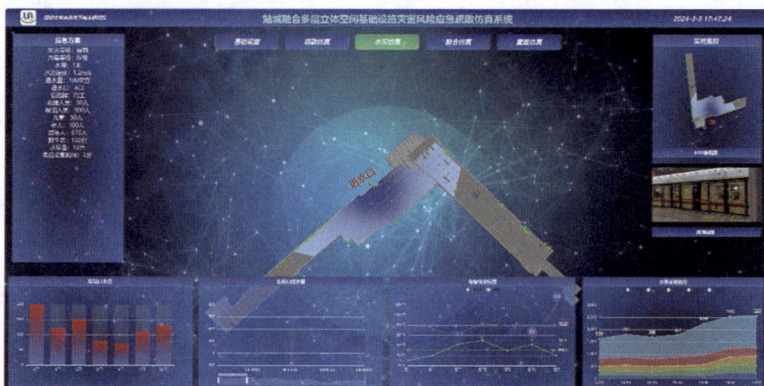

图 7.16　水灾漫延仿真

5. 融合仿真

地下空间融合仿真(图 7.17)针对水灾与人员疏散交互作用的情景,评估水灾对人员疏散的影响,从而更科学、准确地制定疏散策略。在建立地下空间三维模型后,此模型将水灾情景(如水位、流速等)与人员疏散因素(如行走速度、疏散路径)相结合,通过耦合分析模拟出水流漫延与人员疏散的复杂动态作用过程。通过可视化技术展示水流漫延范围、人员疏散路径和密集区域等仿真结果,为评估水灾对地下空间人员疏散的影响,优化疏散策略和通道设计,提升地下空间的安全性和应急响应能力提供支撑。

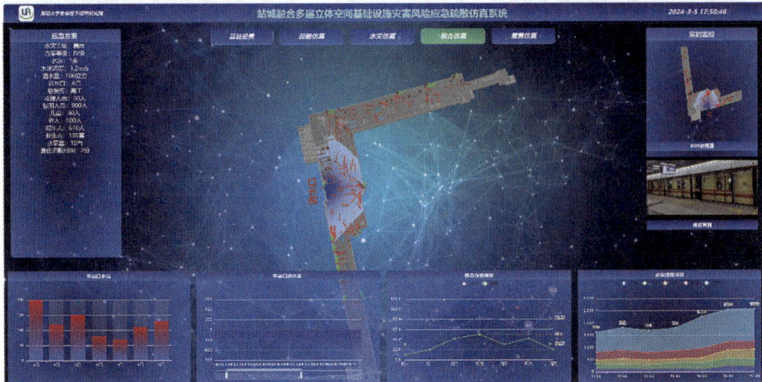

图 7.17　地下空间融合仿真

7.5.2　地铁隧道水灾人员疏散模拟与效率评估

为对前述的考虑洪水漫延过程的人员应急疏散模型的模拟能力与效率进行评估,以某市地铁 5 号线 H 站和 S 站区间隧道洪涝灾害为背景,构建地铁隧道水灾人员应急疏散模型,在此基础上分析进水量,是否启用防淹门、抽水设备,响应快慢等因素的影响,以疏散时间和疏散人数作为指标对疏散效果进行评估。

1. 疏散场景设置

地铁 5 号线 H 站和 S 站之间隧道直线距离为 790m,隧道两端高、中间低,呈现 U 形,隧道左侧的坡度为 5‰,右侧坡度为 15‰。隧道旁边有一条应急疏散通道,水灾发生后地铁列车停在隧道中间,车厢的大小为 140m×3m,如图 7.18 所示。

综合分析文献资料和地铁车站的客流量数据,以及实地调查结果获取仿真模型的主要输入数据。设定的主要参数包括不同性别和年龄的行人特征参数(表 7.4),以及不同类型行人在不同位置的行走速度(表 7.5)。

行人行走速度在紧急疏散和正常行走时有较大差异,对于未知危险的恐惧会驱使行人提高移动速度,正常行走速度为 $0.72\sim1.35\text{m/s}$[14],快速行走速度为 $0.80\sim1.5\text{m/s}$。此外,年龄、性别对行走速度的影响也不容忽视,主要体现在紧急疏散时的移动能力上。一般而言,男性的平均行走速度会较女性快,青壮年面对危

图 7.18　地铁隧道及车厢示意

险时的反应能力、判断能力更强,身体状况更优,因此在紧急疏散时的行走速度较儿童和老人快,具体如表 7.5 所示。

表 7.4　行人特征参数

行人类型	肩宽/m	厚度/m	身高/m	比例/%
成年男性	0.50	0.26	1.75	34
成年女性	0.44	0.27	1.65	34
老人	0.45	0.30	1.60	15
儿童	0.35	0.22	1.20	17

表 7.5　行人在不同位置的行走速度

行人类型	通道/(m/s)	上楼梯/(m/s)	下楼梯/(m/s)	地面/(m/s)
成年男性	1.39	0.75	0.95	1.58
成年女性	1.22	0.66	0.83	1.43
老人和儿童	1.06	0.52	0.4	1.17

2. 疏散模拟

平台针对有无洪水、进水流量、防淹门状态、灾害响应时间及排水系统效能等关键因素,构建了不同的灾害情景。基于疏散时间和安全疏散人数这两项指标来评估各情景下的疏散效果,分析这些因素对疏散过程的影响规律。

(1) 地铁隧道无洪涝疏散模拟

作为对照参考,首先进行了地铁隧道在无洪涝条件下的疏散模拟。在此情境中,地铁车辆停在隧道中间,车厢内共有 780 名乘客,均匀分布在车厢内,如图 7.19(a)所示。疏散指令下达后,乘客通过车厢右侧出口移动到应急疏散通道撤离,一直移动到疏散通道最右侧的安全出口处。

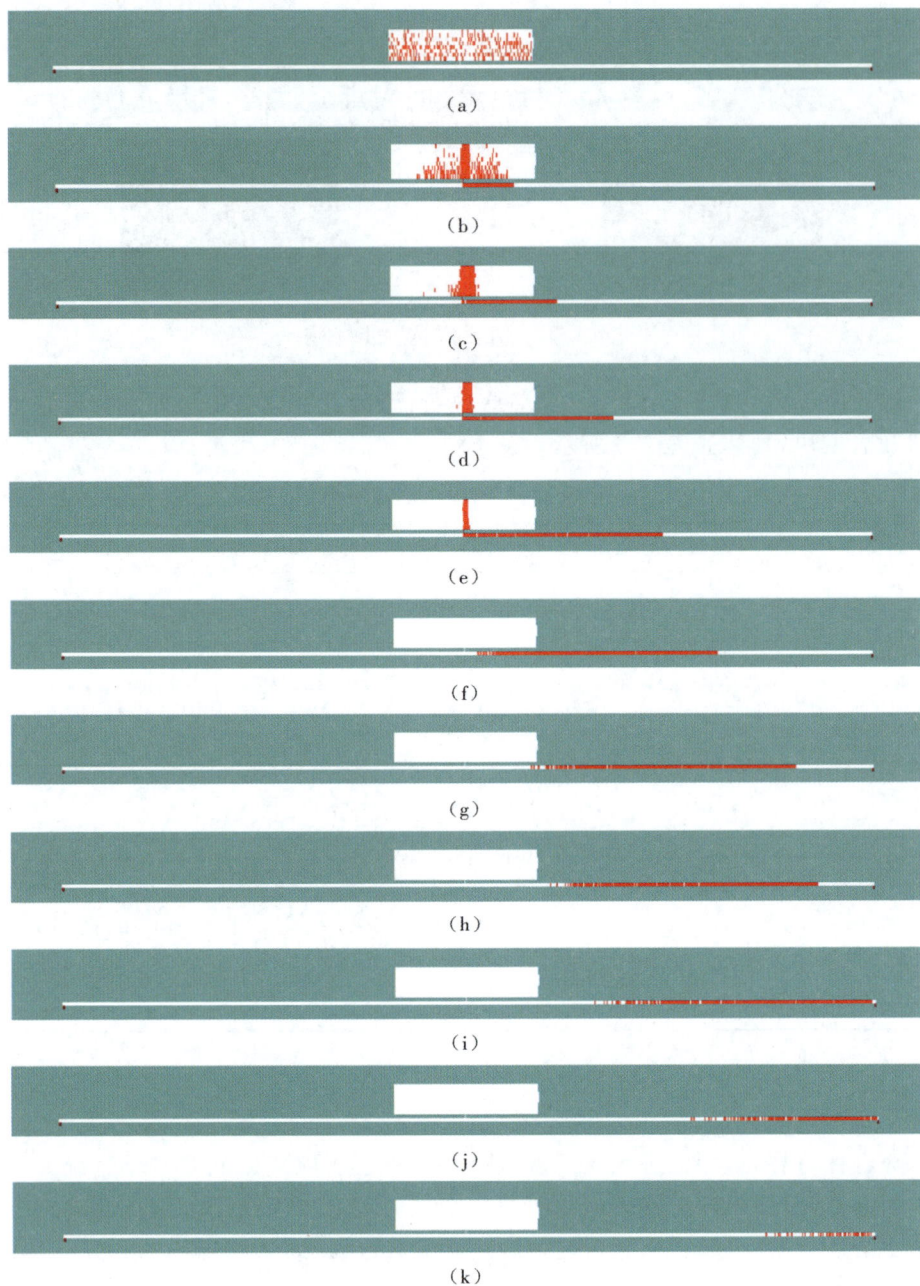

图 7.19　地铁隧道无洪涝疏散模拟

(a) $t=0s$；(b) $t=50s$；(c) $t=100s$；(d) $t=150s$；(e) $t=200s$；(f) $t=250s$；

(g) $t=300s$；(h) $t=350s$；(i) $t=400s$；(j) $t=500s$；(k) $t=600s$

图 7.19 为乘客从应急疏散通道撤离的仿真过程。如图 7.19(b)～图 7.19(d) 所示,由于安全出口只有一个,疏散开始阶段乘客拥堵在车厢安全出口前;直至 $t =$ 250s 时,乘客才全部从被困的车厢中疏散到应急通道中。之后,乘客只能在应急通道上缓慢向隧道出口移动。在 $t = 400\text{s}$ 时,第一个乘客进入地铁车站;在 $t =$ 600s 时,仍有部分乘客滞留在隧道内。

(2) 地铁隧道洪涝疏散模拟

假定地铁隧道从左侧进水,且在洪水进入隧道后即下达疏散指令。疏散的路线和无洪水时相同,但考虑洪水深度对人员移动速度的影响。开展洪水漫延和人员疏散的耦合分析,结果如图 7.20 所示。

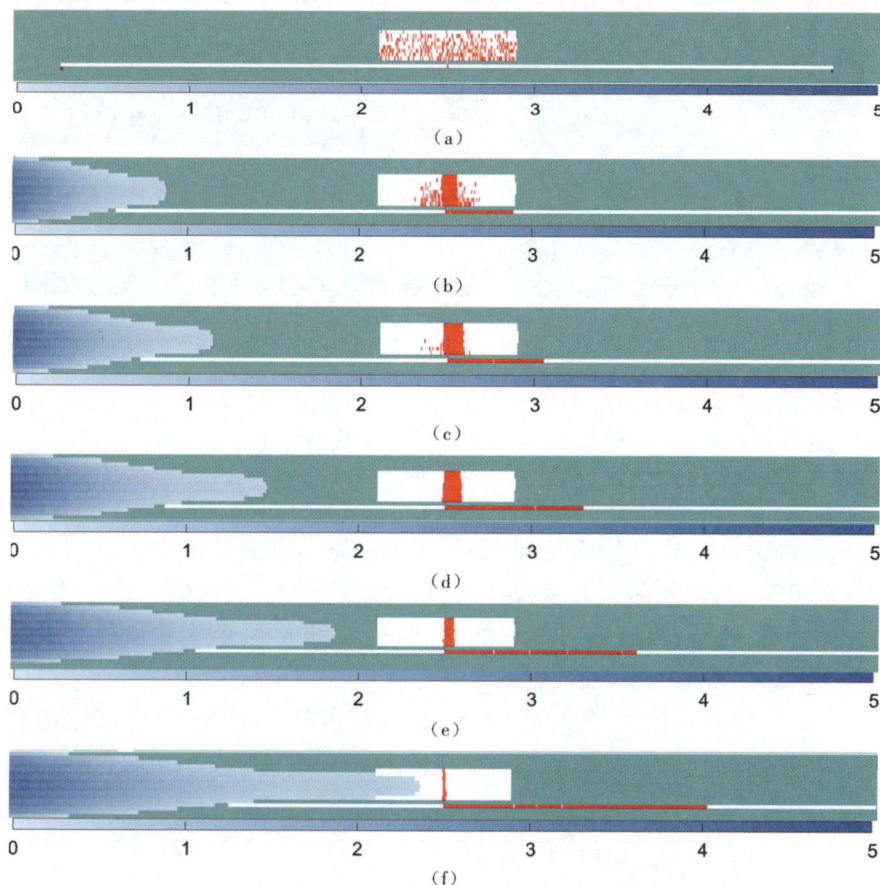

图 7.20　地铁隧道洪涝应急疏散模拟

(a) $t=0\text{s}$;(b) $t=50\text{s}$;(c) $t=100\text{s}$;(d) $t=150\text{s}$;(e) $t=200\text{s}$;(f) $t=250\text{s}$;
(g) $t=300\text{s}$;(h) $t=350\text{s}$;(i) $t=400\text{s}$;(j) $t=500\text{s}$;(k) $t=600\text{s}$

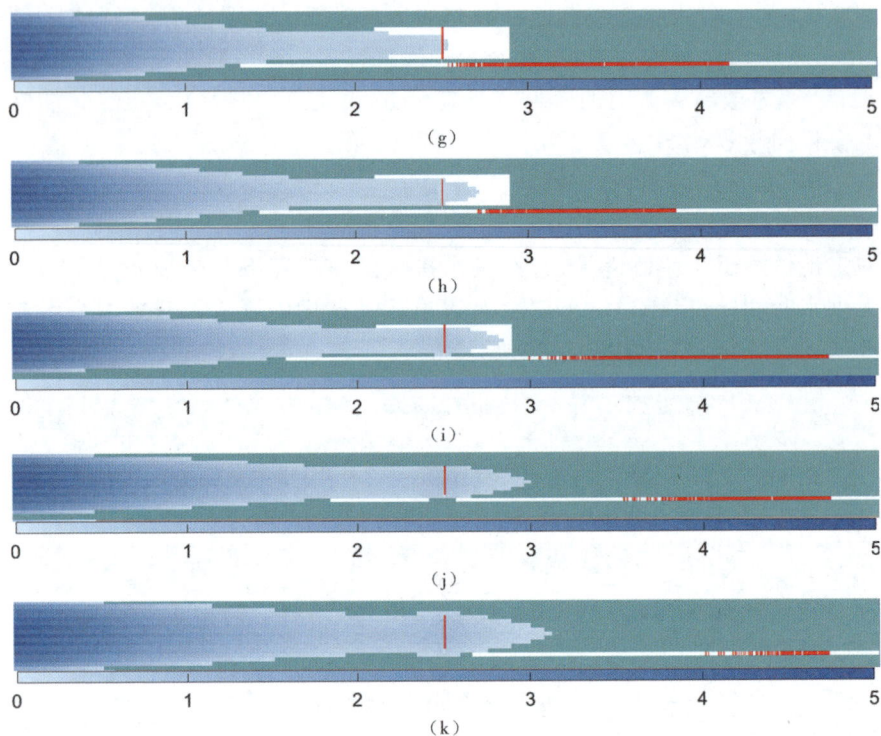

图 7.20 （续）

在洪水漫延到车厢安全出口前，洪水对人员疏散没有影响，如图 7.20（a）～图 7.20（f）所示。在 $t=300s$ 时，洪水已经漫延到地铁车辆的位置，由于车厢疏散到应急通道的出口只有一个，导致疏散效率缓慢，还有部分的乘客仍在车厢内未及时撤离，如图 7.20（g）所示。此后，由于洪水的影响，人员疏散效率进一步降低，在 $t=350s$ 时，仍有 47 位乘客被困在车厢中，如图 7.20（h）所示。

（3）进水流量对应急疏散的影响

如表 7.6 所示，设计了 4 种不同进水流量（进水深度）的情景（工况一为无洪水时的对比工况），以分析进水流量对应急疏散的影响。

表 7.6　不同进水流量情景设计

序号	进水位置	进水流量	响应时间	防淹门	排水设备
工况一	隧道左侧	水深 0m 时流量	没有延迟	否	否
工况二	隧道左侧	水深 3m 时流量	没有延迟	否	否
工况三	隧道左侧	水深 5m 时流量	没有延迟	否	否
工况四	隧道左侧	水深 7m 时流量	没有延迟	否	否

4 种工况的分析结果如图 7.21 所示。由图可知,工况一,没有洪水时 780 位乘客能全部疏散;工况二,疏散了 752 位乘客;工况三,疏散了 720 位乘客;工况四,疏散了 711 位乘客。可见,随着进水流量的增加,被困的人数也不断的增加。

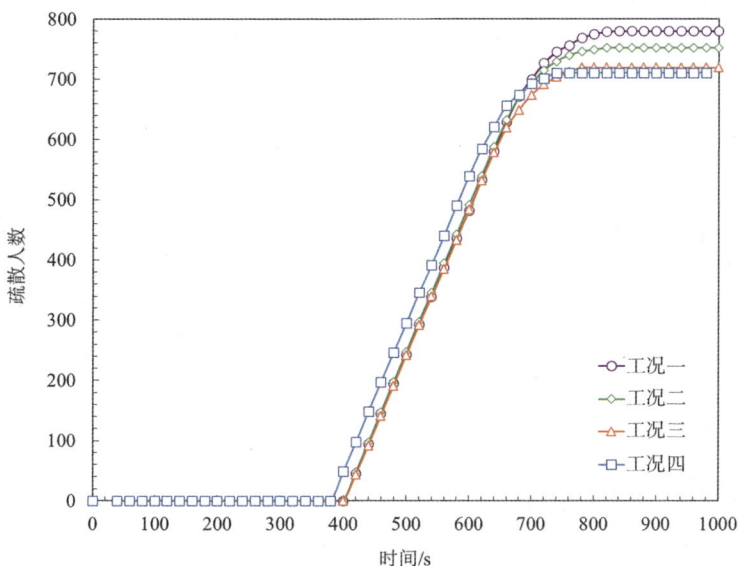

图 7.21　进水流量对疏散的影响

（4）防淹门和抽水设备状态对应急疏散的影响

当地铁线路穿越河流或湖泊等自然水域时,在隧道的进出口处需要配置防淹门,以防止意外洪水事件导致水流涌入隧道和车站内,因此在洪水发生时,及时启用防淹门可有效阻止洪水进入;而在洪涝发生时,及时启动抽水设备进行抽水可降低积水深度,从而为人员疏散争取更有利的条件。为研究防淹门和抽水设备状态对应急疏散的影响,设计了如表 7.7 所示的 5 种工况,分别为无洪水正常疏散、有洪水正常疏散、防淹门开启疏散、抽水设备开启疏散以及防淹门和抽水设备同时开启疏散。计算结果如图 7.22 所示,工况三启用了防淹门但没启用抽水设备,疏散了 750 位乘客;工况四启用了抽水设备但没启用防淹门,疏散了 731 位乘客;工况五同时启用了抽水设备和防淹门,疏散了 755 位乘客。说明开启防淹门和抽水设备可显著提升疏散成功率,减少人员伤亡。

表 7.7　防淹门和抽水设备不同状态情景设计

序号	进水位置	进水流量	响应时间	防淹门	排水设备
工况一	隧道左侧	水深 0m 时流量	没有延迟	否	否
工况二	隧道左侧	水深 5m 时流量	没有延迟	否	否
工况三	隧道左侧	水深 5m 时流量	没有延迟	是	否
工况四	隧道左侧	水深 5m 时流量	没有延迟	否	是
工况五	隧道左侧	水深 5m 时流量	没有延迟	是	是

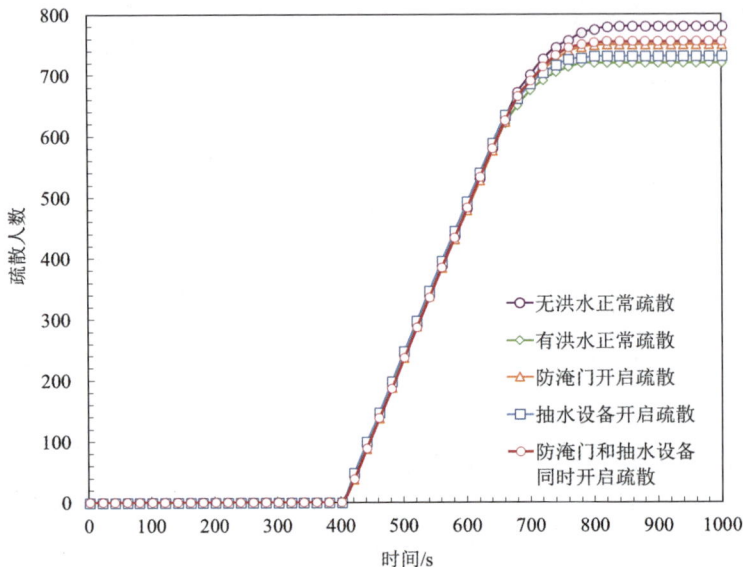

图 7.22　防淹门和抽水设备状态对疏散的影响

（5）响应时间对应急疏散的影响

响应时间是指从识别洪水威胁到启动疏散程序之间的时间间隔。较短的响应时间可以使更多的人在洪水影响变得严重之前安全撤离，从而减少潜在的人员伤亡，提高疏散效率。为揭示响应时间的影响，设计了表 7.8 中的 5 种工况，分别为提前 100s、提前 50s、正常疏散、延迟 50s 和延迟 100s。

分析结果如图 7.23 所示。从图中可以看出，工况一（提前 100s 响应）成功疏散 780 位乘客；工况二（提前 50s 响应）成功疏散 770 位乘客；工况四（延迟 50s 响应）成功疏散 614 位乘客；工况五（延迟 100s 响应）成功疏散 496 位乘客。说明尽可能提前进行洪水响应，可有效增加疏散的乘客数量。

表 7.8　不同响应时间情景设计

序号	进水位置	进水流量	响应时间	防淹门	排水设备
工况一	隧道左侧	水深 5m 时流量	提前 100s	否	否
工况二	隧道左侧	水深 5m 时流量	提前 50s	否	否
工况三	隧道左侧	水深 5m 时流量	正常疏散	否	否
工况四	隧道左侧	水深 5m 时流量	延迟 50s	否	否
工况五	隧道左侧	水深 5m 时流量	延迟 100s	否	否

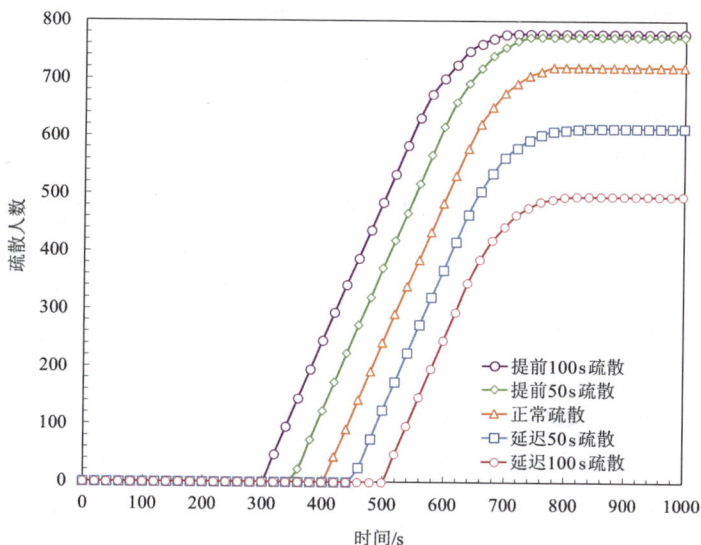

图 7.23　响应时间对疏散的影响

7.5.3　地铁车站水灾人员疏散模拟与效率评估

本节以某地铁 11 号线 CGM 站为例,利用该车站的 BIM 模型,开展地铁车站水灾推演和人员应急疏散耦合分析,研究洪水的进水位置、进水流量、自动扶梯运行方式、广播引导、抽水设备启用等因素的影响规律。

1. 场景构建

参照 CGM 地铁车站的站厅结构,设计了简单的站厅场景进行仿真。如图 7.24 所示,车站的长度和宽度分别为 266m 和 102m,车站一共有 5 个出入口(长度为 6m)和 5 处楼梯,进水口的位置设置在车站出入口 2。乘客在地铁车站内随机分布,初始为 4500 人。

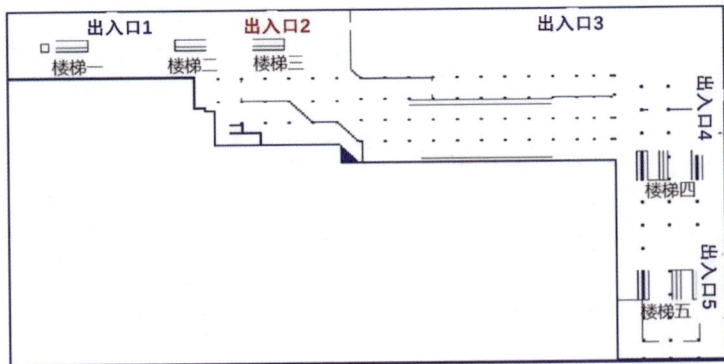

图 7.24　CGM 地铁车站平面示意

2. 人员疏散模拟

分别分析了有无洪水时的疏散情况,结果如图 7.25 所示。从图中可以看出,在没有洪水时,乘客全部疏散,疏散的时间是 296s;当发生洪水时,疏散的时间是 360s,但有 1275 名乘客被困在车站洪水中。这是由于分析时假定当水的深度小于 70cm 时乘客能移动,但当洪水深度上升至 70cm 时乘客停止移动,且假定乘客不能预判洪水的发展,往离自己最近的出入口疏散。图 7.26 给出了 $t=0$s、100s、200s、300s 时的洪水漫延和乘客疏散情况,从中可以看出,由于洪水发展较快,在进水口(出入口 2)附近的乘客很快被困在洪水中,但往其他出入口撤离的乘客全部疏散成功。

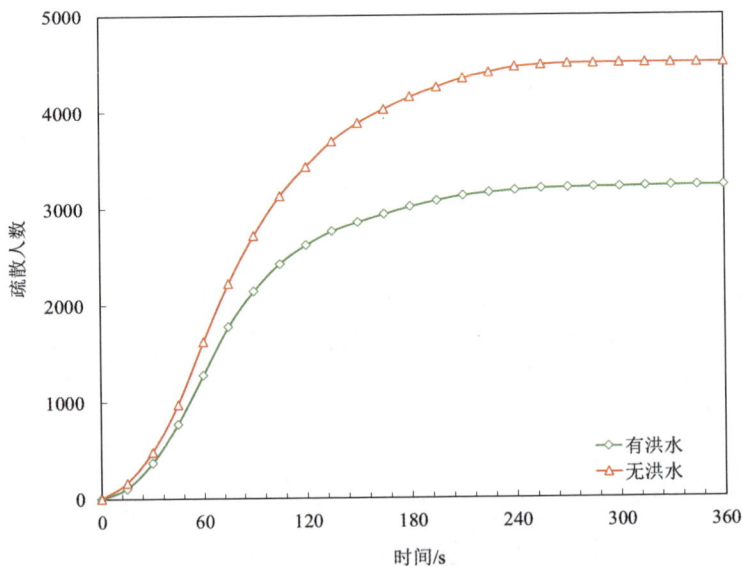

图 7.25　疏散人数与时间的关系

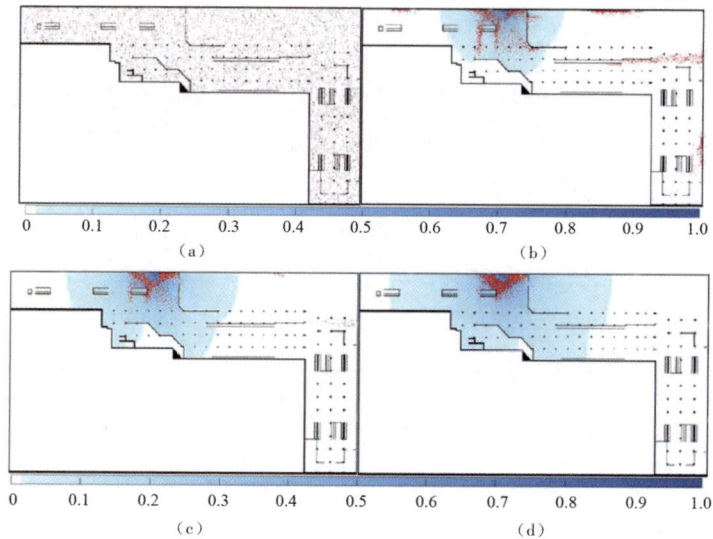

图 7.26　地铁车站乘客疏散过程

（a）$t=0s$；（b）$t=100s$；（c）$t=200s$；（d）$t=300s$

3. 进水口位置的影响

假定进水口处的水深均为 1m，研究从不同位置进水时的乘客疏散情况，结果如图 7.27 所示。从图中可以看出，当出入口 1、2、3、4 和 5 分别单独进水时，从地铁车站中成功疏散出的人员数量分别为 4018 人、3225 人、3518 人、3442 人和 3698 人。出入口 1 和出入口 5 进水时，能从地铁车站成功疏散的人数最多且疏散效率最高，出入口 2 和出入口 4 进水时，从地铁车站疏散的人数最少且疏散的效率最低。

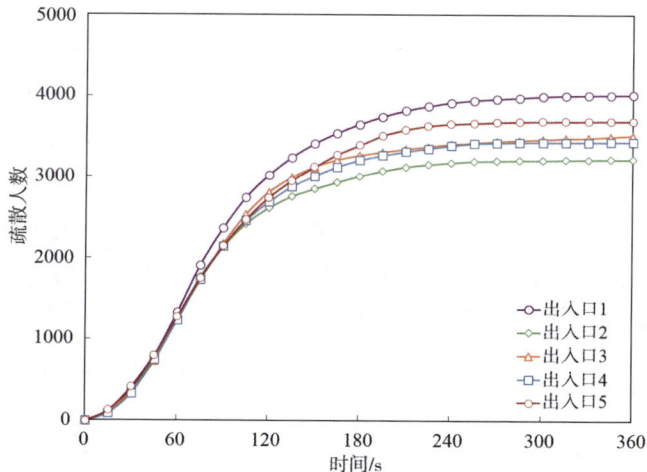

图 7.27　进水口位置对疏散人数的影响

4. 进水口水深的影响

研究进水口位置确定时,未疏散乘客的数量与进水口水深的关系,结果如图 7.28 所示。由图中可知,随着进水深度的增加,未疏散的乘客数量也随之增加。因为随着进水口水深的增加,根据式(7.12)可知水的漫延速度也会增加,且车站内水位上升速度也加快,因此洪水深度达到 70cm 的区域迅速扩大,从而限制乘客的移动,导致更多的乘客被困在水中。

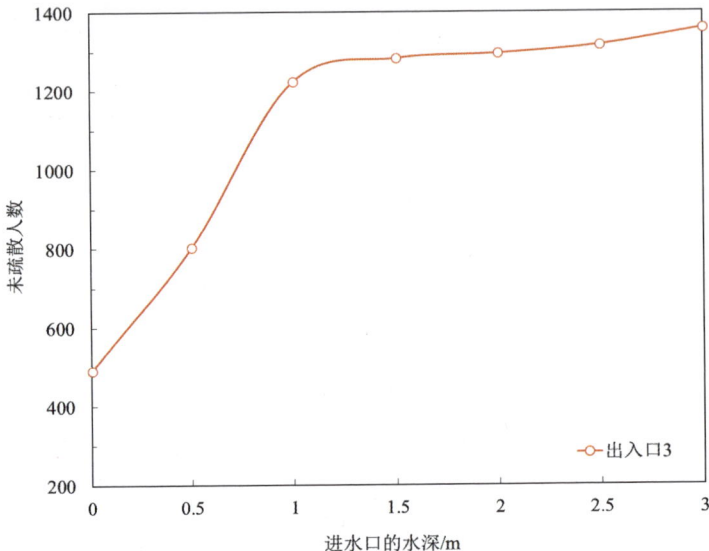

图 7.28 进水口水深对未疏散人数的影响

5. 自动扶梯运行方式对应急疏散的影响

在洪水漫延过程中,一般会根据洪水的等级和设备状态确定电扶梯的运行方式,包括①电扶梯禁止通行;②电扶梯停止,但可通行;③电扶梯正常运行。

图 7.29 为 3 种不同情景下地铁车站乘客疏散人数随时间的变化情况,结果表明疏散效率为:电扶梯正常运行＞电扶梯做楼梯用＞电扶梯禁止通行,并且电扶梯做楼梯用与正常运行对疏散结果的影响不是很大。

6. 广播引导疏散和排水系统运行对应急疏散的影响

假定在地铁车站的 5 个出入口设置排水设备,每个积水池(容积为 $20m^3$)设置 2 台抽水泵,每台抽水泵的流量为 $15m^3/h$。另外假定可通过广播指挥疏散,即根据实时耦合分析结果规划疏散路线,工作人员通过广播指挥地铁车站内的人员进行疏散。如表 7.9 所示,一共设计了 3 种不同的情景。

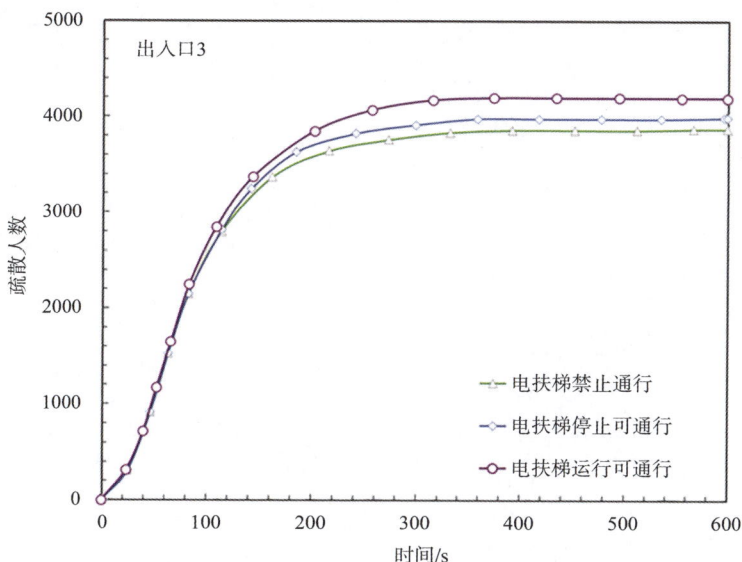

图 7.29　电扶梯运行方式对疏散人数的影响

表 7.9　广播引导和使用抽水设备应急疏散情景设计

序号	广播指挥是否启用	排水设备是否启用
情景 1	否	否
情景 2	否	是
情景 3	是	否

　　分析结果如图 7.30 所示。情景 1 疏散效率最低,情景 2 疏散效率次之,情景 3 的疏散效率最优。抽水作为地下空间的主要防护措施,能为乘客疏散争取疏散时间,而基于疏散路线动态规划的广播引导使乘客能提前获知洪水流向,找到正确的疏散路线,进而提升疏散效率和成功率。

　　综上,水灾推演及应急疏散数字孪生平台基于可考虑洪水漫延过程影响的人员应急疏散仿真分析,可进行不同情景下的洪水漫延和人员疏散平行推演,从而为灾害作用下的疏散路线动态规划和应急智能决策提供重要支撑。

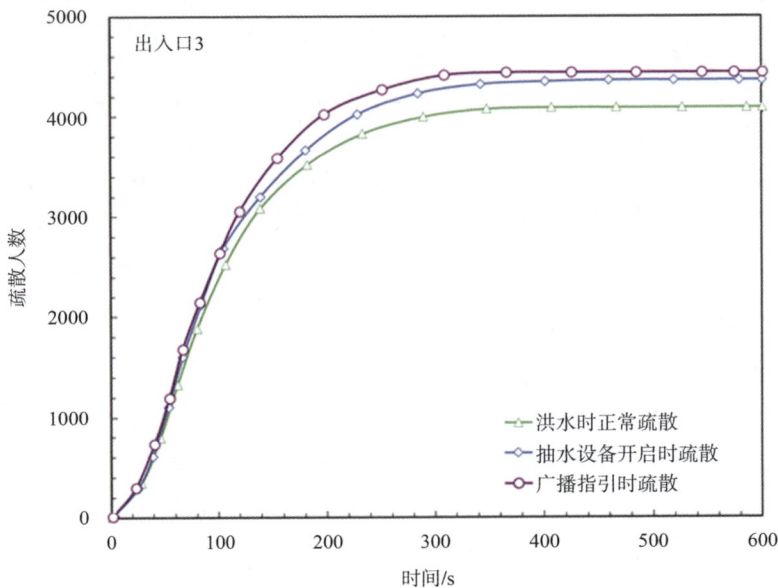

图7.30 广播引导和排水措施对疏散人数的影响

参考文献

[1] 王福文,梁帅文,冯爱军. 2023 年我国城市轨道交通数据统计与发展分析[J]. 隧道建设(中英文),2024,44(2):393-400.

[2] ZHENG Y, LI X G, JIA B, et al. Simulation of pedestrians' evacuation dynamics with underground flood spreading based on cellular automaton[J]. Simulation Modelling Practice and Theory,2019,94:149-161.

[3] HE M N, CHEN C, ZHENG F F, et al. An efficient dynamic route optimization for urban flooding evacuation based on cellular automata[J]. Computers, Environment and Urban Systems,2021,87:101622.

[4] 张炜. 地铁车站在极端强降水事件时安全疏散的研究[D]. 兰州:兰州交通大学,2014.

[5] BERNARDINI G, POSTACCHINI M, QUAGLIARINI E, et al. A preliminary combined simulation tool for the risk assessment of pedestrians'flood-induced evacuation[J]. Environmental Modelling & Software,2017,96:14-29.

[6] 张玉蓉,侯精明,荆海晓,等. 基于 GPU 技术的溃坝洪水过程高效高分辨率数值模拟研究[J]. 水资源保护,2021:1-13.

[7] GUIDOLIN M, CHEN A S, GHIMIRE B, et al. A weighted cellular automata 2D inundation model for rapid flood analysis[J]. Environmental Modelling & Software,2016,84:378-394.

［8］HUNTER N M，HORRITT M S，BATES P D，et al. An adaptive time step solution for raster-based storage cell modelling of floodplain inundation［J］. Advances in Water Resources，2005，28(9)：975-991.

［9］PENDER G，NÉELZ S. Benchmarking of 2D hydraulic modelling packages[J]. SC080035/R2 Environmental Agency，Bristol，2010：169.

［10］KIM H J，RHEE D S，SONG C G. Numerical computation of underground inundation in multiple layers using the adaptive transfer method[J]. Water，2018，10(1)：85.

［11］张炜. 地铁车站在极端强降水事件时安全疏散的研究[D]. 兰州：兰州交通大学，2014.

［12］黄聪，苏栋，杨磊，等. 考虑洪水漫延过程的地铁车站人员疏散研究[J]. 铁道科学与工程学报，2021，18(11)：2865-2872.

［13］莫伟丽. 地铁车站水侵过程数值模拟及避灾对策研究[D]. 杭州：浙江大学，2010.

［14］HUGHES R L. A continuum theory for the flow of pedestrians［J］. Transportation Research Part B：Methodological，2002，36(6)：507-535.